李亚峰　叶友林　周东旭　等编著

废水处理实用技术及运行管理

第二版

U0389845

化学工业出版社

·北京·

本书主要介绍废水处理的基本原理、工艺流程、处理设备和运行管理。主要包括废水处理的基本知识、废水的物理处理法、废水的化学和物理化学处理法、废水的生物处理法以及污泥的处理与处置等内容。全书以介绍实用技术为主，并兼顾近几年得到发展与应用的新技术、新方法和新设备。
　　本书可供从事城市污水处理和工业废水处理的技术人员和操作人员以及管理人员学习、参考，也可作为污水处理工人技能培训教材。

图书在版编目（CIP）数据

废水处理实用技术及运行管理/李亚峰等编著.—2 版.
北京：化学工业出版社，2015.8（2019.7 重印）
ISBN 978-7-122-24491-8

Ⅰ.①废… Ⅱ.①李… Ⅲ.①废水处理 Ⅳ.①X703

中国版本图书馆 CIP 数据核字（2015）第 146586 号

责任编辑：董　琳　　　　　　　　装帧设计：刘丽华
责任校对：吴　静

出版发行：化学工业出版社（北京市东城区青年湖南街 13 号　邮政编码 100011）
印　　装：北京虎彩文化传播有限公司
787mm×1092mm　1/16　印张 15¼　字数 387 千字　2019 年 7 月北京第 2 版第 4 次印刷

购书咨询：010-64518888　　　　　　售后服务：010-64518899
网　　址：http://www.cip.com.cn
凡购买本书，如有缺损质量问题，本社销售中心负责调换。

定　　价：68.00 元　　　　　　　　　　　　　　　　版权所有　违者必究

前　言

　　《废水处理实用技术及运行管理》第一版出版以来，深受广大读者的欢迎。为了满足从事废水处理操作和进行技术培训的工程技术人员、技术工人和管理干部的需要，在本书第一版的基础上，结合废水处理技术的发展及应用情况进行了重新编写。

　　本书第二版仍然坚持第一版的编写风格，强调知识的实用性，语言的通俗性。在内容安排上力求知识体系的合理性、完整性和新颖性，不仅注重基本知识和传统方法与技术的介绍，同时介绍近几年在实际工程中已经得到广泛应用的一些新技术和新方法。本书第二版在结构上做了一定的调整，由原来的十六章改为十四章，并将实用技术和运行管理分开叙述。

　　本书共分为两篇十四章。第一篇"废水处理实用技术与工艺"主要介绍废水处理的基本知识，废水物理处理方法的基本原理和主要工艺特点，废水化学及物理化学处理法的基本原理和主要工艺特点，废水生物处理法的基本原理和主要工艺特点，污泥浓缩、消化以及脱水等相关知识。第二篇"废水处理系统运行管理"主要介绍物理处理工艺单元的运行管理，物理处理工艺单元的运行管理，活性污泥处理系统及消毒设施的运行管理，生物膜处理系统的运行管理，污泥处理工艺单元的运行管理。本书可供从事废水处理的技术人员、管理人员、工人学习使用，也可以作为废水处理设施管理技术人员和操作工上岗培训的教材。

　　本书第一章、第二章由李亚峰、周东旭编写；第三章、第四章由李亚峰、叶友林编写；第五章、第六章由叶友林、李慧编写；第七章、第八章由王冰、杨晓雪编写；第九章、第十章由吴娜娜、苏雷编写；第十一章、第十二章由冯雷、王珏编写；第十三章、第十四章由周东旭、崔东亮编写。全书最后由李亚峰统稿、定稿。

　　由于作者知识水平有限，疏漏之处在所难免，请读者不吝指教。

编著者

2015 年 5 月

第一版前言

近年来，投入使用的废水处理设施的数量迅速增加，废水处理设施的运行管理也越来越重要，而且随着新设备和新技术在废水处理中的广泛应用，对工程技术员和操作工的要求也越来越高。为了提高废水处理设施的运行管理水平，更好地发挥废水处理设施的作用，提高废水处理技术人员和操作工的素质和能力非常重要。为了满足从事废水处理操作和进行技术培训的工程技术人员、技术工人、管理干部的需要，结合废水处理技术的发展及应用情况编著了这本书。

本书充分考虑了读者的需求和特点，强调知识的实用性、语言的通俗性，在内容安排上力求知识体系的合理性、完整性和新颖性，不仅注重基本知识和传统方法与技术的介绍，同时包括近几年在实际工程中已经得到广泛应用的一些新技术和新方法，如膜生物反应器、曝气滤池及一些高级氧化技术等。

本书共分为四篇十六章。第一篇"废水的物理处理法"主要介绍废水的来源与性质、废水处理的典型工艺及特点、废水物理处理方法的基本原理和主要工艺特点；第二篇"废水的化学及物理化学处理法"主要介绍废水化学及物理化学处理法的基本原理和主要工艺特点；第三篇"废水的生物处理法"主要介绍废水生物处理法的基本原理和主要工艺特点；第四篇"污泥的处理与处置"主要介绍污泥浓缩、消化以及脱水等相关知识。本书可供从事废水处理的技术人员、管理人员学习参考，也可作为污水处理工人技能培训教材。

本书第一章、第二章由张吉库、许秀红编写；第三章、第四章由李亚峰、张吉库编写；第五章、第六章由许秀红、马兴冠编写；第七章、第八章由马兴冠、牛明芬编写；第九章、第十章由牛明芬、邹慧芬编写；第十一章、第十二章由马学文、班福忱编写；第十三章、第十四章由班福忱、李亚峰编写；第十五章、第十六章由邹慧芬、马学文编写。全书最后由李亚峰统编定稿。

由于作者水平和时间有限，疏漏之处在所难免，请读者不吝指教。

编著者
2012 年 4 月

目　录

第一篇
废水处理实用技术与工艺

第一章　废水处理的基本知识

第一节　废水的分类及性质

一、废水分类

废水是指在人类生活和生产活动中受到污染，改变了原来的性质的水。在实际应用中，"废水"和"污水"两个术语的用法比较混乱。就科学概念而言，"废水"是指废弃外排的水，强调其"废弃"的一面；"污水"是指被脏物污染的水，强调其"脏污"的一面。但是，有相当数量的生产排水并不脏（如冷却水等），因而用"废水"一词统称所有的废水比较合适。在水质污浊的情况下，两种术语可以通用。

根据废水的来源，可将其分为生活污水和工业废水两大类。生活污水是指人类在日常生活中使用过的，并被生活废料所污染的水，主要包括粪便水、浴洗水、洗涤水和冲洗水等；工业废水是指工矿企业生产中用过的水，其分类方法很多，但总的可分为生产污水和生产废水两类。生产污水是指在生产过程中形成并被生产原料、半成品或成品等废料所污染，也包括热污染（指生产过程中产生的、水温超过 60℃ 的水）；生产废水是指在生产过程中形成，但未直接参与生产工艺，未被生产原料、半成品或成品污染或只是温度稍有上升的水。生产污水需要进行净化处理；生产废水不需要净化处理或仅需作简单的处理，如冷却处理。

按废水中所含主要污染物的性质可以分为无机废水和有机废水。

按行业的产品加工对象废水可以分为冶金废水、造纸废水、炼焦煤气废水、金属酸洗废水、纺织印染废水、制革废水、农药废水、化学肥料废水等。

按废水中所含污染物的主要成分可以分为酸性废水、碱性废水、含酚废水、含镉废水、含铬废水、含锌废水、含汞废水、含氟废水、含有机磷废水、含放射性废水等。

生活污水与生产污水（或经工矿企业局部处理后的生产污水）的混合污水，称为城市污水。

二、废水的性质

城市废水的水质相对比较稳定，主要污染指标有悬浮物、生化需氧量、化学需氧量、总氮、总磷、氨氮等。表 1-1 列举了我国部分中小城镇的污水水质特性。

表 1-1　部分中小城镇的污水水质特性　　　　　　　　单位：mg/L

中小城镇		SS	BOD₅	COD	TN	NH₄⁺-N	TP
黑龙江	大庆乘风庄	78.1～168.5	46.3～89.4	112.1～205.6	23.2～28.6	15.6～23.4	4.5～7.3
	绥化城关镇	118.2～213.4	86.2～102.1	207.3～235.6	25.7～32.5	21.2～28.9	5.1～8.4
	安达城关镇	103.2～185.3	112.6～36.5	234.6～311.8	35.6～48.7	30.2～36.9	5.6～9.1
山东	广饶城关镇	158.6～290.3	86.3～125.1	183.1～313.2	39.6～36.8	18.4～24.5	3.2～6.8
	东营西城	56.4～89.5	36.4～74.5	83.5～154.3	26.5～31.4	16.4～24.2	3.9～7.2
	胶州城关镇	268.5～389.5	223.4～356.7	458.3～693.1	50.3～62.4	32.5～43.1	4.9～10.5
广东	番禺石桥镇	61.4～142.6	43.2～80.1	89.4～135.2	8.4～38.3	22.5～31.2	3.8～7.8
	佛山镇安	55.4～96.5	38.6～73.2	78.5～146.8	27.5～32.3	20.6～28.4	4.5～7.2
内蒙古	集宁市城关镇	180.5～255.3	78.4～110.2	486.3～210.5	29.2～36.4	21.2～26.5	4.6～8.2
河南	嵩山城关镇	121.5～156.3	68.2～102.1	150.1～232.4	—	18.6～23.2	4.5～7.5

表1-2　典型石油化工生产废水的水质资料

项目	尼龙生产	合成橡胶	丁二烯	烯烃生产(油分离器后)	烯烃生产	合成橡胶聚合	氯化氢制造	炼油厂烷基化生产去污剂	炼油厂丁二烯和丁基橡胶	混合有机物	2,4,5-三氯苯酚	2,4,5-三氯苯酚	酚、甲酚
pH值	7.4~12	6.4~6.7	8.4~8.5	9.8~10	4.5~8.5	7.8	12.6	9.2	7.5				4.6~7.2
碱度/(mg/L)	22500~4070000	37~40	370	1490				365	164				192
氯化物/(mg/L)	475~3340	2670~2800	1277~1350			550	116000~1123000	1980	825	800	96300	144000	230
COD/(mg/L)	74000~87800	173~192	290~359	500~1500	500~2000	3072	3340	855	610	1972	21700	27500	990~1940
BOD$_5$/(mg/L)								345	225	1950	16800	16700	550~850
油/(mg/L)	152~367			180	10~300			73		547			微量
酚/(mg/L)		19~22		10~50	10~50			160	17	10~50			280~550
PO$_4^{3-}$/(mg/L)	5~78		38	10	10~50				微量				3
SO$_4^{2-}$/(mg/L)		1425~1470	910					280		655			
硫化物/(mg/L)					0~1			150	微量	150			微量
悬浮物/(mg/L)	19600~37200	97~110		60				121	110	60	700	348	12~88
TOC/(mg/L)			131~165	50~700					160				320~580
总氮量/(mg/L)	4630~10500	74~89	63					89	48	1253	40	45	微量
总可溶性固体/(mg/L)					5~100								
总固体/(mg/L)	41700~123500	7420~12000	3730	2140				3770	2810	2079	172467	167221	1870~2315

各类工业废水的成分比较复杂，与生产工艺、生产原料及生产的产品有关，污染物的浓度也相差悬殊。例如，水果罐头废水的悬浮物变化于 250～3500mg/L 之间，而人造纤维废水却只有 50～200mg/L；蔬菜罐头废水的生化需氧量为 100～6800mg/L，而板纸废水的生化需氧量却只有 50～200mg/L。表 1-2 列举了典型石油化工生产废水的水质资料。

第二节　废水水质指标

废水中的污染物质种类较多。根据废水对环境污染所造成的危害不同，可把污染物划分为固体污染物、有机污染物、油类污染物、有毒污染物、生物污染物、酸碱污染物、营养物质污染物及感官污染物等。这些污染物对水的污染程度用水质指标来表示。水质指标可以概括分为物理指标、化学指标和微生物指标。

一、物理指标

1. 固体物质

废水中的固体物质包括悬浮固体和溶解固体两类。悬浮固体是指悬浮于水中的固体物质。在水质分析中，将水样过滤，凡不能通过过滤器的固体颗粒物称为悬浮固体。悬浮固体也称悬浮物质或悬浮物，通常用 SS 表示，是反映废水中固体物质含量的一个常用的重要水质指标，单位为 mg/L。

溶解固体也称溶解物，是指溶于水的各种无机物质和有机物质的总和。在水质分析中，是指将水样过滤后，将滤液蒸干所得到的固体物质。

溶解固体与悬浮固体两者之和称为总固体。在水质分析中，总固体是将水样在一定温度下蒸干后所残余的固体物质总量，也称蒸发残余物。

2. 浊度

水的浊度是一种表示水样的透光性能的指标，是由于水中泥沙、黏土、微生物等细微的无机物和有机物及其他悬浮物使通过水样的光线被散射或吸收而不能直接穿透所造成的，一般以每升蒸馏水中含有 $1mgSiO_2$（或硅藻土）时对特定光源透过所发生的阻碍程度为 1 个浊度的标准，称为杰克逊度，以 JTU 表示。浊度计是利用水中悬浮杂质对光具有散射作用的原理制成的，其测得的浊度是散射浊度单位，以 NTU 表示。

浊度的测定方法有分光光度法和目视比色法两种，这两种方法测定的结果单位是 JTU。另外，还有使用光的散射作用测定水浊度的仪器法，浊度计测定的结果单位是 NTU。

3. 臭和味

臭和味是判断水质优劣的感官指标之一。洁净的水是没有气味的，受到污染后会产生各种臭味。常见的水臭味有霉烂臭味、粪便臭味、汽油臭味、臭蛋味、氯气味等。臭味的表示方法现行是用文字描述臭的种类，用强、弱等字样表示臭的强度。比较准确的定量方法是臭阈法，即用无臭水将待测水样稀释到接近无臭程度的稀释倍数表示臭的强度。

4. 温度

温度也是一项重要指标。水温的变化对废水生物处理有很大影响，水温通常用刻度为 0.1℃ 的温度计测定。深水可用倒置温度计。用热敏电阻温度计能快速而准确地测定温度。水温要在现场测定。

5. 色泽和色度

色泽是指废水的颜色种类，通常用文字描述，如废水呈深蓝色、棕黄色、浅绿色、暗红色等。色度是指废水所呈现的颜色深浅程度。色度有两种表示方法：一是采用铂钴标准比色法，规定在 1L 水中含有氯铂酸钾（K_2PtCl_6）2.491mg 及氯化钴（$CoCl_2 \cdot 6H_2O$）2.00mg 时，也就是在 1L 水中含铂（Pt）1mg 及钴（Co）0.5mg 时所产生的颜色深浅为 1 度（1°）；二是采用稀释倍数法，即将废水用水稀释到接近无色时的稀释倍数。

6. 电导率

水中存在离子会产生导电现象。电导是电阻的倒数。单位距离上的电导称为电导率。电导率表示水中电离性物质的总数，间接表示了水中溶解盐的含量。电导率的大小同溶于水中的物质浓度、活度和温度有关。电导率用 K 表示，单位为 S/cm 或 $1/(\Omega \cdot cm)$。

二、化学指标

1. 生化需氧量

生化需氧量（全称生物化学需氧量，习惯上用英文缩写"BOD"表示）是指在温度、时间都一定的条件下，微生物在分解、氧化水中有机物的过程中所消耗的溶解氧量，其单位为 mg/L 或 kg/m。

微生物在分解有机物过程中，分解作用的速度和程度与温度和时间有直接关系。有机物在好氧微生物的作用下降解并转化为 CO_2、H_2O 及 NH_3 的过程，在 20℃ 条件下，一般需要 10～20 天才能完成。为了使测定的 BOD 值有可比性，在水质分析中，规定将水样在 20℃ 条件下，培养五天后测定水中溶解氧消耗量作为标准方法，测定结果称为五日生化需氧量，以 BOD_5 表示。如果测定时间是 20d，则结果称作 20d 生化需氧量（也称完全生化需氧量），以 BOD_{20} 表示。生活污水的 BOD_5 约为 BOD_{20} 的 70%。BOD 反映了水中可被微生物分解的有机物总量。BOD 值越大，则说明水中有机物含量越高，所以，BOD 是反映水中有机物含量的最主要水质指标。BOD 小于 1mg/L 表示水体清洁，大于 3～4mg/L 则表示水已受到有机物的污染。

2. 化学需氧量

以 BOD_5 作为有机物的浓度指标，也存在着一些缺点：①测定时间需 5d，仍嫌太长，难以及时指导生产实践；②如果污水中难生物降解有机物浓度较高，BOD_5 测定的结果误差较大；③某些工业废水不含微生物生长所需的营养物质，或者含有抑制微生物生长的有毒有害物质，影响测定结果。为了克服上述缺点，可采用化学需氧量指标。

化学需氧量（也称化学耗氧量，习惯上用英文缩写"COD"表示）是指在一定条件下，用强氧化剂氧化废水中的有机物质所消耗的氧量。常用的氧化剂有重铬酸钾和高锰酸钾。我国规定的废水检验标准采用重铬酸钾作为氧化剂，在酸性条件下进行测定。所以有时记作 "COD_{Cr}"，一般简写为 COD，单位为 mg/L。

化学需氧量（COD）的优点是较精确地表示污水中有机物的含量，测定时间仅需数小时，且不受水质的限制。缺点是不能像 BOD 那样反映出微生物氧化有机物、直接地从卫生学角度阐明被污染的程度；此外，污水中存在的还原性无机物（如硫化物）被氧化也需消耗氧，所以 COD 值也存在一定误差。

测定 COD 采用的是强氧化剂，对大多数的有机物可以氧化到 85%～95% 以上，所以，同一种水质的 COD 一般高于 BOD，其间的差值能够粗略地表示不能为微生物所降解的有机物。差值越大，难生物降解的有机物含量越多，越不宜采用生物处理法。因此 BOD_5/COD 的比值可作为该污水是否适宜采用生物方法处理的判别标准，故把 BOD_5/COD 的比值称为可生化性指标，比值越大，越容易被生化处理。一般认为此比值大于 0.3 的污水，才适于采用生化处理。生活污水的 BOD_5 与 COD 的比值大致为 0.4～0.8。对于一定的废水而言，一般说来，$COD > BOD_{20} > BOD_5$。

3. 总需氧量

总需氧量 TOD 是指水中的还原性物质在高温下燃烧后变成稳定的氧化物时所需要的氧量，结果以 mg/L 计。TOD 值可以反映出水中几乎全部有机物（包括 C、H、O、N、P、S 等成分）经燃烧后变成 CO_2、H_2O、NO_x、SO_2 等时所需要消耗的氧量。此指标的测定与 BOD、COD 的测定相比更为快速简便，其结果也比 COD 更接近于理论需氧量。

4. 总有机碳

总有机碳（TOC）是间接表示水中有机物含量的一种综合指标，其显示的数据是污水中有机物的总含碳量，单位以碳（C）的 mg/L 来表示。一般城市污水的 TOC 可达 200mg/L，工业污水的 TOC 范围较宽，最高的可达几万 mg/L，污水经过二级生物处理后的 TOC 一般小于 50mg/L。

5. 总氮 TN、氨氮 NH_3-N、凯氏氮 TKN

（1）总氮 TN　为水中有机氮、氨氮和总氧化氮（亚硝酸氮及硝酸氮之和）的总和。有机污染物分为植物性和动物性两类：城市污水中植物性有机污染物如果皮、蔬菜叶等，其主要化学成分是碳（C），由 BOD_5 表征；动物性有机污染物包括人畜粪便、动物组织碎块等，其化学成分以氮（N）为主。氮属植物性营养物质，是导致湖泊、海湾、水库等缓流水体富营养化的主要物质，成为废水处理的重要控制指标。

（2）氨氮 NH_3-N　氨氮是水中以 NH_3 和 NH_4^+ 形式存在的氮，它是有机氮化物氧化分解的第一步产物。氨氮不仅会促使水体中的藻类繁殖，而且游离的 NH_3 对鱼类有很强的毒性，致死鱼类的浓度在 $0.2 \sim 2.0$mg/L 之间。氨也是污水中重要的耗氧物质，在硝化细菌的作用下，氨被氧化成 NO_2^- 和 NO_3^-，所消耗的氧量称硝化需氧量。

（3）凯氏氮 TKN　是氨氮和有机氮的总和。测定 TKN 及 NH_3-N，两者之差即为有机氮。

6. 总磷 TP

总磷是污水中各类有机磷和无机磷的总和。与总氮类似，磷也属植物性营养物质，是导致缓流水体富营养化的主要物质，受到人们的关注，成为一项重要的水质指标。

7. pH 值

酸度和碱度是污水的重要污染指标，用 pH 值来表示。它对保护环境、污水处理及水工构筑物都有影响，一般生活污水呈中性或弱碱性，工业污水多呈强酸或强碱性。城市污水的 pH 值呈中性，一般为 $6.5 \sim 7.5$。pH 值的测定通常根据电化学原理采用玻璃电极法，也可以用比色法。

应该指出，pH 值不是一个定量的指标，不能说明废水中呈酸性（或呈碱性）的物质的数量。

8. 非重金属无机有毒物质

（1）氰化物（CN）　氰化物是剧毒物质，急性中毒时抑制细胞呼吸，造成人体组织严重缺氧，对人的经口致死量为 $0.05 \sim 0.12$g。

排放含氰废水的工业主要有电镀、焦炉和高炉的煤气洗涤，金、银选矿和某些化工企业等，含氰浓度在 $20 \sim 70$mg/L 之间。

氰化物在水中的存在形式有无机氰［如氰氢酸（HCN）、氰酸盐（CN^-）］及有机氰化物［称为腈，如丙烯腈（C_2H_3CN）］。

我国饮用水标准规定氰化物含量不得超过 0.05mg/L，农业灌溉水质标准规定为不大于 0.5mg/L。

（2）砷（As）　砷是对人体毒性作用比较严重的有毒物质之一。砷化物在污水中存在形式有无机砷化物（如亚砷酸盐、砷酸盐）以及有机砷（如三甲基砷）。三价砷的毒性远高于五价砷，对人体来说，亚砷酸盐的毒性作用比砷酸盐大 60 倍，因为亚砷酸盐能够和蛋白质中的硫反应，而三甲基砷的毒性比亚砷酸盐更大。

砷也是累积性中毒的毒物，当饮水中砷含量大于 0.05mg/L 时就会导致累积。近年来发现砷还是致癌元素（主要是皮肤癌）。工业中排放含砷废水的有化工、有色冶金、炼焦、火电、造纸、皮革等行业，其中以冶金、化工排放砷量较高。

我国饮用水标准规定，砷含量不应大于 0.04mg/L，农田灌溉标准是不高于 0.05mg/L，渔业用水不超过 0.1mg/L。

9. 重金属

重金属指原子序数在 21～83 之间或相对密度大于 4 的金属，其中汞（Hg）、镉（Cd）、铬（Cr）、铅（Pb）毒性最大，危害也最大。

（1）汞（Hg）　汞是重要的污染物质，也是对人体毒害作用比较严重的物质。汞是累积性毒物，无机汞进入人体后随血液分布于全身组织，在血液中遇氯化钠生成二价汞盐累积在肝、肾和脑中，在达到一定浓度后毒性发作，其毒理主要是汞离子与酶蛋白中的硫结合，抑制多种酶的活性，使细胞的正常代谢发生障碍。

甲基汞是无机汞在厌氧微生物的作用下转化而成的。甲基汞在体内约有 15% 累积在脑内，侵入中枢神经系统，破坏神经系统功能。

含汞废水排放量较大的是氯碱工业，因其在工艺上以金属汞作流动阴电极以制成氯气和苛性钠，有大量的汞残留在废盐水中。聚氯乙烯、乙醛、醋酸乙烯的合成工业均以汞作催化剂，因此上述工业废水中含有一定数量的汞。此外，在仪表和电气工业中也常使用金属汞，因此也排放含汞废水。

我国饮用水、农田灌溉水都要求汞的含量不得超过 0.001mg/L，渔业用水要求更为严格，不得超过 0.0005mg/L。

（2）镉（Cd）　镉也是一种比较广泛的污染物质。镉是一种典型的累积富集型毒物，主要累积在肾脏和骨骼中，引起肾功能失调，骨质中的钙被镉所取代，使骨骼软化，造成自然骨折，疼痛难忍。这种病潜伏期长，短则 10 年，长则 30 年，发病后很难治疗。

每人每日允许摄入的镉量为 0.057～0.071mg。我国饮用水标准规定镉的含量不得大于 0.01mg/L，农业用水与渔业用水标准则规定要小于 0.005mg/L。

镉主要来自采矿、冶金、电镀、玻璃、陶瓷、塑料等生产部门排出的废水。

（3）铬（Cr）　铬也是一种较普遍的污染物。铬在水中以六价和三价两种形态存在，三价铬的毒性低，作为污染物质所指的是六价铬。人体大量摄入能够引起急性中毒，长期少量摄入也能引起慢性中毒。

六价铬是卫生标准中的重要指标，饮用水中的浓度不得超过 0.05mg/L，农业灌溉用水与渔业用水应小于 0.1mg/L。

排放含铬废水的工业企业主要有电镀、制革、铬酸盐生产以及铬矿石开采等。电镀车间是产生六价铬的主要来源，电镀废水中铬的浓度一般在 50～100mg/L。生产铬酸盐的工厂，其废水中六价铬的含量一般在 100～200mg/L 之间。皮革鞣制工业排放的废水中六价铬的含量约为 40mg/L。

（4）铅（Pb）　铅对人体也是累积性毒物。据美国资料报道，成年人每日摄取铅低于 0.32mg 时，人体可将其排除而不产生积累作用；摄取 0.5～0.6mg，可能有少量的累积，但尚不至于危及健康；如每日摄取量超过 1.0mg，即将在体内产生明显的累积作用，长期摄入会引起慢性中毒。其毒理是铅离子与人体内多种酶络合，从而扰乱了机体多方面的生理功能，可危及神经系统、造血系统、循环系统和消化系统。

我国饮用水、渔业用水及农田灌溉水都要求铅的含量小于 0.1mg/L。

铅主要含于采矿、冶炼、化学、蓄电池、颜料工业等排放的废水中。

10. 酚

酚是芳香烃苯环上的氢原子被羟基（—OH）取代而生成的化合物，按照苯环上羟基数目不同，分为一元酚、二元酚、多元酚等。又可按照能否与水蒸气一起挥发而分为挥发酚和不挥发酚。酚是常见的有机毒物指标之一。

三、微生物指标

污水生物性质的检测指标有大肠菌群数（或称大肠菌群值）、大肠菌群指数、病毒及细菌总数。

1. 大肠菌群数（或称大肠菌群值）与大肠菌群指数

大肠菌群数（大肠菌群值）是每升水样中所含有的大肠菌群的数目，以个/L 计；大肠菌群指数是查出 1 个大肠菌群所需的最少水量，以毫升（mL）计。可见大肠菌群数与大肠菌群指数互为倒数，即

$$大肠菌群指数 = \frac{1000}{大肠菌群数} \quad (mL) \tag{1-1}$$

若大肠菌群数为 500 个/L，则大肠菌群指数为 1000/500 等于 2mL。

大肠菌群数作为污水被粪便污染程度的卫生指标，原因有两个：①大肠菌与病原菌都存在于人类肠道系统内，它们的生活习性及在外界环境中的存活时间都基本相同。每人每日排泄的粪便中含有大肠菌 $10^{11} \sim 4 \times 10^{11}$ 个，数量大大多于病原菌，但对人体无害；②由于大肠菌的数量多，容易培养检验，但病原菌的培养检验十分复杂与困难，因此，常采用大肠菌群数作为卫生指标。水中存在大肠菌，就表明受到粪便的污染，并可能存在病原菌。

2. 病毒

污水中已被检出的病毒有 100 多种。检出大肠菌群，可以表明肠道病原菌可能存在，但不能表明是否存在病毒及其他病原菌（如炭疽杆菌）。因此还需要检验病毒指标。病毒的检验方法目前主要有数量测定法与蚀斑测定法两种。

3. 细菌总数

细菌总数是大肠菌群数、病原菌、病毒及其他细菌数的总和，以每毫升水样中的细菌菌落总数表示。细菌总数愈多，表示病原菌与病毒存在的可能性愈大。因此用大肠菌群数、病毒及细菌总数 3 个卫生指标来评价污水受生物污染的严重程度就比较全面。

四、污染物排放标准

目前，我国城镇污水处理厂污染物的排放均执行由国家环境保护总局和国家技术监督检验总局批准发布的《城镇污水处理厂污染物排放标准》（GB 18918—2002）。该标准是专门针对城镇污水处理厂污水、废气、污泥污染物排放制定的国家专业污染物排放标准，适用于城镇污水处理厂污水排放、废气的排放和污泥处置的排放与控制管理。根据国家综合排放标准与国家专业排放标准不交的原则，该标准实施后，城镇污水处理厂污水、废气和污泥的排放不再执行综合排放标准。

该标准将城镇污水污染物控制项目分为两类：第一类为基本控制项目，主要是对环境产生较短期影响的污染物，也是城镇污水处理厂常规处理工艺能去除的主要污染物，包括

BOD、COD、SS、动植物油、石油类、LAS、总氮、氨氮、总磷、色度、pH 和粪大肠菌群数共 12 项，一类重金属汞、烷基汞、镉、铬、六价铬、砷、铅共 7 项；第二类为选择控制项目，主要是对环境有较长期影响或毒性较大的污染物，或是影响生物处理、在城市污水处理厂又不易去除的有毒有害化学物质和微量有机污染物，如酚、氰、硫化物、甲醛、苯胺类、硝基苯类、三氯乙烯、四氯化碳等 43 项。

该标准制定的技术依据主要是处理工艺和排放去向，根据不同工艺对污水处理程度和受纳水体功能，对常规污染物排放标准分为三级：一级标准、二级标准、三级标准。一级标准分为 A 标准和 B 标准。一级标准是为了实现城镇污水资源化利用和重点保护饮用水源的目的，适用于补充河湖景观用水和再生利用，应采用深度处理或二级强化处理工艺。二级标准主要是以常规或改进的二级处理为主的处理工艺为基础制定的。三级标准是对于一些经济欠发达的特定地区，根据当地的水环境功能要求和技术经济条件，可先进行一级半处理，适当放宽的过渡性标准。一类重金属污染物和选择控制项目不分级。

一级标准的 A 标准是城镇污水处理厂出水作为回用水的基本要求。当污水处理厂出水引入稀释能力较小的河湖作为城镇景观用水和一般回用水等用途时，执行一级标准的 A 标准。

城镇污水处理厂出水排入 GB 3838 地表水 Ⅲ 类功能水域（划定的饮用水水源保护区和游泳区除外）、GB 3097 海水二类功能水域和湖、库等封闭或半封闭水域时，执行一级标准的 B 标准。

城镇污水处理厂出水排入 GB 3838 地表水 Ⅳ 类、Ⅴ 类功能水域或 GB 3097 海水三、四类功能海域，执行二级标准。

非重点控制流域和非水源保护区的建制镇的污水处理厂，根据当地经济条件和水污染控制要求，采用一级强化处理工艺时，执行三级标准。但必须预留二级处理设施的位置，分期达到二级标准。

城镇污水处理厂水污染物排放基本控制项目，执行表 1-3 和表 1-4 的规定。选择控制项目按表 1-5 的规定执行。

表 1-3　基本控制项目最高允许排放浓度（日均值）　　　单位：mg/L

序号	基本控制项目		一 级 标 准		二级标准	三级标准
			A 标准	B 标准		
1	化学需氧量（COD）		50	60	100	120①
2	生化需氧量（BOD$_5$）		10	20	30	60①
3	悬浮物（SS）		10	20	30	50
4	动植物油		1	3	5	20
5	石油类		1	3	5	15
6	阴离子表面活性剂		0.5	1	2	
7	总氮（以 N 计）		15	20		
8	氨氮（以 N 计）②		5(8)	8(15)	25(30)	
9	总磷（以 P 计）	2005 年 12 月 31 日前建设的	1	1.5	3	5
		2006 年 1 月 1 日起建设的	0.5	1	3	5
10	色度（稀释倍数）		30	30	40	50
11	pH 值		6～9			
12	粪大肠菌群数/(个/L)		103	104	104	

①　下列情况下按去除率指标执行：当进水 COD＞350mg/L 时，去除率应大于 60%；BOD＞160mg/L 时，去除率应大于 50%。

②　括号外数值为水温＞12℃时的控制指标，括号内数值为水温≤12℃时的控制指标。

表 1-4　部分一类污染物最高允许排放浓度（日均值）　　　　单位：mg/L

序　号	项　目	标　准　值	序　号	项　目	标　准　值
1	总汞	0.001	5	六价铬	0.05
2	烷基汞	不得检出	6	总砷	0.1
3	总镉	0.01	7	总铅	0.1
4	总铬	0.1			

表 1-5　选择控制项目最高允许排放浓度（日均值）　　　　单位：mg/L

序号	选择控制项目	标准值	序号	选择控制项目	标准值
1	总镍	0.05	23	三氯乙烯	0.3
2	总铍	0.002	24	四氯乙烯	0.1
3	总银	0.1	25	苯	0.1
4	总铜	0.5	26	甲苯	0.1
5	总锌	1.0	27	邻-二甲苯	0.4
6	总锰	2.0	28	对-二甲苯	0.4
7	总硒	0.1	29	间-二甲苯	0.4
8	苯并[a]芘	0.00003	30	乙苯	0.4
9	挥发酚	0.5	31	氯苯	0.3
10	总氰化物	0.5	32	1,4-二氯苯	0.4
11	硫化物	1.0	33	1,2-二氯苯	1.0
12	甲醛	1.0	34	对硝基氯苯	0.5
13	苯胺类	0.5	35	2,4-二硝基氯苯	0.5
14	总硝基化合物	2.0	36	苯酚	0.3
15	有机磷农药（以 P 计）	0.5	37	间-甲酚	0.1
16	马拉硫磷	1.0	38	2,4-二氯酚	0.6
17	乐果	0.5	39	2,4,6-三氯酚	0.6
18	对硫磷	0.05	40	邻苯二甲酸二丁酯	0.1
19	甲基对硫磷	0.2	41	邻苯二甲酸二辛酯	0.1
20	五氯酚	0.5	42	丙烯腈	2.0
21	三氯甲烷	0.3	43	可吸附有机卤化物（AOX,以 Cl 计）	1.0
22	四氯化碳	0.03			

第三节　废水处理方法概述

废水处理，实质上就是采用各种手段和技术将废水中的污染物分离出来，或将其转化为无害的物质，从而使废水得到净化。

一、废水处理方法及分类

现代废水处理方法主要分为物理处理法、化学处理法和物理化学处理法、生物处理法三类。

（1）物理处理法　通过物理作用分离、回收废水中不溶解的悬浮状态污染物（包括油膜和油珠）的方法，可分为重力分离法、离心分离法和筛滤截留法等。属于重力分离法的处理单元有沉淀、上浮（气浮）等，相应使用的处理设备是沉砂池、沉淀池、隔油池、气浮池及其附属装置等。离心分离法本身就是一种处理单元，使用的处理装置有离心分离机和水旋分离器等。筛滤截留法有栅筛截留和过滤两种处理单元，前者使用的处理设备是格栅、筛网，而后者使用的是砂滤池和微孔滤机等。以热交换原理为基础的处理方法也属于物理处理法，其处理单元有蒸发、结晶等。

（2）化学处理法和物理化学处理法　即通过化学反应和传质作用来分离、去除废水中呈溶解、胶体状态的污染物或将其转化为无害物质的方法。在化学处理法中，以投加药剂产生化学反应为基础的处理单元有混凝、中和、氧化还原等；而以传质作用为基础的处理单元则有萃取、汽提、吹脱、吸附、离子交换以及电渗析和反渗透等。而电渗析和反渗透处理单元使用的是膜分离技术。运用传质作用的处理单元既具有化学作用，又具有与之相关的物理作用，所以也可以从化学分离法中分出来，成为另一类处理方法，称为物理化学处理法。

（3）生物处理法　通过微生物的代谢作用，使污水中呈溶解、胶体状态的有机污染物转化为稳定的无害物质的方法。主要方法可分为两大类，即利用好氧微生物作用的好氧法（好氧氧化法）和利用厌氧微生物作用的厌氧法（厌氧还原法）。

废水生物处理广泛使用的是好氧生物处理法。按传统，好氧生物处理法又分为活性污泥法和生物膜法两类。活性污泥法本身就是一种处理单元，它有多种运行方式。属于生物膜法的处理设备有生物滤池、生物转盘、生物接触氧化池以及最近发展起来的生物流化床等。生物氧化塘法又称自然生物处理法。

厌氧生物处理法又名生物还原处理法，主要用于处理高浓度有机废水和污泥。使用的处理设备主要有消化池。

由于废水中的污染物是多种多样的，因此，在实际工程中，往往需要将几种方法组合在一起，通过几个处理单元去除污水中的各类污染物，使污水达到排放标准。

二、废水处理的分级

按处理程度，废水处理（主要是城市生活污水和某些工业废水）一般可分为一级、二级和三级。

1. 一级处理

一级处理主要去除污水中呈悬浮状态的固体污染物质，物理处理法大部分只能完成一级处理的要求。城市污水一级处理的主要构筑物有格栅、沉砂池和沉淀池。一级处理的工艺流程如图 1-1 所示。格栅的作用是去除污水中的大块漂浮物，沉砂池的作用是去除密度较大的无机颗粒，沉淀池的作用主要是去除无机颗粒和部分有机物质。经过一级处理后的污水，SS 一般可去除 40%～55%，BOD 一般可去除 30% 左右，达不到排放标准。一级处理属于二级处理的预处理。

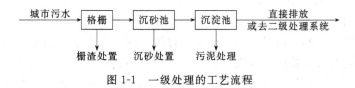

图 1-1　一级处理的工艺流程

2. 二级处理

二级处理是在一级处理的基础之上增加生化处理方法，其目的主要是去除污水中呈胶体和溶解状态的有机污染物质（即 BOD、COD 物质）。二级处理采用的生化方法主要有活性污泥法和生物膜法，其中采用较多的是活性污泥法。经过二级处理，城市污水中有机物的去除率可达 90% 以上。二级处理是城市污水处理的主要工艺，应用非常广泛。图 1-2 为城市污水处理厂二级处理的典型工艺。

3. 三级（深度）处理工艺系统

污水三级处理是在一级、二级处理后，进一步处理难降解的有机物及磷和氮等能够导致水体富营养化的可溶性无机物。主要方法有生物脱氮除磷法、混凝沉淀法、砂滤法、活性炭吸附法、离子交换法和电渗析法等。三级处理是深度处理的同义语，但两者又不完全相同，三级处理常用于二级处理之后。而深度处理则是以污水回收、再用为目的，在一级或二级处

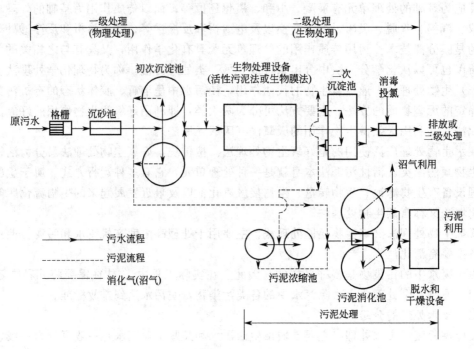

图 1-2　城市污水二级处理典型的工艺流程

理后增加的处理工艺。

　　污水深度处理工艺方案取决于二级出水水质及再生利用水水质要求,其基本工艺有如下 4 种:

　　① 二级处理—消毒。

　　② 二级处理—过滤—消毒。

　　③ 二级处理—混凝—沉淀（澄清、气浮）—过滤—消毒。

　　④ 二级处理—微孔过滤—消毒。

　　二级处理加消毒工艺可以用于农灌用水和某些环境用水。

　　二级处理后增加过滤、消毒工艺是先通过过滤去除二级出水中的微细颗粒物,然后进行消毒杀菌。该工艺对有机物的去除效果较差。处理后的水可作为工业循环冷却用水、城市浇洒、绿化、景观、消防、补充河湖等市政用水和居民住宅的冲洗厕所用水等杂用水,以及不受限制的农业用水等对水质要求不高的回用水。

　　二级处理加混凝、沉淀、过滤、消毒工艺,是国内外许多工程常用的再生工艺。通过混凝进一步去除二级生化处理厂未能除去的胶体物质、部分重金属和有机污染物,处理后出水可以作为城镇杂用水水质,也可作锅炉补给水和部分工艺用水。

　　二级处理加微孔膜过滤、消毒工艺是用微孔膜过滤替代传统的砂滤,其出水效果比砂滤更好。微孔过滤是一种较常规过滤更有效的过滤技术。微滤膜具有比较整齐、均匀的多孔结构。微滤的基本原理属于筛网状过滤,在静压差作用下,小于微滤膜孔径的物质通过微滤膜,而大于微滤膜孔径的物质则被截留到微滤膜上,使大小不同的组分得以分离。

　　上述基本工艺可满足当前大多数用户的水质要求。当用户对再生水水质有更高要求时,可增加深度处理其他单元技术中的一种或几种组合。其他单元技术有:活性炭吸附、臭氧-活性炭、脱氨、离子交换、超滤、纳滤、反渗透、膜生物反应器、曝气生物滤池、臭氧氧化、自然净化系统等。

污水处理厂二级出水经物化处理后，其出水中的某些污染物指标仍不能满足再生利用水质要求时，则应考虑在物化处理后增设粒状活性炭吸附工艺。

当再生水水质对磷的指标要求较高，采用生物除磷不能达到要求时，应考虑增加化学除磷工艺。化学除磷是指向污水中投加无机金属盐药剂，与污水中溶解性磷酸盐混合后形成颗粒状非溶解性物质，使磷从污水中去除。

三、污泥处理与处置

污泥是废水处理的副产品，也是必然的产物，如从沉淀池排出的沉淀污泥，从生物处理系统排出的剩余生物污泥等。这些污泥如不加以妥善处理，就会造成二次污染。因此污泥的处理与处置是废水处理过程中的重要环节。

污泥的处理方法有污泥浓缩、污泥消化、污泥脱水（干化）、污泥干燥、污泥焚烧等以及最终处置。最终处置包括资源再利用、用作农肥、深埋及向海洋投弃。

四、废水处理典型工艺流程及流程的确定

废水处理方法选择的主要依据是废水中污染物的种类、性质、存在状态、废水的水量、水质的变化以及废水所需要达到的处理程度等。单一污染物的去除可以采用的处理单元见表 1-6。

表 1-6　对单一污染物可以采用的处理单元

处理对象	可以采用的处理单元
酸或碱	中和
BOD	好氧生物处理、厌氧消化、混凝沉淀
COD	厌氧和好氧生物处理、吸附、混凝沉淀、化学氧化
SS	自然沉淀、混凝沉淀、上浮、过滤、离心分离
油	重力分离、混凝沉淀、上浮
酚	生物处理、萃取、吸附、化学氧化
氰	化学氧化、电解氧化、离子交换、生物处理
铬（六价）	还原、离子交换、电解、蒸发浓缩、化学沉淀
锌	调整 pH 值生成氢氧化物沉淀并过滤、投加硫化物生成硫化物沉淀并过滤、电解、隔膜电解、反渗透
铜	同上
铁	混凝沉淀、离子交换、高梯度磁分离
硫化物	活性污泥法、空气氧化、化学氧化、吹脱
氨氮	生物处理（硝化反硝化）、碱性条件下空气吹脱、用斜发沸石等的离子交换
氟	氟化钙沉淀
汞	硫化钠沉淀、活性炭吸附、离子交换
镉	调整 pH 值生成氢氧化物沉淀并过滤、电解、隔膜电解、投加硫化物生成硫化物沉淀并过滤、离子交换
有机磷	活性炭吸附、生物处理、化学氧化

但实际工程中废水的水质很复杂，可能同时含有多种污染物质，在确定处理方法时，可以遵循以下原则。

（1）有机废水

① 含悬浮物时，若 BOD_5、COD、SS 能同时去除，采用物理法。

② 含悬浮物时，若 BOD_5、COD 不能与 SS 同时去除，采用生物处理方法。

③ 若经生物处理后 COD 不能降低到排放标准，就要考虑采用深度处理。

（2）无机废水

① 含悬浮物时，沉淀处理能达标时，采用自然沉淀法处理。

② 沉淀处理不能达标时，进行混凝沉淀。

③ 当悬浮物去除后，废水中仍含有有害物质时，可考虑采用调节 pH 值、化学沉淀、氧化还原等化学方法。

④ 对上述方法仍不能去除的溶解性物质，为了进一步去除，可考虑采用吸附、离子交换等深度处理方法。

由于废水水质复杂，因此，具体的废水处理工艺流程一般都是几个处理单元的组合。

确定具体的处理工艺流程时，可参考已有的相同或相似废水的处理工艺流程。如无资料可参考时，可通过试验确定。

第二章　物理处理技术

第一节　格栅与滤网

一、格栅

格栅一般安装在污水处理厂、污水泵站之前，用以拦截大块的悬浮物或漂浮物，以保证后续构筑物或设备的正常工作。

格栅一般由相互平行的格栅条、格栅框和清渣耙三部分组成。格栅按不同的方法可分为不同的类型。

按格栅条间距的大小，格栅分为细格栅、中格栅和粗格栅三类，其栅条间距分别为 4～10mm、15～25mm 和大于 40mm。

按清渣方式，格栅分为人工清渣格栅和机械清渣格栅两种。人工清渣格栅主要是粗格栅。

按栅耙的位置，格栅分为前清渣式格栅和后清渣式格栅。前清渣式格栅要顺水流清渣，后清渣式格栅要逆水流清渣。

按形状，格栅分为平面格栅和曲面格栅。图 2-1 为平面格栅的一种，图 2-2 为曲面格栅。

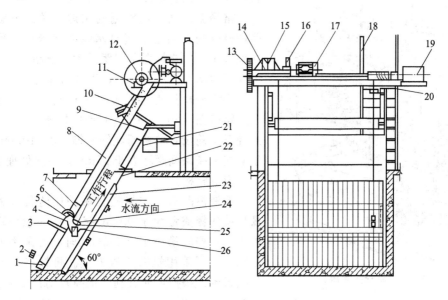

图 2-1　采用机械清渣的平面格栅

1—滑块行程限位螺栓；2—清渣耙自锁机构开锁撞块；3—除渣耙自锁栓；4—耙臂；5—销轴；
6—清渣耙摆动限位板；7—滑块；8—滑块导轨；9—刮板；10—抬耙导轨；11—底座；
12—卷筒轴；13—开式齿轮；14—卷筒；15—减速机；16—制动器；17—电动机；
18—扶梯；19—限位器；20—松绳开关；21，22—上、下溜板；23—格栅；
24—抬耙滚子；25—钢丝绳；26—耙齿板

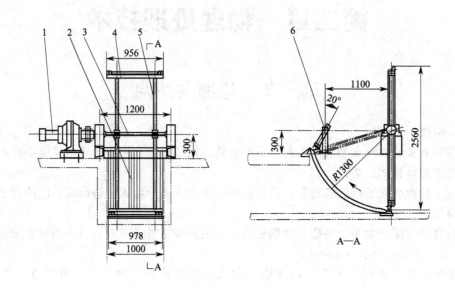

图 2-2　HGS 型曲面格栅（单位：mm）
1—驱动装置；2—栅条组；3—传动轴；4—齿耙臂；5—旋转耙臂；6—撇渣装置

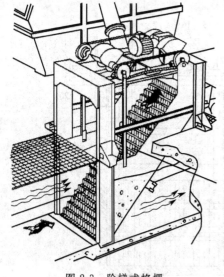

图 2-3　阶梯式格栅

按构造特点，格栅分为抓扒式格栅、循环式格栅、弧形格栅、回转式格栅、转鼓式格栅和阶梯式格栅。如图 2-3 所示为阶梯式格栅。

格栅栅条间距与格栅的用途有关。设置在水泵前的格栅栅条间距应满足水泵的要求；设置在污水处理系统前的格栅栅条间距最大不能超过 40mm，其中人工清除为 25~40mm，机械清除为 16~25mm。

污水处理厂也可设置二道格栅，总提升泵站前设置粗格栅（50~100mm）或中格栅（10~40mm），处理系统前设置中格栅或细格栅（3~10mm）。若泵站前格栅栅条间距不大于 25mm，污水处理系统前可不再设置格栅。

栅渣清除方式与格栅拦截的栅渣量有关，当格栅拦截的栅渣量大于 0.2m³/d 时，一般采用机械清渣方式；栅渣量小于 0.2m³/d 时，可采用人工清渣方式，也可采用机械清渣方式。机械清渣不仅是为了改善劳动条件，而且利于提高自动化水平。

对每日截留污物量大于 1000kg 的格栅，有的附设污物粉碎装置，清除的污物就地粉碎，然后用水力输送到污泥处理系统，与污泥一并处置。

格栅截留的污物数量，因栅条间距、污水类型不同而异，生活污水处理用格栅的污物截留量是按人口计算的。截留污物的含水率为 70%~30%，容重 750kg/m³。

格栅栅条的断面形状有正方形、圆形、矩形和带半圆的矩形。其中圆形断面栅条的水力条件好，水流阻力小，但刚度较差，一般多采用矩形断面的栅条。

二、滤网

滤网用以截阻、去除废水中的纤维、纸浆等较细小的悬浮物。滤网一般用薄铁皮钻孔制成，或用金属丝编制而成，孔眼直径为 0.5～1.0mm。

按孔眼大小分为粗筛网和细筛网，按工作方式不同分为固定筛网和旋转筛网。

固定筛网又称为水力筛，由曲面栅条及框架组成，筛面自上而下形成一个倾角逐渐减小的曲面。栅条水平放置，栅条斜面为楔形，栅条间距为 0.25～0.5mm。其工作过程为水由格栅的后部进口进入栅条的上部，然后沿栅条宽度向栅条前面溢流。水经过栅条表面时，通过栅条间隙流入栅条下部，从出口流出。污物被截留，并在水力冲刷及自身重力的作用下沿筛面滑下，落入渣槽，如图 2-4 所示。它能去除水中细小的纤维和固体颗粒，无需其他动力。

旋转筛网由圆形框架和传动装置组成。其工作过程是水经入口缓慢流入转筒内，由转筒下部筛网经过滤后排出。污物被截留在筛网内壁上，随转筒转至水面以上，经刮渣设备及冲洗水冲洗后，被截留的污物掉在转筒中心处的收集槽内，再经出导渣槽排出。旋转筛网能去除纤维、纸屑等。

水力旋转筛网由锥筒旋转筛和固定筛组成。锥筒旋转筛呈截头圆锥形，中心轴水平，水从圆锥体的小端流入，经筛孔流入集水装置，在从小端流到大端的过程中纤维状的杂物被筛网截留，被截留的杂物沿筛网的斜面落到固定筛上，进一步脱水。旋转筛的小端用不透水的材料制成，内壁有固定的导水叶片，当进水射向导水叶片时推动锥筒旋转，如图 2-5 所示。

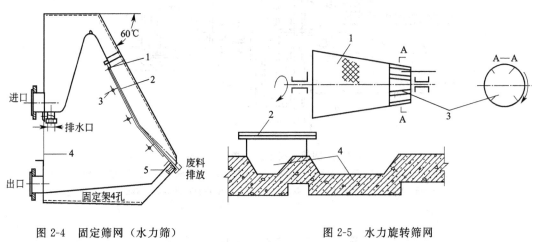

图 2-4　固定筛网（水力筛）　　　　　图 2-5　水力旋转筛网
1—格栅连接；2—格栅；3—铰接轴；　　　1—锥筒旋转筛；2—固定筛；
4—后橡胶板；5—格栅控制螺钉　　　　　3—导水叶片；4—集水槽

电动旋转筛网的筛孔一般为 $170\mu m$～5mm，网眼小，截留悬浮物多，容易堵塞，增加清洗次数。电动旋转筛网一般接在水泵的压力管上，利用泵的压力进行过滤，如图 2-6 所示。

三、捞毛机

捞毛机有圆筒形和链板框式。圆筒形捞毛机安装在废水渠道的出口处，含有纤维杂质的废水进入筛网后，纤维被留在筛网上，如图 2-7 所示。常用的筛网圆筒直径为 2200mm，筛网的宽度为 800mm，孔眼为 9.5 目/cm，筛网转速为 2.5mm/min。

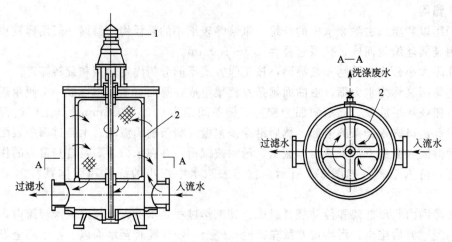

图 2-6　电动旋转筛网
1—减速器；2—过滤网

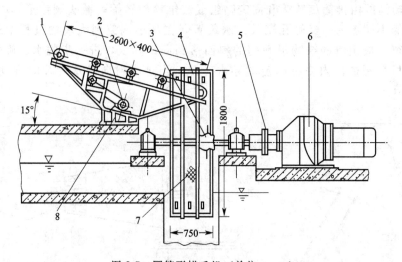

图 2-7　圆筒形捞毛机（单位：mm）
1—皮带运输机构；2—筒形筛网轴承座；3—连接轮；4—筒形筛网框架；5—联轴器；
6—行星摆线针轮减速机；7—筛网；8—皮带运输机行星摆线针轮减速机

第二节　沉　砂　池

　　沉砂池的作用是去除密度较大的无机颗粒。一般设在初沉池前或泵站、倒虹管前。常用的沉砂池有平流式沉砂池、曝气沉砂池、涡流式沉砂池和多尔沉砂池等。平流式沉砂池构造简单，处理效果较好，工作稳定。但沉砂中夹杂一些有机物，易于腐化散发臭味，难以处置，并且对有机物包裹的砂粒去除效果不好。曝气沉砂池，在曝气的作用下，颗粒之间产生摩擦，将包裹在颗粒表面的有机物摩擦去除掉，产生洁净的沉砂，同时提高颗粒的去除效率。多尔沉砂池设置了一个洗砂槽，可产生洁净的沉砂。涡流式沉砂池依靠电动机械转盘和斜坡式叶片，利用离心力将砂粒甩向池壁去除，并将有机物脱出。这三种沉砂池在一定程度上克服了平流式沉砂池的缺点，但构造比平流式沉砂池复杂。竖流式沉砂池通常用于去除较粗（粒径在 0.6mm 以上）的砂粒，结构也比较复杂，目前生产中采用较少。实际工程中一般多采用曝气沉砂池。

一、平流式沉砂池

平流式沉砂池实际上是一个比入流渠道和出流渠道宽而深的渠道，平面为长方形，横断面多为矩形。当污水流过时，由于过水断面增大，水流速度下降，污水中夹带的无机颗粒在重力的作用下下沉，从而达到分离水中无机颗粒的目的。

平流式沉砂池由入流渠、出流渠、闸板、水流部分及沉砂斗组成。图 2-8 为多斗式平流式沉砂池工艺图。

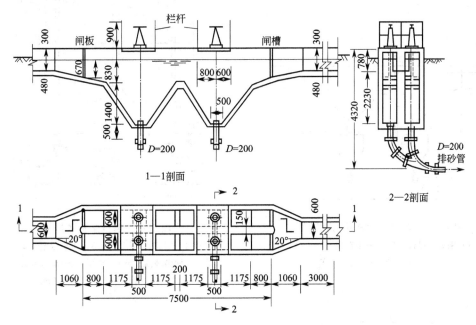

图 2-8　多斗式平流式沉砂池工艺图（单位：mm）

沉渣的排除方式有机械排砂和重力排砂两类。图 2-9 为砂斗加贮砂罐及底闸进行重力排砂。图中 1 为钢制贮砂罐，2、3 为手动或电动蝶阀，4 为旁通水管，将贮砂罐的上清液挤回沉砂池，5 为运砂小车。这种排砂方法的优点是排砂的含水率低，排砂量容易计算，缺点是沉砂池需要高架或挖小车通道。

如图 2-10 所示为机械排砂法的一种单口泵吸式排砂机。沉砂池为平底，砂泵、真空泵、吸砂管、旋流分离器均安装在行走桁架上。桁架沿池长方向往返行走排砂。经旋流分离器分离的水分回流到沉砂池，沉砂可用小车、皮带输送器等运至洒砂场或贮砂池。这种排砂方法自动化程度高，排砂含水率低，工作条件好。机械排砂法还有链板刮砂法、抓斗排砂法等。中、大型污水处理厂应采用机械排砂法。

二、圆形涡流式沉砂池

圆形涡流式沉砂池是利用水力涡流的原理除砂。图 2-11 为圆形涡流式沉砂池水砂流线图。

污水从切线方向进入，进水渠道末端设有一跌水堰，使可能沉积在渠道底部的砂粒向下滑入沉砂池。池内设有可调速桨板，使池内水流保持螺旋形环流，较重的砂粒在靠近池心的一个环形孔口处落入底部的沉砂斗，水和较轻的有机物被引向出水渠，从而达到除砂的目的。沉砂的排除方式有三种。第一种是采用砂泵抽升，第二种是用空气提升器，第三种是在传动轴中插入砂泵，泵和电机设在沉砂池的顶部。圆形涡流式沉砂池与传统的平流式曝气沉砂池相比，具有占地面积小、土建费用低的优点，对中小型污水处理厂具有一定的适用性。

圆形涡流式沉砂池有多种池型，目前应用较多的有英国 Jones ＆ Attwod 公司的钟式（Jeta）沉砂池（图 2-12）和美国 Smith ＆ Loveless 公司的佩斯塔（Pista）沉砂池（图 2-13）。

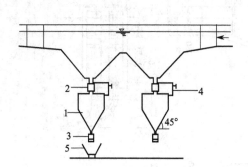

图 2-9　平流式沉砂池重力排砂法

1—钢制贮砂罐；2，3—手动或电动蝶阀；

4—旁通水管；5—运砂小车

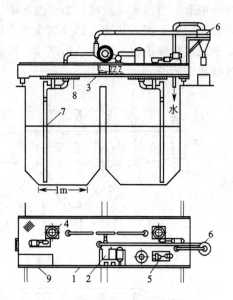

图 2-10　单口泵吸式排砂机

1—桁架；2—砂泵；3—桁架行走装置；

4—回转装置；5—真空泵；6—旋流分离器；

7—吸砂管；8—齿轮；9—操作台

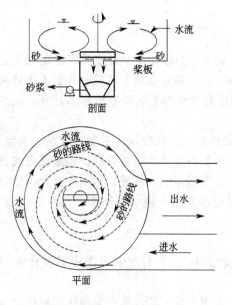

图 2-11　圆形涡流式沉砂池水砂流线图

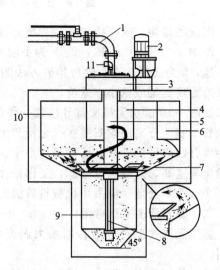

图 2-12　钟式沉砂池

1—排砂管；2—带变速箱的电动机；3—传动齿轮；4—流出口；

5—转动轴；6—流入口；7—转盘与叶片；8—砂提升管；

9—砂斗；10—沉砂部分；11—压缩空气输送管

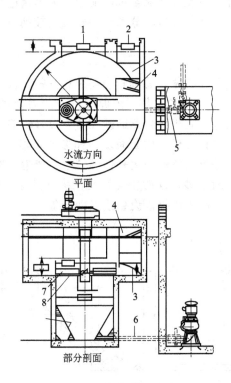

图 2-13　佩斯塔沉砂池

1—出水；2—进水；3—进水跌水槛；4—钢挡板；

5—偏心塞阀；6—吸水管；7—4 个桨板；8—2 块钢板

三、多尔沉砂池

多尔沉砂池结构上部为方形，下部为圆形，装有复耙提升坡道式筛分机。图 2-14 为多尔沉砂池工艺图。多尔沉砂池属线形沉砂池，颗粒的沉淀是通过减小池内水流速度来完成的。为了保证分离出的砂粒纯净，利用复耙提升坡道式筛分机分离沉砂中的有机颗粒，分离

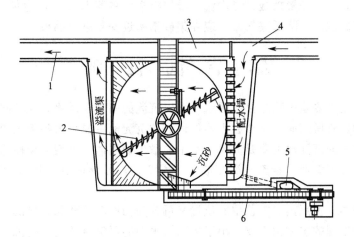

图 2-14　多尔沉砂池工艺图

1—出水渠；2—刮砂机；3—超越渠；4—进水渠；

5—有机物回流泵；6—复耙提升坡道式筛分机

出来的污泥和有机物再通过回流装置回流至沉砂池中。为确保进水均匀，多尔沉砂池一般采用穿孔墙进水，固定堰出水。多尔沉砂池分离出的砂粒比较纯净，有机物含量仅10％左右，含水率也比较低。

四、曝气沉砂池

普通沉砂池的最大缺点是在其截留的沉砂中夹杂有一些有机物，这些有机物的存在，使沉砂易于腐败发臭，夏季气温较高时尤甚，因此对沉砂的后处理和周围环境会产生不利影响。普通沉砂池的另一缺点是对有机物包裹的砂粒截留效果较差。

曝气沉砂池的平面形状为长方形，横断面多为梯形或矩形，池底设有沉砂斗或沉砂槽，一侧设有曝气管。在沉砂池进行曝气的作用是使颗粒之间产生摩擦，将包裹在颗粒表面的有机物摩擦去除掉，产生洁净的沉砂，同时提高颗粒的去除效率。图2-15为曝气沉砂池工艺图。曝气沉砂池沉砂的排除一般采用提砂设备或抓砂设备。

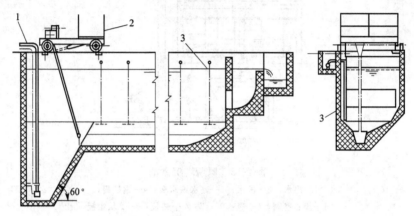

图 2-15　曝气沉砂池工艺图
1—空气提升器；2—刮砂机；3—曝气管

曝气沉砂池的停留时间一般为1～3min，若兼有预曝气的作用可延长池身，使停留时间达到15～30 min。为防止水流短路，进水方向应与水在沉砂池内的旋转方向一致，出水方向与进水方向垂直，并设置挡板诱导水流。曝气沉砂池的形状以不产生偏流和死角为原则，因此，为改进除砂效果，降低曝气量，应在集砂槽附近安装纵向挡板。

第三节　沉　淀　池

沉淀池的作用主要是去除悬浮于污水中可以沉淀的固体悬浮物，在不同的工艺中，所分离的固体悬浮物也有所不同。例如在生物处理前的沉淀池主要是去除无机颗粒和部分有机物质，在生物处理后的沉淀池主要是分离出水中的微生物固体。沉淀池按构造形式可分为平流式沉淀池、辐流式沉淀池和竖流式沉淀池，见图2-16。另外还有斜板（管）沉淀池和迷宫沉淀池。

在废水处理中，按照其在工艺中的位置又可分为初次沉淀池和二次沉淀池。初次沉淀池是城市污水一级处理的主体构筑物，用于去除污水中的可沉悬浮物。初沉池对可沉悬浮物的去除率在90％以上，并能将约10％的胶体物质由于黏附作用而去除，总的SS去除率为50％～60％，同时能够去除20％～30％的有机物。二沉池的作用是将活性污泥与处理水分离，并将沉泥加以浓缩。

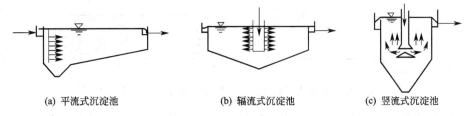

| (a) 平流式沉淀池 | (b) 辐流式沉淀池 | (c) 竖流式沉淀池 |

图 2-16 沉淀池的各种类型

由于沉淀池构造的差别,各种类型的沉淀池具有不同的特点,适用于不同的条件。常用沉淀池的特点和适用条件见表 2-1。

表 2-1 沉淀池的特点和适用条件

类型	优　点	缺　点	适用条件
平流式	1. 沉淀效果好 2. 对冲击负荷和温度变化适应性强 3. 施工方便 4. 平面布置紧凑,占地面积小	1. 配水不易均匀 2. 采用机械排泥时设备易腐蚀 3. 采用多斗排泥时,排泥不易均匀,操作工作量大	1. 适用于地下水位较高、地质条件较差的地区 2. 适用于大、中、小型污水厂
辐流式	1. 用于大型污水处理厂,沉淀池个数较少,比较经济,便于管理 2. 机械排泥设备已定型,排泥较方便	1. 池内水流不稳定,沉淀效果相对较差 2. 排泥设备比较复杂,对运行管理要求较高 3. 池体较大,对施工质量要求较高	1. 适用地下水位较高的地区 2. 适用于大、中型污水处理厂
竖流式	1. 占地面积小 2. 排泥方便,运行管理简单	1. 池体深度较大,施工困难 2. 对冲击负荷和温度的变化适应性差 3. 造价相对较高 4. 池径不易过大	适用于小型污水处理厂或工业废水处理站
斜(管)板	1. 沉淀效果好 2. 占地面积小 3. 排泥方便	1. 易堵塞 2. 造价高	1. 适用于原有沉淀池的挖潜或扩大处理能力 2. 适用于作初沉池

一、平流式沉淀池

平流式沉淀池平面呈矩形,一般由进水装置、出水装置、沉淀区、缓冲区、污泥区及排泥装置等构成。废水从池子的一端流入,按水平方向在池内流动,从另一端溢出,在进口处的底部设贮泥斗。排泥方式有机械排泥和多斗排泥两种,机械排泥多采用链带式刮泥机和桥式刮泥机。如图 2-17 所示是使用比较广泛的一种平流式沉淀池,流入装置是横向潜孔,潜孔均匀地分布在整个宽度上,在潜孔前设挡板,其作用是消能,使废水均匀分布。挡板高出水面 0.15～0.2m,伸入水下的深度不小于 0.2m。也有潜孔横放的流入装置,如图 2-18 所示。

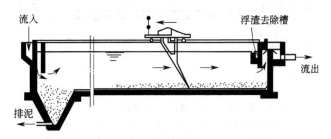

图 2-17 桥式刮泥机平流式沉淀池

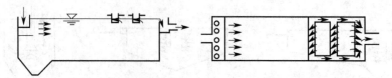

图 2-18　平流式沉淀池的流入装置与出流堰的一种形式

流出装置多采用自由堰形式，堰前也设挡板，以阻拦浮渣，或设浮渣收集和排除装置。溢流堰是沉淀池的重要部件，它不仅控制沉淀池内水面的高程，而且对沉淀池内水流的均匀分布有着直接影响。单位长度堰口的溢流量必须相等。此外，在堰的下游还应有一定的自由落差，因此对堰的施工必须是精心的，尽量做到平直，少生误差。有时为了增加堰口长度，在池中间部增设集水槽（图 2-18）。

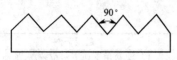

图 2-19　锯齿形溢流堰

目前多采用如图 2-19 所示的锯齿形溢流堰，这种溢流堰易于加工，也比较容易保证出水均匀。水面应位于齿高度的 1/2 处。

及时排除沉于池底的污泥是使沉淀池正常工作、保证出水水质的一项重要措施。

由于可沉悬浮颗粒多沉淀于沉淀池的前部，因此，在池的前部设贮泥斗，其中的污泥通过排泥管借 1.5～2.0m 的静水压力排出池外，池底坡度一般为 0.01～0.02。

如图 2-20 所示是采用比较广泛的设有链带式刮泥机的平流式沉淀池。在池底部，链带缓缓地沿与水流相反的方向滑动，刮板嵌于链带上，在滑动中将池底沉泥推入贮泥斗中，而在其移到水面时，又将浮渣推到出口，从那里集中清除。这种设备的主要缺点是各种机件都在水下，易于腐蚀，难以维护。

如图 2-21 所示为多斗式平流式沉淀池，这种平流式沉淀池不用机械刮泥设备，每个贮

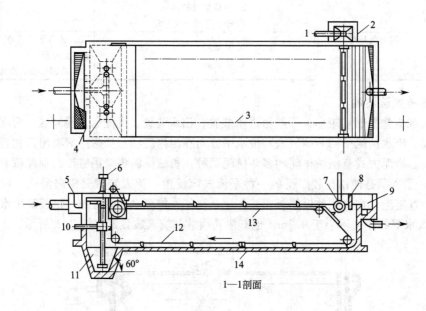

1—1剖面

图 2-20　链带式刮泥机平流式沉淀池

1—浮渣管；2—浮渣室；3—链带；4—进水孔；5—进水槽；6—排泥阀；
7—可转站的排流管；8—挡板；9—出水槽；10—接泥管；
11—污泥斗；12—链带式刮泥机；13—支撑；14—护轨

泥斗单独设排泥管,各自独立排泥,能够互不干扰,保证沉淀浓度。

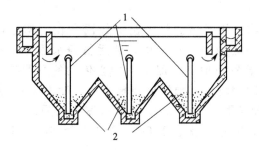

图 2-21　多斗式平流式沉淀池

1—排泥管;2—贮泥斗

平流式沉淀池沉淀效果好,对冲击负荷和温度变化适应性强,而且平面布置紧凑,施工方便。但配水不易均匀,采用机械排泥时设备易腐蚀。若采用多斗排泥,排泥不易均匀,操作工作量大。

二、辐流式沉淀池

辐流式沉淀池一般为圆形,也有正方形的。圆形辐流式沉淀池的直径一般介于 20～30m 之间,但变化幅度可为 6～60m,最大甚至可达 100m,池中心深度为 2.5～5.0m,池周深度则为 1.5～3.0m。按进出水的形式可分为中心进水周边出水、周边进水中心出水和周边进水周边出水三种类型。中心进水周边出水辐流式沉淀池应用最为广泛。

如图 2-22 所示为中心进水周边出水辐流式沉淀池。主要由进水管、出水管、沉淀区、污泥区及排泥装置组成。在池中心处设中心管,废水从池底的进水管进入中心管,在中心管的周围常用穿孔障板围成流入区,使废水在沉淀池内得以均匀流动。流出区设于池周,由于平口堰不易做到严格水平,所以采用三角堰或淹没式溢流孔。为了拦截表面上的漂浮物质,在出流堰前设挡板和浮渣的收集、排出设备。

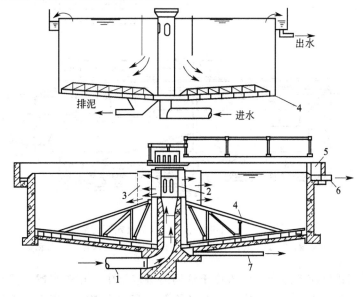

图 2-22　中心进水周边出水辐流式沉淀池

1—进水管;2—中心管;3—穿孔挡板;4—刮泥机;

5—出水槽;6—出水管;7—排泥管

辐流式沉淀池废水从池中心处流出，沿半径的方向向池周流动，因此，其水力特征是废水的流速由大向小变化。

辐流式沉淀池一般均采用机械刮泥，刮泥板固定在桁架上，桁架绕池中心缓慢旋转，把沉淀污泥推入池中心处的污泥斗中，然后借静水压力排出池外，也可以用污泥泵排泥。当池子直径小于20m时，一般采用中心传动的刮泥机，当池子直径大于20m时，一般采用周边传动的刮泥机。刮泥机旋转速度一般为1～3r/h，外周刮泥板的线速度不超过3m/min，一般采用1.5m/min。池底坡度一般采用0.05～0.10，中央污泥斗的斜壁与水平面的倾角，方斗不宜小于60°，圆斗不宜小于55°。二次沉淀池的污泥多采用吸泥机排出。

辐流式沉淀池的优点为：①用于大型污水处理厂，沉淀池个数较少，比较经济，便于管理；②机械排泥设备已定型，排泥较方便。缺点是：①池内水流不稳定，沉淀效果相对较差；②排泥设备比较复杂，对运行管理要求较高；③池体较大，对施工质量要求较高。

近几年在实际工程中也有采用周边进水中心出水（图2-23）或周边进水周边出水的辐流式沉淀池（图2-24）。一般的辐流式沉淀池，废水是从中心进入而在池四周流出，进口处流速很大，呈紊流现象，这时原废水中悬浮物质浓度高，紊流状态阻碍了它的下沉，影响沉淀池的分离效果。而周边进水辐流式沉淀池与此恰恰相反，原废水从池周流入，澄清水则从池中心流出，在一定程度上能够克服上述缺点。

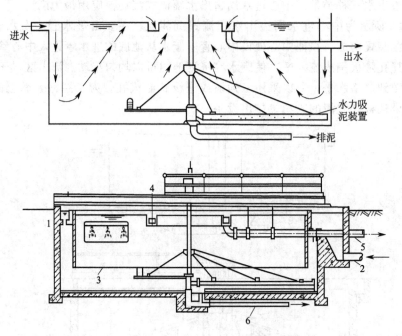

图 2-23　周边进水中心出水辐流式沉淀池
1—进水槽；2—进水管；3—挡板；4—出水槽；5—出水管；6—排泥管

周边进水辐流式沉淀池原废水流入位于池周的进水槽中，在进水槽底留有进水孔，原废水再通过进水孔均匀地进入池内，在进水孔的下侧设有进水挡板，深入水面下约2/3处，这样有助于均匀配水。而且原废水进入沉淀区的流速要小得多，有利于悬浮颗粒的沉淀，能够提高沉淀率。这种沉淀池的处理能力比一般辐流式沉淀池高。

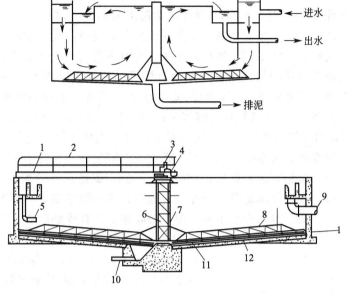

图 2-24　周边进水周边出水辐流式沉淀池

1—过桥；2—栏杆；3—传动装置；4—转盘；5—进水下降管；6—中心支架；7—传动器罩；

8—桁架式耙架；9—出水管；10—排泥管；11—刮泥板；12—可调节的橡皮刮板

三、竖流式沉淀池

竖流式沉淀池的表面多呈圆形，也有采用方形和多角形的。直径或边长一般在 8m 以下，多介于 4～7m 之间。沉淀池上部呈圆柱状的部分为沉淀区，下部呈截头圆锥状的部分为污泥区，在二区之间留有缓冲层 0.3m，见图 2-25。

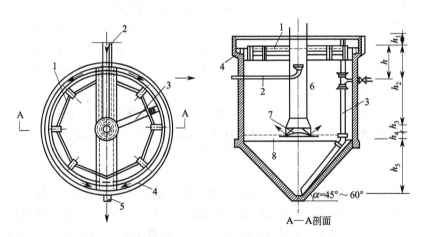

图 2-25　竖流式沉淀池构造简图

1—挡板；2—进水管；3—污泥管；4—集水槽；5—出水管；

6—中心管；7—反射板；8—缓冲层

废水从中心管流入，由下部流出，通过反射板的阻拦向四周分布，然后沿沉淀区的整个断面上升，沉淀后的出水由池四周溢出。流出区设于池周，采用自由堰或三角堰。如果池子的直径大于 7m，一般要考虑设辐射式汇水槽。

贮泥斗倾角为 45°～60°，污泥借静水压力由排泥管排出，排泥管直径不小于 200mm，静水压力为 1.5～2.0m。为了防止漂浮物外溢，在水面距池壁 0.4～0.5m 处安装挡板，挡板伸入水中部分的深度为 0.25～0.3m，伸出水面高度为 0.1～0.2m。

竖流式沉淀池的优点是：排泥容易，不需要机械刮泥设备，便于管理。其缺点是：池深大，施工难，造价高；每个池子的容量小，废水量大时不适用；水流分布不易均匀等。

竖流式沉淀池的工作原理与前两种沉淀池有所不同，废水以速度 v 向上流动，悬浮颗粒也以同一速度上升，在重力作用下，颗粒又以速度 u 下沉。颗粒的沉速为其本身沉速与水流上升速度之矢量和。$u>v$ 的颗粒能够沉于池底而被去除，$v=u$ 的颗粒被截留在池内呈悬浮状态，可 $u<v$ 的颗粒则不能下沉，随水溢出池外。当属于第一类沉淀时，在负荷相同的条件下，竖流式沉淀池的去除率将低于其他类型的沉淀池。如果属于第二类沉淀，则情况较为复杂，水流上升，颗粒下沉，颗粒互相碰撞、接触，促进颗粒的絮凝，使粒径变大，u 值也增大，同时有可能在池的深部形成悬浮层，这样，其去除率很可能高于表面负荷相同的其他类型的沉淀池。但由于池内布水不易均匀，去除率的提高受到影响。

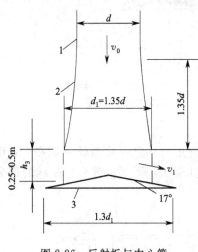

图 2-26　反射板与中心管
各部分尺寸关系图
1—中心管；2—喇叭口；3—反射板

竖流式沉淀池，废水上升速度一般采用 0.5～1.0mm/s，沉淀时间小于 2h，多采用1～1.5h。

废水在中心管内的流速对悬浮物质的去除有一定的影响，当在中心管底部设有反射板时，其流速一般大于 100mm/s。当不设反射板时，其流速不大于 30mm/s。废水从中心管喇叭口与反射板中溢出的流速不大于 40mm/s，反射板距中心管喇叭口的距离为 0.25～0.5m，反射板底距污泥表面的高度（即缓冲层）为 0.3m，反射板及中心管各部分尺寸关系见图2-26。池的保护高度为 0.3～0.5m。

四、斜板（管）沉淀池

斜板（管）沉淀池是根据"浅层沉淀"理论，在沉淀池沉淀区放置与水平面成一定倾角（通常为 60°）的斜板或斜管组件，以提高沉淀效率的一种高效沉淀池。

在池长为 L、池深为 H、池中水平流速为 v、颗粒沉速为 u 的沉淀池中，当水在池中的流动处于理想状态时，则下式成立：

$$\frac{L}{H}=\frac{v}{u_0} \tag{2-1}$$

可见，L 与 v 值不变时，池深 H 越浅，则可截留的颗粒的沉速 u_0 亦越小，并成正比关系。如在池中增设水平隔板，将原来的 H 分为多层，例：如分为 3 层，则每层深度为 $H/3$，此时假定不改变水平流速 v，也不改变要求去除的最小颗粒的沉速 u_0，则从图 2-27 可见，由于沉降深度由 H 减小为 $H/3$，在每层隔板上的流动距离 L 缩短为 $L/3$，即可将颗粒截留在池内。因此，池的总容积可以减少到1/3。另外，如图 2-27 所示，若池的长度 L 不变，截留颗粒的沉速仍采用 u_0，由于沉降深度减少为 $H/3$，则水平流速 v 增大为 $3v$，仍可将沉速为 u_0 的颗粒截留到池底。由此可见，如能将深度为 H 的沉淀池分隔成平行工作的 3 个格间，即可使过水能力提高 3 倍，仍能保持它原来的处理效果。

上述情况表明，在理想条件下，分隔成 n 层的沉淀池，在理论上其过水能力可为原池的 n 倍。为解决各层的排泥问题，工程上将水平隔层改为与水平面倾斜成一定角度 α（通常

α 为 $50°\sim60°$) 的斜面，构支斜板或斜管。各斜板的有效面积总和，乘以倾角 α 的余弦，即得水平总的投影面积，也就是水流的总沉降面积为

$$A = \sum_{i=1}^{n} A_i \cos\alpha \qquad (2\text{-}2)$$

在沉淀过程中，为了创造理想的层流条件，提高沉淀效率，必须控制水流雷诺数 Re

$$Re = \frac{vA}{\mu p} \qquad (2\text{-}3)$$

式中　　v——水平流速；

　　　　A——过水面积；

　　　　μ——动力黏滞系数；

　　　　p——过水断面湿周。

通常力求将 Re 值降低到 500 以下，而不应大于 2000，以免出现紊流。以斜板、斜管形式构成的沉淀池，由于湿周大，水力半径小，所以 Re 值可以降低到 100 以下，远小于 500，属于层流状态，从而为沉淀创造了有利条件。此外，还必须考虑水流的稳定性好，由弗鲁德数公式 $Fr = \dfrac{vp}{Ag}$ 可知，由于加设斜板、斜管，可以同时增大湿周、减小水力半径，从而相对地增大了弗鲁德数 Fr 值（一般为 $10^{-4}\sim 10^{-3}$ 级）。

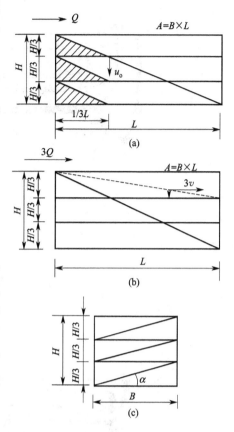

图 2-27　斜板（管）沉淀池沉淀图

综上所述，在普通沉淀池中加设斜板能够增大沉淀池中的沉降面积、缩短颗粒沉降深度、改善水流状态（Re、Fr），为颗粒沉降创造了最佳条件，这样就能够达到提高沉淀效率、减小池容的目的。

废水处理工程上采用的斜板（管）沉淀池，按水在斜板中的流动方向分为斜向流和横向流。斜向流又分为上向流和下向流，从水流与沉泥的相对运动方向讲，也称异向流和同向流。异向流斜板（管）沉淀池水流自下向上，水中的悬浮颗粒是自上向下；同向流斜板（管）沉淀池水流和水中的悬浮颗粒都是自上向下。横向流又称侧向流，侧向流斜板（管）沉淀池水流沿水平方向流动，水中的悬浮颗粒是自上向下沉降。按水流断面形状分，有斜板和斜管。在废水处理中，目前主要采用上向流斜板沉淀池。在普通沉淀池中加设斜板（管）即构成斜板（管）沉淀池，如图 2-28 和图 2-29 所示分别为平流式斜板沉淀池和辐流式斜板沉淀池。

上向流斜板沉淀池的表面负荷一般比普通沉淀池提高一倍，斜板垂直净距一般为 $80\sim100mm$，斜管孔径一般为 $50\sim80mm$，斜板（管）斜长一般为 $1\sim1.2m$，倾角一般为 $60°$，斜板（管）区底部缓冲层高度一般为 $0.5\sim1.0m$，斜板（管）区上部水深一般为 $0.5\sim1.0m$。

在池壁与斜板的间隙处装有阻流板，以防止水流短路。斜板上缘一般向池子进水端后倾安装。进水方式一般采用穿孔墙整流布水，出水方式一般采用多槽出水，在池面上增设几条平行的出水堰和集水槽，以改善出水水质，加大出水量。斜板（管）沉淀

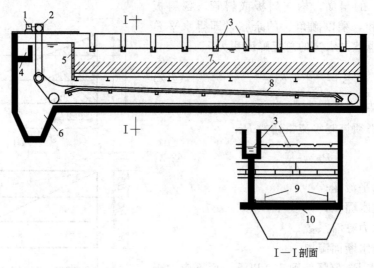

图 2-28　平流式斜板沉淀池
1—电动机；2—传动装置；3—出水槽；4—进水槽；5—挡板；6—污泥斗；
7—斜板；8—链带式刮泥机；9—链带；10—刮板

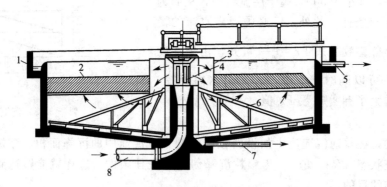

图 2-29　辐流式斜板沉淀池
1—出水槽；2—斜板；3—挡板；4—中心管；5—出水管；
6—刮泥机；7—排泥管；8—进水管

池一般采用重力排泥，每日排泥次数至少 1～2 次，或连续排泥。池内停留时间初次沉淀池不超过 30min，二次沉淀池不超过 60min。斜板（管）沉淀池一般设有斜板（管）冲洗设施。

　　斜板（管）沉淀池常用于废水处理厂的扩容改建，或在用地特别受限的废水处理厂中应用。斜板（管）沉淀池不宜于作为二次沉淀池，因为活性污泥黏度较大，容易黏附在斜板（管）上，影响沉淀效果甚至可能堵塞斜板（管）。另外，在二次沉淀池中可能会因厌氧消化产生气泡，进而影响沉淀分离效果。

第四节　隔　油　池

一、含油废水的特征
含油废水中所含的油类物质，包括天然石油、石油产品、焦油及其分馏物，以及食用动植物油和脂肪类。从对水体的污染来说，主要是石油和焦油。不同工业部门排出的废水所含油类物质的浓度差异很大。如炼油过程中产生的废水，含油量为 150～1000mg/L，焦化厂废水中焦油含量为 500～800mg/L，煤气发生站排出的废水中的焦油含量可达 2000～3000mg/L。

废水中所含油类物质的相对密度多数小于 1，如石油和石油产品的相对密度一般为 0.73～0.94。有的油类物质相对密度大于 1，如重焦油的相对密度可达 1.1。油类物质在废水中通常以下三种状态存在。

① 油品在废水中分散的颗粒较大，粒径大于 100μm，称为浮油（在含油废水中，这种油占水中总含油量的 60%～80%，是主要部分，易于从废水中分离出来）。

② 油品在废水中分散的粒径很小，呈乳化状态，称乳化油，不易从废水中分离出来。

③ 小部分油品呈溶解状态，称为溶解油，溶解度为 5～15mg/L。

含油废水处理的重点是去除浮油和乳化油。浮油易于上浮，可以通过隔油池回收利用；乳化油比较稳定，不易上浮，常用浮选、过滤、混凝、粗粒化等方法去除。

二、隔油池

隔油池是用自然上浮法分离、去除含油废水中可浮油的处理构筑物，其常用的形式有平流式隔油池、斜板式隔油池。

1. 平流式隔油池的构造

平流式隔油池工艺构造与平流式沉淀池基本相同，平面多为矩形，但平流式隔油池出水端设有集油管。如图 2-30 所示是传统型平流式隔油池，在我国应用较为广泛。废水从池的一端流入池内，从另一端流出。在流经隔油池的过程中，由于流速降低，相对密度小于 1.0 而粒径较大的油品杂质得以上浮到水面上，而相对密度大于 1.0 的杂质则沉于池底。在出水一侧的水面上设集油管。集油管一般用直径为 200～300mm 的钢管制成，沿其长度在管壁的一侧开有切口，集油管可以绕轴线转动。平时切口在水面上，当水面浮油达到一定厚度时，转动集油管，使切口浸入水面油层之下，油进入管内，再流到池外。

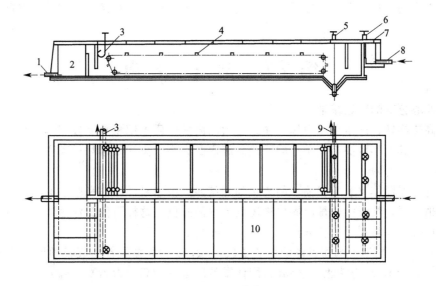

图 2-30　平流式隔油池

1—出水管；2—出水槽；3—集油管；4—链带式刮油刮泥机；5—排泥阀；
6—进水闸；7—配水槽；8—进水管；9—排泥管；10—盖板

刮油刮泥机由钢丝绳或链条牵引，移动速度不大于 2m/min。刮集到池前部污泥斗中的沉渣通过排泥管适时排出。排泥管直径不小于 200mm，管端可接压力水管进行冲洗。池底应有坡向污泥斗的 0.01～0.02 的坡度，污泥斗倾角为 45°。

隔油池宜设由非燃料材料制成的盖板，为了防火、防雨和保温。在寒冷地区集油管及油层内宜设加热设施。隔油池每个格间的宽度，由于刮泥刮油机跨度规格的限制，一般为 2.0m、2.5m、3.0m、4.5m 和 6m。采用人工清除浮油时，每个格间的宽度不宜超过 6.0m。

这种隔油池的优点是构造简单，便于运行管理，除油效果稳定。缺点是池体大，占地面积多。

根据国内外的运行资料，这种隔油池可能去除的最小油珠粒径一般为 100～150μm。此时油珠的最大上浮速度不高于 0.9mm/s。

2. 斜板式隔油池的构造

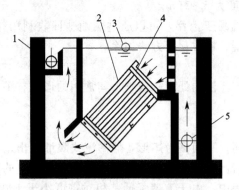

图 2-31　波纹斜板式除油池
1—出水管；2—斜板；3—集油管；
4—布水板；5—进水管

早在 20 世纪初哈真（Hazen）就提出了"浅池沉淀"的理论。近年来，根据浅池沉淀理论，设计了一种波纹斜板式除油池，其构造如图 2-31 所示。池内设波纹状斜板，间距 20～50mm。水流向下，油珠上浮，属异向流分离装置，在波纹板内分离出来的油珠沿波纹板的峰顶上浮，而泥渣则沿峰底滑落到池底。实践证明，这种类型除油池分离的最小油珠粒径可达 60μm。由于提高了单位池容的分离表面，因此，油水分离的效果也大大得到提高。废水在这种除油池中的停留时间只为平流式隔油池的 1/4～1/2，一般不超过 30min，能够大大地减少除油池的容积。斜板式除油池具有处理效率高、占地面积小等优点，因此，在新建的含油废水处理工程中得到广泛应用。斜板材料要求表面光滑不沾油，重量轻、耐腐蚀，目前多采用聚酯玻璃钢。

第五节　离　心　分　离

一、离心分离的理论基础

物体高速旋转，产生离心力场。在离心力场内的各质点都将承受较其本身重力大出若干倍的离心力，其大小取决于该质点的质量。废水的离心分离法是指利用离心力去除废水中悬浮颗粒的方法。

使含有悬浮固体（或乳状油）的废水高速旋转，由于悬浮固体和废水的质量不同，受到的离心力也不同，质量大的悬浮固体被甩到废水的外侧，这样可使悬浮固体、废水分别通过各自的出口排出，悬浮固体被分离，废水得以净化。

设 m_0、m 分别为废水和固体颗粒的质量，kg；v 为固体颗粒的旋转圆周线速度，m/s；r 为旋转半径，m；n 为转速，r/min；固体颗粒所承受的离心力为 C，kg：

$$C=(m-m_0)\frac{v^2}{r} \tag{2-4}$$

而该颗粒在水中受到的重力与浮力之和为：

$$F = (m - m_0)g \tag{2-5}$$

式中　g——重力加速度，m/s^2。

离心力与重力的比值 α 称为分离因数。

$$\alpha = \frac{C}{F} \approx \frac{rn^2}{900} \tag{2-6}$$

α 表示在离心力场内，颗粒所承受的离心力大于其本身重力的倍数。如当 $r = 0.1m$，$n = 500 r/min$ 时，$\alpha = 28$；而当 $n = 1800 r/min$ 时，$\alpha = 110$。由此可见，在离心分离过程中，离心力对固体颗粒的作用远远地超过了重力，因此，极大地强化了颗粒的分离速度。

按离心力产生的方式，离心分离设备可分为如下的两种类型：由水流本身旋转产生离心力的旋流分离器；由设备旋转同时也带动液体旋转产生离心力的离心分离机。

二、旋流分离器

旋流分离器分为压力式和重力式两种。

1. 压力式旋流分离器

如图 2-32 所示是用于分离密度较大的悬浮颗粒的压力式旋流分离器。整个设备由钢板焊接制成。上部是直径为 D 的圆筒，下部则呈锥体形。进水管以逐渐收缩的形式，按切线方向与圆筒相接，液体通过水泵以切线方向进入分离器内，在进水处的流速可达 $6 \sim 10 m/s$，并在分离器内沿器壁向下运动，然后再向上旋转，澄清液通过清液排出中心管流到分离器的上部，然后由出水管排出器外。

在离心力的作用下，水中较大的悬浮固体被甩向器壁，并在其本身重力的作用下沿器壁向下滑动，在底部形成固体浓液经排出管连续排出。较小的颗粒向下旋转到一定程度后，又随着向上旋转，并随澄清水流出器外。

旋流分离器进口的流速一般为 $6 \sim 8 m/s$，压力为不超过 $0.4 MPa$。

由于离心力与旋转半径呈反比例关系，因此旋流器的直径受到一定的限制，一般不超过 $500 mm$。如果废水量较大，可以将几座旋流分离器并联使用。如果废水中悬浮颗粒需要分级，则可以将几座旋流分离器串联起来使用。水力旋流器串联运行时，通过调节水泵的压力实现颗粒分级，先选出大颗粒，再分出小颗粒。

旋流分离器的分离效率与颗粒的直径有密切关系，一般通过试验确定。

压力式旋流分离器具有体积小、单位容积处理能力高、构造简单、易于安装和维修等优点，因此较广泛地应用于废水的澄清和浓缩处理。其缺点是水泵设备容易磨损、动力消耗较大。

2. 重力式旋流分离器

重力式旋流分离器又称水力旋流沉淀池。废水也是以切线方向进入器内，借进、出水的水头差在器内呈旋转流动。与压力式旋流分离器相比较，这种设备的容积大，电能消耗低。如图 2-33 所示为重力式旋流分离器。

重力式旋流分离器的表面负荷大大地低于压力式，一般为 $25 \sim 30 m^3/(m^2 \cdot h)$。废水在器内停留 $15 \sim 20 min$，废水在进水口的流速 $v = 0.9 \sim 1.1 m/s$。作用水头一般为 $0.005 \sim 0.006 MPa$。

重力式旋流分离器与一般沉淀池相比占地面积小，基建和运行费用低，管理方便。与压力式旋流分离器相比，避免了水泵及设备磨损较大的缺点，动力消耗省。其缺点是沉淀池地下部分深度较大、施工难度大。

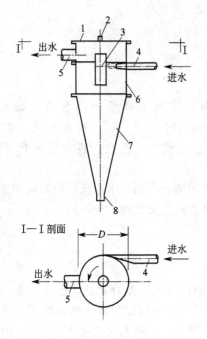

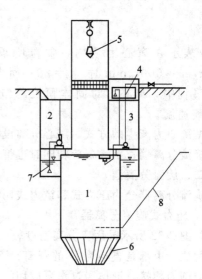

图 2-32　压力式旋流分离器

1—顶盖；2—通气管；3—中心管；4—进水管；
5—出水管；6—圆筒；7—圆锥体；8—排泥口

图 2-33　重力式旋流分离器

1—重力式水力旋流器；2—水泵室；3—油泵室；
4—集油槽；5—抓斗；6—护壁钢轨；
7—吸水井；8—进水管（切线方向进入）

三、离心分离机

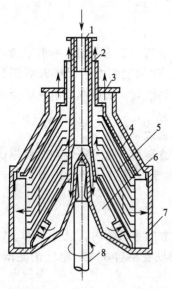

图 2-34　盘式离心机的转筒结构

1—乳浊液入口；2—轻液环形出口；
3—重液出口；4—锥形罩；5—锥盘；
6—空腔；7—肋板；8—轴

离心分离机的种类很多，按分离因数大小可分为高速离心机（$\alpha > 3000$）、中速离心机（$\alpha = 1500 \sim 3000$）和低速离心机（$\alpha = 1000 \sim 1500$）。中、低速离心机通称为常速离心机。中、低速离心机多用于分离废水中的纤维类悬浮物和污泥脱水，而高速离心机则适用于分离废水中的乳化油脂类物质。按离心机分离容器几何形状的不同，又可分为转筒式离心机、管式离心机、盘式离心机以及板式离心机等。按操作过程可分为间歇式和连续式离心机；按转鼓的安装角度可分为立式和卧式离心机。

图 2-34 为盘式离心机的构造示意图。在转鼓中有十几到几十个锥形金属盘片，盘片的间距为 0.4～1.5mm，斜面与垂线的夹角为 30°～50°。这些盘片，缩短了悬浮物分离时所需移动的距离，减少涡流的形成，从而提高了分离效率。离心机运行时，乳浊液沿中心管自上而下进入下部的转鼓空腔，并由此进入锥形盘分离区，在 5000r/min 以上的高速离心力的作用下，乳浊液的重组分（水）被抛向器壁，汇集于重液出口排出，轻组分（油）则沿盘间锥形环状窄缝上升，汇集于轻液出口排出。

在废水处理中使用离心分离机进行固液分离，要求悬浮物与废水要有较大的密度差。其分离效果主要取决于离心机的转速以及悬浮物的密度和粒度。对于一定转速的离心机而言，分离效果随颗粒密度和粒度的增大而提高，对悬浮物组成基本稳定的废水和泥渣而言，颗粒的离心加速度愈大，去除率也愈高，这既可通过增大离心机的转速来实现，也可以通过增大离心机分离容器的尺寸来实现。

第六节　过　　滤

过滤是利用过滤材料分离废水中杂质的一种技术。根据过滤材料不同，过滤可分为颗粒材料过滤和多孔材料过滤两大类。多孔材料过滤即滤网、捞毛机、微滤机等相关问题已在前文中介绍，本节主要介绍颗粒材料过滤即滤池的主要内容。

一、滤池的作用与原理

废水处理中采用滤池，目的是去除废水中的微细悬浮物质，一般作为保护设备，用于活性炭吸附或离子交换设备之前。某些炼油厂，在含油废水经气浮或混凝沉淀后，再通过滤池作进一步处理，然后复用。

1. 对滤料的要求

由于废水的水质复杂，悬浮物浓度高、黏度大、易堵塞，选择滤料时应注意以下几点。

① 滤料粒径应大些。采用石英砂为滤料时，砂粒直径可取为 $0.5\sim2.0mm$，相应的滤池冲洗强度亦大，可达 $18\sim20L/(m^2 \cdot s)$。

② 滤料耐腐蚀性应强些。滤料耐腐蚀的程度，可用浓度为 1% 的 Na_2SO_4 水溶液将恒重后滤料浸泡 28d，重量减少值以不大于 1% 为宜。

③ 滤料的机械强度好，成本低。

滤料可采用石英砂、无烟煤、陶粒、大理石、白云石、石榴石、磁铁矿石等颗粒材料及近年来开发的纤维球、聚氯乙烯或聚丙烯球等。

2. 工作原理

滤池的过滤作用是通过下面两个过程完成的。

(1) 机械隔滤作用　　滤料层由大小不同的滤料颗粒组成，其间有很多孔隙，好像一个"筛子"，当废水通过滤料时，比孔隙大的悬浮颗粒首先被截留在孔隙中，于是滤料颗粒间孔隙越来越小，以后进入的较小悬浮颗粒也相继被截留下来，使废水得到净化。

(2) 吸附、接触凝聚作用　　废水通过滤料层的过程中，要经过弯弯曲曲的水流孔道，悬浮颗粒与滤料的接触机会很多，在接触的时候，由于相互分子间作用力的结果，出现吸附和接触凝聚作用，尤其是过滤前投加了絮凝剂时，接触凝聚作用更为突出。滤料颗粒越小，吸附和接触凝聚的效果也越好。

过滤过程是这样的：当废水进入滤料层时，较大的悬浮颗粒自然被截留下来，而较微细的悬浮颗粒则通过与滤料颗粒或已附着的悬浮颗粒接触，出现吸附和凝聚而被截留下来。一些附着不牢的被截留物质在水流作用下，随水流到下一层滤料中去。或者由于滤料颗粒表面吸附量过大，孔隙变得更小，于是水流速增大，在水流的冲刷下，被截留物也能被带到下一层，因此，随着过滤时间的增长，滤层深处被截留的物质也多起来，甚至随水带出滤层，使出水水质变坏。

由于滤层经反冲洗水水力分选后上层滤料颗粒小，接触凝聚和吸附效率也高，加上一部分机械截留作用，使得大部分悬浮物质的截留是在滤料表面一个厚度不大的滤层内进行的，下层所截留的悬浮物量较少，造成滤层中所截留悬浮物分布不均匀。

二、滤池的类型、构造及工艺过程

(一)滤池分类

滤池的形式很多,按滤速大小,可分为慢滤池、快滤池和高速滤池;按水流过滤层的方向,可分为上向流、下向流、双向流等;按滤料种类,可分为砂滤池、煤滤池、煤-砂滤池等;按滤料层数,可分为单层滤池、双层滤池和多层滤池;按水流性质,可分为压力滤池和重力滤池;按进出水及反冲洗水的供给和排出方式,可分为普通快滤池、虹吸滤池、无阀滤池等。

(二)滤池构造

滤池的种类虽然很多,但其基本构造是相似的,在废水深度处理中使用的各种滤池都是在普通快速滤池的基础上加以改进而来的。普通快速滤池的构造如图 2-35 所示。滤池外部由滤池池体、进水管、出水管、冲洗水管、冲洗水排出管等管道及其附件组成;滤池内部由冲洗水排出槽、进水渠、滤料层、垫料层(承托层)、排水系统(配水系统)组成。

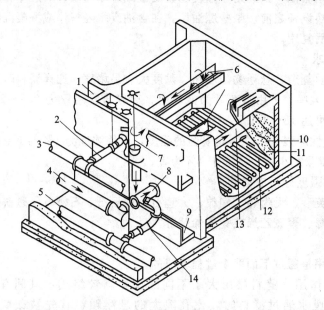

图 2-35　普通快速滤池的构造

1—集水渠;2—进水支管;3—进水管;4—冲洗水干管;5—清水管;6—洗砂排水槽;7—排泥阀;
8—排污管;9—废水渠;10—滤层;11—承托层;12—配水支管;13—配水干管;14—清水支管

1. 滤料层

滤料层是滤池的核心部分。单层滤料滤池多以石英砂、无烟煤、陶粒和高炉渣为滤料。

滤料粒径、滤层高度和滤速是滤池的主要参数,表 2-2 列举了用于物理处理(沉淀)和生物处理后的单层滤料滤池的运行与设计参数。滤池的反冲洗可以用滤后水,也可以用原废水。冲洗强度为 $16\sim18L/(m^2\cdot s)$,延时 $6\sim8min$。

表 2-2　单层滤料滤池运行、设计参数

滤池类型		滤料粒径/mm	滤料层高度/m	滤速/(m/h)
物理处理后	粗滤料滤池	2~3	2	10
	大滤料滤池	1~2	1.5~2.0	7~10
	中滤料滤池	0.8~1.6	1.0~1.2	5~7
	细滤料滤池	0.4~1.2	1.0	5
生物处理后大滤料滤池		1~2	1.0~1.5	5~7

多层滤料多用无烟煤、石英砂、石榴石，国外还有用钛矿砂的，它们的相对密度分别是 1.5、2.6、4.2 和 4.8。

双层滤料滤池的工作效果较好，一般底层用粒径为 0.5～1.2mm 的石英砂，层高 500mm，上层则用陶粒或无烟煤，粒径为 0.8～1.8mm，层高 300～500mm。滤速 8～10m/h，反冲洗强度为 15～16L/(m² · s)，延时 8～10min。

滤池中滤料的粒径、级配和质量直接影响滤池的正常运行。表 2-2 中，滤料粒径位于上限时，适用于废水中悬浮固体浓度较高情况，位于下限时，适用于悬浮固体浓度较低情况。如果滤料粒径过大，会降低滤池出水水质；如果粒径过小，则滤料层容易堵塞，同时也增大滤池的水头损失，缩短滤池的工作周期。

滤料的级配是指滤料中粒径不同的颗粒所占的比例，常用 K_{80} 表示。

$$K_{80} = \frac{d_{80}}{d_{10}} \tag{2-7}$$

式中　K_{80}——不均匀系数；

　　　d_{80}——筛分曲线中通过 80% 质量的滤料的筛孔孔径，mm；

　　　d_{10}——筛分曲线中通过 10% 质量的滤料的筛孔孔径，mm。

K_{80} 表示滤料颗粒大小的不均匀程度。K_{80} 越大，则表示滤料粗细之间差别越大，滤层孔隙率越小，不利于过滤。目前，对于低悬浮物的废水使用的石英砂滤料，一般 $d_{10} = 0.1～0.6mm$，$K_{80} = 2.0～2.2$。

2. 垫料层

垫料层的作用主要是承托滤料（故亦称承托层），防止滤料经配水系统上的孔眼随水流走，同时保证反冲洗水更均匀地分布于整个滤池面积上。

垫料层要求不被反冲洗水冲动，形成的孔隙均匀，布水均匀，化学稳定性好，不溶于水。一般采用卵石或砾石，按颗粒大小分层铺设。垫料层的粒径一般不小于 2mm，以同滤料的粒径相配合。在穿孔管式排水系统中，垫料层的颗粒粒径与厚度见表 2-3。

表 2-3　垫料层的颗粒粒径与厚度

层次（自上而下）	粒径/mm	厚度/mm	层次（自上而下）	粒径/mm	厚度/mm
1	2～4	100	3	8～16	100
2	4～8	100	4	16～32	150

3. 排水系统

排水系统的作用是均匀收集滤后水，更重要的是均匀分配反冲洗水，故亦称配水系统。

排水系统分为两类，即大阻力排水系统和小阻力排水系统。普通快滤池大多采用穿孔管式大阻力排水系统，如图 2-36 所示。穿孔管式大阻力排水系统是由一条干管和若干支管所组成。支管上开有向下成 45°角的配水孔，相邻的两孔方位相错。

（三）工艺过程

快滤池的运行是"过滤-反冲洗"两个过程交替进行的。滤池工作时，废水自进水管经进水渠、排水槽分配入滤池，废水在池内自上而下穿过滤料层、垫料层，由排水系统收集，并经出水管排出。工作期间，滤池处于全浸没状态。经过一段时间过滤后，滤料层被悬浮物质阻塞，水头损失增大到一个极限值，或者是由于水流冲刷，悬浮物质从滤池中大量带出，出水水质不符合要求时，滤池应停止运行，进行反冲洗。反冲洗时，关闭进水管及出水管，开启排水阀及反冲洗进水管，反冲洗水自下而上通过排水系统、垫料层、滤料层，并由排水

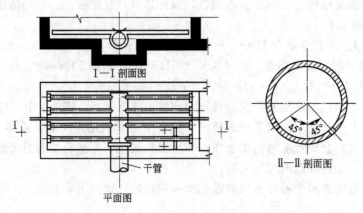

I—I 剖面图

II—II 剖面图

平面图

干管

图 2-36　穿孔管式大阻力排水系统示意

槽收集，经进水渠内的排水管排走。反冲洗时，由于反冲洗水的作用，使滤料出现流化，滤料颗粒之间相互摩擦、碰撞，滤料表面附着的悬浮物质被冲刷下来，由反冲洗水带走。滤池经反洗后，恢复过滤及截污能力，滤池即可重新投入工作。

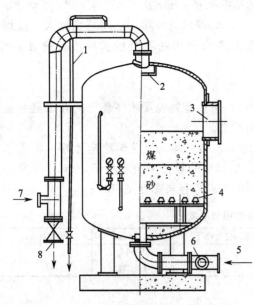

图 2-37　立式两层滤料的压力过滤器
1—排气管；2—挡板；3—人孔；4—配水头；
5—反冲水；6—出水；7—进水；8—排水口

两次反冲洗的时间间隔称为过滤周期，从反冲洗开始到反冲洗结束的时间间隔称为反洗历时。

三、压力过滤器

在工业废水处理中，除了采用普通快滤池外，还采用其他类型的滤池，其中应用较多的是压力过滤器，如图 2-37 所示。

压力过滤器是一个承压的密闭的过滤装置，内部构造与普通过滤池相似，其主要特点是承受压力，可利用过滤后的余压将出水送到用水地点或远距离输送。压力过滤器过滤能力强、容积小、设备定型、使用的机动性大。但是，单个过滤器的过滤面积较小，只适用于废水量小的车间（或企业）或对某些废水进行的局部处理。

通常采用的压力过滤器是立式的，直径不大于 3m。滤层以下为厚度 100mm 的卵石垫层（$d=1.0\sim2.0mm$），排水系统为过滤头。在一些废水处理系统中，排水系统处还安装有压缩空气管，用以辅助反冲洗。

反冲洗废水通过顶部的漏斗或设有挡板的进水管收集并排除。

压力过滤器外部还安装有压力表、取样管，及时监督过滤器的压力损失和水质变化。

过滤器顶部设有排气阀，排除过滤器内和水中析出的气体。

四、新型滤料滤池

近年来，国内外都在研究采用塑料或纤维球等轻质材料作为滤料的滤池，这种滤池具有滤速高、水头损失小、过滤周期长、冲洗水耗量低等优点。

1. 塑料、石英砂双层滤料滤池

普通的无烟煤-石英砂双层滤池，由于上层无烟煤粒径较小，滤料间的空隙率也较小，因此截污能力不大，过滤周期短。塑料-石英砂双层滤料滤池上层采用圆柱形塑料滤料，下层为石英砂滤料。因塑料比无烟煤粒径大，而且均匀、空隙率大，所以，悬浮物截留量大。又因塑料的密度小，反冲时采用同样的反冲强度时，塑料的膨胀率大、清洗效果好，可缩短反冲洗时间，节省冲洗水量。另外塑料的磨损率也小。圆柱形塑料滤料直径为 3mm，层高 1000mm，石英砂滤料粒径为 0.6mm，层高 500mm，支撑层高 350mm，滤速为 30m/h。

2. 纤维球滤料滤池

采用耐酸、耐碱、耐磨的合成纤维球作滤料，滤速为 30～70m/h，生物处理后出水经过滤处理后，悬浮物浓度由 14～28mg/L 降到 2mg/L。采用空气搅动，冲洗水量只占 1%～2%。纤维球用直径为 20～50μm 的纤维丝制成，直径为 10～30mm。纤维可用聚酯等合成纤维。

五、聚结过滤池

聚结过滤法又称为粗粒化法，用于含油废水处理。含油废水通过装有粗粒化滤料的滤池，使废水中的微小油珠聚结成大颗粒，然后进行油水分离。本法用于处理含油废水中的分散油和乳化油。粗粒化滤料具有亲油疏水性质，当含油废水通过时，微小油珠便附聚在其表面形成油膜，达到一定的厚度后，在浮力和水流剪力的作用下脱离滤料表面，形成颗粒大的油珠浮升到水面。粗粒化滤料有无机和有机两类，如无烟煤、石英砂、陶粒、蛇纹石及聚丙烯塑料等，外形有粒状、纤维状、管状等。

目前国产的 SCF、CYF、YSF 系列油水分离器，可用于处理船舶舱底含油废水及工业企业少量含有各种油类（石油、轻柴油、重油、润滑油）的废水，或用于废油浓缩，但不适用于含乳化油或动物油的废水。含杂质较多的含油废水应先经预处理除去杂质后再进行处理。

第七节 均 和 调 节

无论是工业废水，还是城市污水或生活污水，水量和水质在 24 小时之内都有波动。一般说来，工业废水的波动比城市污水大，中小型工厂的波动就更大。废水水质水量的变化对排水设施及废水处理设备，特别是生物处理设备正常发挥其净化功能是不利的，甚至还可能遭到破坏。为此，经常采取的措施是，在废水处理系统之前，设均和调节池，简称调节池，用以进行水量的调节和水质的均和。

根据调节池的功能，调节池分为均量池、均质池和均化池。均量池的主要作用是均化水量；均质池的主要作用是均化水质；均化池既能均量，又能均质。

一、均量池

均量池的主要作用是调节水量。常用的均量池实际上是一座变水位的贮水池，来水为重力流，出水用泵抽。池中最高水位不高于来水管的设计水位，水深一般为 2m 左右，最低水位为死水位，见图 2-38。

均量池的废水平均流量可用式(2-8) 计算：

$$Q = \frac{W}{T} = \frac{\sum_0^T qt}{T} \qquad (2\text{-}8)$$

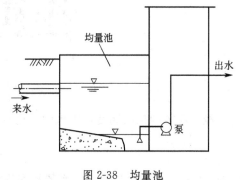

图 2-38 均量池

式中　Q——在周期 T 内的平均废水流量，m^3/h；

　　　　W——在周期 T 内的废水总量，m^3；

　　　　T——废水流量变化周期，h；

　　　　q——在 t 时段内废水的平均流量，m^3/h；

　　　　t——任一时段，h。

如在均量池中加搅拌设施（机械搅拌或曝气），也能起到一定的均质作用，但因均量池的容积一般只占周期内总水量的 $10\%\sim20\%$，所以，即使搅拌，均质作用也不大。

二、均质池

最常见的均质池可称为异程式均质池，为常水位，重力流，与沉淀池的主要不同之处在于沉淀池中的水流每一质点流程都相同，而均质池中的水流每一质点的流程由短到长，都不相同，再结合进出水槽的配合布置，使前后时程的水得以相互混合，取得随机均质的效果。实践证明，这种均质池的效果是肯定的，但这种池只能均质，不能均量。

常用的异程式均质池有如图 2-39 所示的穿孔导流槽式均质池、如图 2-40 所示的带折流墙的均质池和如图 2-41 所示的圆形均质池等。这些均质池在构造上能够使周期内先后到达的废水有机会充分混合。

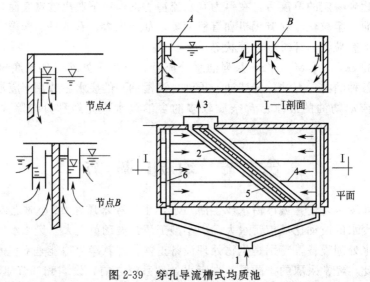

图 2-39　穿孔导流槽式均质池

1—进水；2—集水；3—出水；4—纵向隔墙；5—斜向隔墙；6—配水槽

图 2-40　带折流墙的均质池

经一定的均化周期后，废水的平均浓度可按下式计算：

$$C=\frac{\sum_0^T cqt}{QT} \tag{2-9}$$

式中　C——T 小时均化后废水的平均浓度，mg/L；

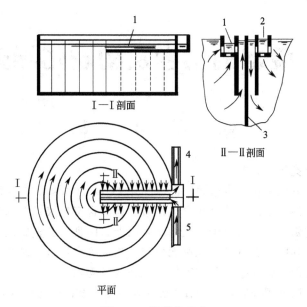

图 2-41 圆形均质池

1—集水槽；2—配水槽；3—径向隔墙；4—出水槽；5—进水槽

c——任一时段 t 内的废水浓度，mg/L；

Q——在周期 T 内的平均废水流量，m^3/h；

t——任一时段，h。

三、均化池

均化池既能均量，又能均质。在池中设置搅拌装置，出水泵的流量用仪表控制。

在均化池内设置搅拌装置，如采用表面曝气机或鼓风曝气时，除可使悬浮物不致沉淀和出现厌氧情况外，还可以有预曝气的作用，能改进初沉效果，减轻曝气池负荷。

四、间歇式均化池

当废水水量规模较小时，可设间歇式贮水池，即间歇贮水、间歇运行的均化池，池可分为两或三格，交替使用。池中设搅拌装置，这种池型效果最好。

五、事故池

为防止水质出现恶性事故，或发生破坏污水处理厂运行的事故，设置所谓事故池，贮留事故排水，这是一种变相的均化池。事故池的进水阀门一般是自动控制，否则无法及时发现事故。这种池平时必须保证泄空备用。

第三章 废水的化学及物理化学处理技术

第一节 中 和

一、中和方法分类与中和剂

酸性工业废水和碱性工业废水来源广泛，如化工厂、化纤厂、电镀厂、煤加工厂及金属酸洗车间等都排出酸性废水。有的废水含无机酸，有的含有机酸，有的同时含有机酸和无机酸。含酸废水浓度差别很大，从小于1%到10%以上。印染厂、金属加工厂、炼油厂、造纸厂等排出碱性废水，其中有有机碱，也有无机碱，浓度可高达百分之几。废水中除含酸或碱外，还可能含有酸式盐、碱式盐以及其他的无机和有机等物质。

当酸或碱废水的浓度很高时，例如在3%甚至5%以上，应考虑回用和综合利用的可能性，例如用其制造硫酸亚铁、硫酸铁、石膏、化肥，也可以考虑供其他工厂使用等。当浓度不高（例如小于3%），回收或综合利用经济意义不大时，才考虑中和处理。中和处理就是去除废水中的酸或碱，使其 pH 值达到中性左右，以免废水腐蚀管道和构筑物、危害农作物和水生植物以及破坏废水生物处理系统的正常运行。

1. 中和方法分类

酸性废水的中和方法可分为酸性废水与碱性废水互相中和、药剂中和及过滤中和三种方法。碱性废水的中和方法可分为碱性废水与酸性废水互相中和、药剂中和等。

选择中和方法时应考虑下列因素：

① 含酸或含碱废水所含酸类或碱类的性质、浓度、水量及其变化规律。

② 首先应寻找能就地取材的酸性或碱性废料，并尽可能加以利用。

③ 本地区中和药剂和滤料（如石灰石、白云石等）的供应情况。

④ 接纳废水水体性质，城市下水道能容纳废水的条件，后续处理（如生物处理）对 pH 值的要求等。

2. 中和剂

酸性废水中和处理采用的中和剂有石灰、石灰石、白云石、苏打、苛性钠等，碱性废水中和处理则通常采用盐酸和硫酸。

苏打（Na_2CO_3）和苛性钠（$NaOH$）具有组成均匀、易于贮存和投加、反应迅速、易溶于水而且溶解度较高的优点，但是由于价格较贵，通常很少采用。石灰来源广泛，价格便宜，所以采用较广。

石灰石、白云石（$MgCO_3 \cdot CaCO_3$）系石料，在产地使用是便宜的。除了劳动卫生条件比石灰好外，其他情况和石灰相同。

二、酸碱废水中和法

酸碱废水相互中和是一种既简单又经济的以废治废的处理方法。酸碱废水相互中和一般是在混合反应池内进行，池内设有搅拌装置。两种废水相互中和时，由于水量和浓度难以保持稳定，所以给操作带来困难。在此情况下，一般在混合反应池前设有均质池。

1. 酸性或碱性废水需要量

利用酸性废水和碱性废水互相中和时，应进行中和能力的计算。中和时两种废水的酸和碱的当量数应相等，即按当量定律来计算，公式如下：

$$Q_1 C_1 = Q_2 C_2 \tag{3-1}$$

式中　Q_1——酸性废水流量，L/h；

　　　C_1——酸性废水酸的当量浓度，克当量/L；

　　　Q_2——碱性废水流量，L/h；

　　　C_2——碱性废水碱的当量浓度，克当量/L。

在中和过程中，酸碱双方的当量恰好相等时称为中和反应的等当点。强酸强碱互相中和时，由于生成的强酸强碱盐不发生水解，因此等当点即中性点，溶液的 pH 值等于 7.0。但中和的一方若为弱酸或弱碱时，由于中和过程中所生成的盐的水解，尽管达到等当点，但溶液并非呈中性，pH 值大小取决于所生成盐的水解度。

2. 中和设备

中和设备可根据酸碱废水排放规律及水质变化来确定。

① 当水质、水量变化较小或后续处理对 pH 值要求较宽时，可在集水井（或管道、混合槽）内进行连续混合反应。

② 当水质、水量变化不大或后续处理对 pH 值要求高时，可设连续流中和池。中和时间 t 视水质水量变化情况确定，一般采用 1~2h。有效容积按下式计算：

$$V = (Q_1 + Q_2)t \tag{3-2}$$

式中　V——中和池有效容积，m^3；

　　　Q_1——酸性废水设计流量，m^3/h；

　　　Q_2——碱性废水设计流量，m^3/h；

　　　t——中和时间，h。

③ 当水质水量变化较大且水量较小时，连续流无法保证出水 pH 值要求，或出水中还含有其他杂质或重金属离子时，多采用间歇式中和池。池有效容积可按污水排放周期（如一班或一昼夜）中的废水量计算。中和池至少两座（格）交替使用，在间歇式中和池内完成混合、反应、沉淀、排泥等工序。

三、药剂中和法

（一）酸性废水的药剂中和处理

1. 中和剂

酸性废水中和剂有石灰、石灰石、大理石、白云石、碳酸钠、苛性钠、氧化镁等，常用者为石灰。当投加石灰乳时，氢氧化钙对废水中的杂质有凝聚作用，因此适用于处理杂质多、浓度高的酸性废水。在选择中和剂时，还应尽可能使用一些工业废渣，如化学软水站排出的废渣（白垩），其主要成分为碳酸钙；有机化工厂或乙炔发生站排放的电石废渣，其主要成分为氢氧化钙；钢厂或电石厂筛下的废石灰；热电厂的炉灰渣或硼酸厂的硼泥。

2. 中和反应

石灰可以中和不同浓度的酸性废水，在采用石灰乳时，中和反应方程式如下：

$$H_2SO_4 + Ca(OH)_2 == CaSO_4 + 2H_2O$$
$$2HNO_3 + Ca(OH)_2 == Ca(NO_3)_2 + 2H_2O$$

$$2HCl + Ca(OH)_2 === CaCl_2 + 2H_2O$$

废水中含有的其他金属盐类，如铁、铅、锌、铜、镍等也消耗石灰乳的用量，反应如下：

$$FeCl_2 + Ca(OH)_2 === Fe(OH)_2 + CaCl_2$$

$$PbCl_2 + Ca(OH)_2 === Pb(OH)_2 + CaCl_2$$

中和法处理硫酸废水时，中和后生成的硫酸钙在水中的溶解度很小，此盐不仅形成沉淀，而且当硫酸浓度很高时，在药剂表面会产生硫酸钙的覆盖层，影响和阻止中和反应的继续进行。所以当采用石灰石、白垩或白云石作中和剂时，药剂颗粒应在 0.5mm 以下。

3. 中和剂用量

中和酸性废水所需的药剂的理论比耗量可根据中和反应方程式来计算。见表 3-1。

表 3-1 中和各种酸所需碱、盐的理论比耗量 单位：g/g

酸的名称	相对分子质量	NaOH 40	Ca(OH)₂ 74	CaO 56	CaCO₃ 100	MgCO₃ 84	Na₂CO₃ 106	CaCO₃,MgCO₃
HNO₃	63	0.635	0.59	0.445	0.795	0.668	0.84	0.732
HCl	36.5	1.10	1.01	0.77	1.37	1.15	1.45	1.29
H₂SO₄	98	0.816	0.755	0.57	1.02	0.86	1.08	0.94
H₂SO₃	82	0.975	0.90	0.68			1.29	1.122
CO₂	44	1.82	1.63	(1.27)	(2.27)	(1.91)		2.09
C₂H₄O₂	60	0.666	0.616	(0.466)	(0.83)	(0.695)	0.88	1.53
CuSO₄	159.5	0.251	0.465	0.352	0.628	0.525	0.667	0.576
FeSO₄	151.9	0.264	0.485	0.37	0.66	0.553	0.700	0.605
H₂SiF₆		0.556	0.51	0.38	0.69		0.73	0.63
FeCl₂		0.63	0.58	0.44	0.79		0.835	0.725
H₃PO₄		1.22	1.13	0.86	1.53		1.62	1.41

注：1. 在碱、盐的分子式下面的数值为该碱、盐的相对分子质量。

2. 括号中记入的药剂量，表示不建议采用的药剂，因其反应很慢。

由于药剂的纯度不是百分之百，因此药剂的实际耗量应比表 3-1 理论比耗量要大些。药剂的纯度 α（％）应根据药剂分析资料确定。当没有分析资料时，可参考下列数据采用：生石灰含 60％～80％有效 CaO，熟石灰含 65％～75％Ca(OH)₂，电石渣及废石灰含 60％～70％有效 CaO，石灰石含 90％～95％CaCO₃，白云石含 45％～50％CaCO₃。

另外，由于存在着混合反应的不均匀性和中和反应的不彻底性，因此中和剂的实际耗量应比理论耗量为高，用不均匀系数 K 来表示。如无试验资料时，用石灰乳中和硫酸时，K 采用 1.05～1.10；以干投或石灰浆投加时，K 值采用 1.4～1.5；中和硝酸、盐酸时，K 值采用 1.05。

因此，药剂总耗量可按下式计算：

$$G_a = \frac{KQ(C_1\alpha_1 + C_2\alpha_2)}{\alpha} \tag{3-3}$$

式中 G_a——药剂总耗量，kg/d；

Q——酸性废水量，m³/d；

C_1——废水含酸浓度，kg/m³；

C_2——废水中需中和的酸性盐浓度，kg/m³；

α_1——中和剂理论比耗量，即中和 1kg 酸所需的碱量，kg/kg，见表 3-1；

α_2——中和 1kg 酸性盐类所需碱性药剂量，kg/kg，见表 3-1；

K——不均匀系数；

α——中和剂的纯度，%。

中和反应产生的盐类及药剂中的惰性杂质以及原废水中的悬浮物一般用沉淀法去除。投药中和沉渣量可按下式进行计算：

$$W=G_a(B+e)+Q(S-c-d) \tag{3-4}$$

式中　G_a——投药量，kg/h；

　　　Q——废水量，m³/h；

　　　B——消耗单位药剂所产生盐量，见表3-2；

　　　e——单位药剂中杂质含量；

　　　S——原废水中悬浮物含量，kg/m³；

　　　c——中和后废水中溶解盐量，kg/m³；

　　　d——中和后出水悬浮物含量，kg/m³。

表3-2　化学药剂中和产生的盐量

酸	药　剂	中和单位酸量所产生的盐量（B）
H₂SO₄	Ca(OH)₂	CaSO₄：1.39
	CaCO₃	CaSO₄：1.39，CO₂：0.45
	NaOH	Na₂SO₄：1.45
HNO₃	Ca(OH)₂	Ca(NO₃)₂：1.30
	CaCO₃	Ca(NO₃)₂：1.30，CO₂：0.35
	NaOH	NaNO₃：1.35
HCl	Ca(OH)₂	CaCl₂：1.53
	CaCO₃	CaCl₂：1.53，CO₂：0.61
	NaOH	NaCl：1.61

4. 处理工艺流程

废水量少时（每小时几吨到十几吨）宜采用间歇处理，两池或三池（格）交替工作。废水量大时宜采用连续式处理。为获得稳定可靠的中和处理效果宜采用多级式自动控制系统。目前多采用二级或三级，分为粗调和终调或粗调、中调和终调。投药量由设在池出口的 pH 值检测仪控制。一般初调可将 pH 值调至4～5。药剂中和处理工艺流程如图3-1所示。

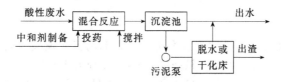

图 3-1　酸性废水投药中和流程

酸性废水投药中和之前，有时需要进行预处理。预处理包括悬浮杂质的澄清、水质及水量的均和。前者可以减少投药量，后者可以创造稳定的处理条件。

投加石灰有干投法和湿投法两种方式。干投法如图3-2所示。首先将生石灰或石灰石粉碎，使其达到技术上要求的粒径（0.5mm）。投加时，为了保证石灰能均匀地加到废水中去，可用具有电磁振荡装置的石灰投配器。石灰投入废水渠，经混合槽折流混合0.5～1min，然后进入沉淀池将沉渣进行分离。干投法的优点是设备简单，缺点是反应不彻底、反应速度慢、投药量大，为理论值的1.4～1.5倍，石灰破碎、筛分等劳动强度大。

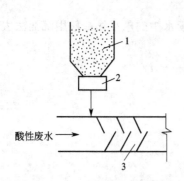
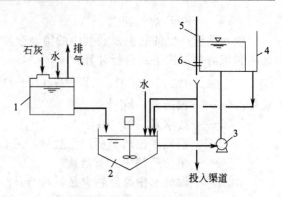

图 3-2　石灰干投法示意图　　　　　　　图 3-3　石灰湿投法示意图
1—石灰粉贮斗；2—电磁振荡设备；　　　1—石灰消解槽；2—乳液槽；3—泵；4—投配槽；
3—隔板混合槽　　　　　　　　　　　5—提板闸；6—投加器

湿投法如图 3-3 所示。首先将石灰投入消解槽，消解成 40%～50% 的浓度后投放到乳液槽，经搅拌配制成 5%～10% 浓度的石灰乳，再用泵送到投配槽，经投加器投入到混合设备。送到投配槽的石灰乳量大于投加量，剩余部分回流，保持投配槽液面不变，投加量由投加器孔口的开启度来控制。当短时间停止投加石灰乳时，石灰乳可在系统内循环，不易堵塞。石灰消解槽及乳液槽不宜采用压缩空气搅拌，因为石灰乳与空气中 CO_2 会生成 $CaCO_3$ 沉淀，既浪费中和剂，又易引起堵塞，一般采用机械搅拌。与干投法相比，湿投法的设备多，但湿投法反应迅速、彻底，投药量较少，仅为理论值的 1.05～1.10 倍。

废水在混合反应池中的停留时间一般不大于 5min，实际混合时间 t 可按下式计算：

$$t = \frac{V}{Q} \times 60 \tag{3-5}$$

式中　　Q——废水流量，m^3/h；

　　　　V——混合反应池容积，m^3。

（二）碱性废水的药剂中和处理

1. 中和剂

碱性废水中和剂有硫酸、盐酸、硝酸等。常用的药剂为工业硫酸，因为硫酸价格较低。使用盐酸的最大优点是反应物的溶解度大，沉渣量少，但出水中溶解固体浓度高。采用工业废酸更经济。有条件时，也可以采取向碱性废水中通入烟道气（含 CO_2、SO_2 等）的办法加以中和。

2. 中和反应

以含氢氧化钠和氢氧化铵碱性废水为例，中和剂用工业硫酸，其化学反应如下：

$$2NaOH + H_2SO_4 \longrightarrow Na_2SO_4 + 2H_2O$$
$$2NH_4OH + H_2SO_4 \longrightarrow (NH_4)_2SO_4 + 2H_2O$$

如果硫酸铵的浓度足够，可考虑回收利用。

以含氢氧化钠碱性废水为例，用烟道气中和，其化学反应如下：

$$2NaOH + CO_2 + H_2O \longrightarrow Na_2CO_3 + 2H_2O$$
$$2NaOH + SO_2 + H_2O \longrightarrow Na_2SO_3 + 2H_2O$$

烟道气一般含 CO_2 量可达 24%，有的还含有少量的 SO_2 和 H_2S。烟道气如果用湿法水膜除尘器，可用碱性废水做为除尘水进行喷淋。废水从接触塔顶淋下，或沿塔内壁流下，烟道气和废水逆流接触，进行中和反应。据某厂的经验，出水的 pH 值可由 10～12 降至中性。此法的优点是以废治废、投资省、运行费用低、节水且可回收烟灰及煤，把废水处理与消烟除尘结合起来，但出水的硫化物、色度、耗氧量、水温等指标都升高，还需进一步处理。

中和各种碱性废水所需各种不同浓度酸的比耗量见表 3-3。

表 3-3 中和各种碱所需酸的理论比耗量 单位：kg/kg

碱的名称	H$_2$SO$_4$		HCl		HNO$_3$		CO$_2$	SO$_2$
	100%	98%	100%	36%	100%	65%		
NaOH	1.22	1.24	0.91	2.53	1.57	2.42	0.55	0.80
KOH	0.88	0.90	0.65	1.80	1.13	1.74	0.39	0.57
Ca(OH)$_2$	1.32	1.34	0.99	2.74	1.70	2.62	0.59	0.86
NH$_3$	2.88	2.93	2.12	5.90	3.71	5.70	1.29	1.88

四、过滤中和

（一）概述

过滤中和是指使废水通过具有中和能力的滤料进行中和反应。这种方法适用于含硫酸浓度不大于 2～3mg/L 并生成易溶盐的各种酸性废水的中和处理。当废水中含大量悬浮物、油脂、重金属盐和其他毒物时不宜采用。

具有中和能力的滤料有石灰石、白云石、大理石等，一般最常用的是石灰石。采用石灰石作滤料时，其反应式如下：

$$2HCl + CaCO_3 \longrightarrow CaCl_2 + H_2O + CO_2 \uparrow$$
$$2HNO_3 + CaCO_3 \longrightarrow Ca(NO_3)_2 + H_2O + CO_2 \uparrow$$
$$H_2SO_4 + CaCO_3 \longrightarrow CaSO_4 + H_2O + CO_2 \uparrow$$

对含硫酸废水，采用白云石作滤料，其反应式如下：

$$2H_2SO_4 + CaCO_3 \cdot MgCO_3 \longrightarrow CaSO_4 + MgSO_4 + 2H_2O + 2CO_2 \uparrow$$

由于 MgSO$_4$ 的溶解度较大，所以 CaSO$_4$ 生成量仅为石灰石反应的一半，从而可以提高进水的硫酸浓度，但白云石的反应速度较石灰石慢。

过滤中和均产生 CO$_2$，CO$_2$ 溶于水即为碳酸，使出水 pH 值在 5 左右，需用曝气等方法脱掉 CO$_2$，提高 pH 值。

过滤中和所使用的设备为中和滤池。中和滤池有三种类型：普通中和滤池、升流式膨胀中和滤池和过滤中和滚筒。

（二）普通中和滤池

普通中和滤池为固定床，水的流向有平流和竖流两种，目前多用竖流式。竖流式又分升流式和降流式两种（图 3-4）。普通中和滤池的滤料粒径一般为 30～50mm，不得混有粉料杂质。当废水中含有可能堵塞滤料的物质时，应进行预处理，过滤速度一般不大于 5m/h，接触时间不小于 10min，滤床厚度一般为 1～1.5m。

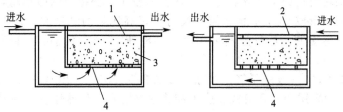

图 3-4 普通中和滤池
1—集水槽；2—配水管；3—中和滤料；4—带孔底板

（三）升流式膨胀中和滤池

升流式膨胀中和滤池，废水从滤池的底部进入，从池顶流出，流速高达 30～70m/h，再加上生成 CO$_2$ 气体的作用，使滤料互相碰撞摩擦，表面不断更新，因此中和效果较好。

升流式膨胀中和滤池又可分为恒滤速和变滤速两种。恒速升流式膨胀中和滤池如图 3-5 所示。滤池分四部分：底部为进水设备，一般采用大阻力穿孔管布水，孔径 9~12mm；进水设备上面是卵石垫层，其厚度为 0.15~0.2m，卵石粒径为 20~40mm；垫层上面为石灰石滤料，粒径为 0.5~3 mm，平均 1.5mm，滤料层厚度在运转初期为 1~1.2m，最终换料时为 2m，滤料膨胀率为 50%，滤料的分布状态是由下往上粒径逐渐减小；滤料上面是缓冲层，高度 0.5m，使水和滤料分离，在此区内水流速度逐渐减慢，出水由出水槽均匀汇集出流。

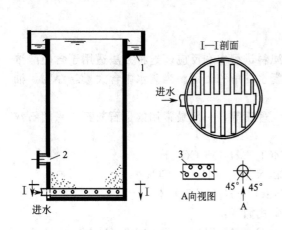

图 3-5 恒速升流式膨胀中和滤池
1—排水槽；2—排渣孔；3—配水孔

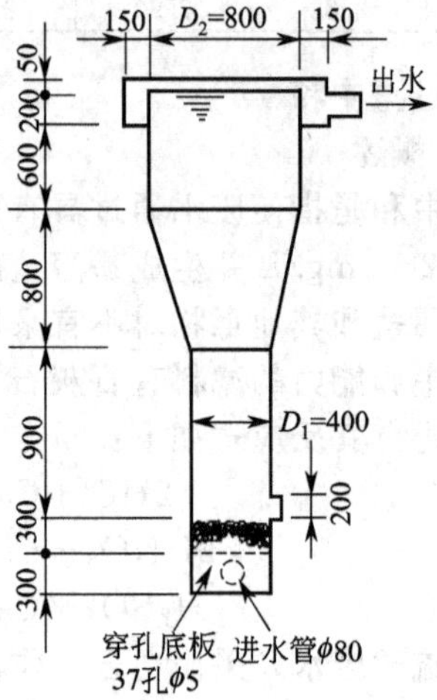

图 3-6 变速升流式膨胀中和滤池（单位：mm）

滤池的出水中由于含有大量溶解 CO_2，使出水 pH 值为 4.2~5.0，可以用甲基橙来判断滤料的效能。滤池在运行中，滤料有所消耗，应定期补充，运行中应防止高浓度硫酸废水进入滤池，否则会使滤料表面结垢而失去作用。滤池运行一定时期后，由于沉淀物积累过多导致中和效果下降，应进行倒床，更换新滤料。

当废水硫酸浓度小于 2200mg/L 时，经中和处理后，出水的 pH 值可达 4.2~5。若将出水再经脱气池除去其中的 CO_2 气体，废水的 pH 值可提高到 6~6.5。

膨胀中和滤池一般每班加料 2~4 次。当出水的 pH≤4.2 时，须倒床换料。滤料量大时，加料和倒床须考虑机械化，以减轻劳动强度。

如图 3-6 所示为变速升流式膨胀中和滤池。其特点是滤料层截面面积是变化的。底部流速较大，可使大颗粒滤料处于悬浮状态；上部流速较小，保持上部微小滤料不致流失，从而可防止池内滤料表面形成 $CaSO_4$ 覆盖层，又可以提高滤料的利用率，还可以提高进水的含酸浓度，同时不产生堵塞。这种滤池可大大提高滤速，下部滤速可达 130~150m/h，上部滤速可达 40~60m/h。

滤池出水中的 CO_2 一般由脱气池去除，方法有空气曝气、出水跌落自然曝气等。

如图 3-7 所示为采用变速升流式膨胀中和滤池（塔）处理酸性废水的实用装置流程。

（四）过滤中和滚筒

过滤中和滚筒如图 3-8 所示。滚筒用钢板制成，内衬防腐层。筒为卧式，直径 1m 以上，长度为直径的 6~7 倍。滚筒线速度采用 0.3~0.5m/s，转速为 10~20r/min。筒和旋转轴向出水方向倾斜 0.5°~1°。滤料粒径可达十几毫米，装料体积占筒体体积的一半。筒内壁焊数条纵向挡板，带动滤料不断翻滚。为避免滤料被水带出，在滚筒出水端设穿孔滤板。出水也需脱 CO_2。这种装置的优点是进水硫酸浓度可超过极限值数倍，滤料不必破碎到很

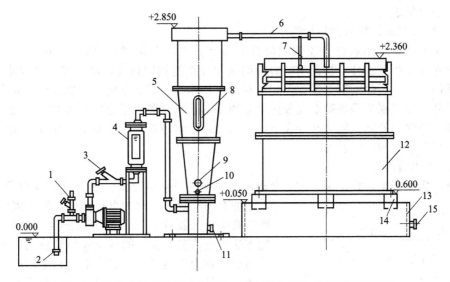

图 3-7　变速升流式膨胀中和滤池（塔）酸性废水处理装置流程图

1—水泵引水阀；2—底阀；3—阀门；4—转子流量计；5—中和塔；6—中和塔出水管；7—支撑；8—视镜；
9—人工排砂机；10—自动排砂机；11—排污孔；12—曝气塔；13—集水池；14—挡栅；15—排放口

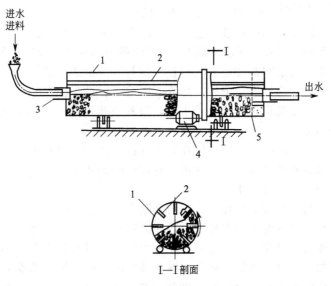

图 3-8　卧式过滤中和滚筒示意

1—滚筒；2—挡板；3—$\phi150$；4—电动减速机；5—滤板有小孔 $\phi38$

小粒径，但构造复杂，动力费用高，运行时设备噪声较大。

第二节　混　　凝

　　混凝的过程即向水中投加混凝剂，使水中难以沉降的颗粒互相聚合增大，直至能自然沉淀或通过过滤分离。混凝法是废水处理中常采用的方法，可以用来降低废水的浊度和色度，去除多种高分子有机物、某些重金属和放射性物质。此外，混凝法还能改善污泥的脱水性能。

一、混凝机理

（一）废水中胶体颗粒的稳定性

废水中的细小悬浮颗粒和胶体微粒分量很轻，尤其胶体微粒直径为 $10^{-3} \sim 10^{-8}\,\mathrm{mm}$。这些颗粒在废水中受水分子热运动的碰撞而做无规则的布朗运动，同时胶体微粒本身带电，同类胶体微粒带有同性电荷，彼此之间存在静电排斥力，因此不能相互靠近结成较大颗粒而下沉。另外，许多水分子被吸引在胶体微粒周围形成水化膜，阻止胶体微粒与带相反电荷的离子中和，妨碍颗粒之间接触并凝聚下沉。因此，废水中的细小悬浮颗粒和胶体微粒不易沉降，总保持着分散和稳定状态。

（二）胶体结构

胶体结构很复杂，它是由胶核、吸附层及扩散层三部分组成。胶核是胶体粒子的核心，

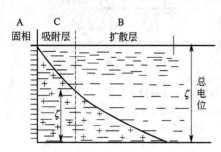

图 3-9　胶团的双电层结构和 ζ 电位

表面拥有一层离子，称为电位离子，胶核因电位离子而带有电荷。胶核表面的电位离子层通过静电作用，把溶液中电荷符号相反的离子吸引到胶核周围，被吸引的离子称为反离子。它们的电荷总量与电位离子的相等而符号相反。这样，在胶核周围介质的相间界面区域就形成所谓双电层，如图 3-9 所示。内层是胶核固相的电位离子层，外层是液相中的反离子层。反离子中有一部分被胶核吸引得较为牢固，同胶核比较靠近，随胶核一起运动，称为吸附层；另一部分反离子距胶核稍远，吸引力较小，不同胶核一起运动，称为扩散层。胶核、电位离子层和吸附层共同组成运动单体，即胶体颗粒（简称胶粒）。把扩散层包括在内合起来总称为胶团。

胶体带电是由于吸附层和扩散层之间存在电位差，由于这个电位差是胶粒与液体做相对运动时所产生的，所以称为界面动电位，又称 ζ 电位。ζ 电位越高，带电量越大，胶粒也就越稳定不易沉降，如果 ζ 电位越低或接近于零，胶粒就很少带电或不带电，胶粒就不稳定，易于相互接触黏合而沉降。

因此，要使胶体颗粒沉降，就必须破坏胶体的稳定性，促使胶体颗粒相互接触成为较大的颗粒，关键在于减少胶粒的带电量，这可以通过压缩扩散层厚度、降低 ζ 电位来达到，这个过程也叫作胶体颗粒的脱稳作用。

向废水中加入带相反电荷的胶体，使它们之间产生电中和作用，如往带负电的胶体中加入金属盐类电解质后，立即电离出阳离子，进入胶团的扩散层。同时，在扩散层中增加阳离子浓度可以减小扩散层的厚度而降低 ζ 电位，所以电解质的浓度对压缩双电层有明显作用。另外电解质阳离子的化合价对降低 ζ 电位也有显著作用，化合价越高效果越明显。因此常向废水中加入与水中胶体颗粒电荷相反的高价离子的电解质（如 Al^{3+}），使得高价离子从扩散层进入吸附层，以降低 ζ 电位。

（三）混凝原理

水处理中的混凝现象比较复杂。不同种类混凝剂以及不同的水质条件，混凝剂作用机理都有所不同。许多年来，水处理专家们从铝盐和铁盐混凝现象开始，对混凝剂作用机理进行不断研究，理论也获得不断发展。DLVO 理论的提出，使胶体稳定性及在一定条件下胶体凝聚的研究取得了巨大进展。但 DLVO 理论并不能全面解释水处理中的一切混凝现象。当前，看法比较一致的是，混凝剂对水中胶粒子的混凝作用有三种：电性中和、吸附架桥和网捕或卷扫。这三种作用究竟以何者为主，取决于混凝剂种类和投加量，水中胶体粒子的性质、含量以及水的 pH 值等。这三种作用有时会同时发生，有时仅其中 1～2 种机理起作用。目前，这三种作用机理尚限于定性描述，今后的研究目标将以定量计算为主。实际上，定量

描述的研究近年来也已开始。

1. 电性中和

这一原理主要考虑低分子电解质对胶体微粒产生电中和以引起胶体微粒凝聚。以废水中胶体微粒带负电荷，投加低分子电解质硫酸铝 $[Al_2(SO_4)_3]$ 作混凝剂进行混凝为例说明。

① 将硫酸铝 $[Al_2(SO_4)_3]$ 投入废水中，首先在废水中离解，产生正离子 Al^{3+} 和负离子 SO_4^{2-}。

$$Al_2(SO_4)_3 \longrightarrow 2Al^{3+} + 3SO_4^{2-}$$

Al^{3+} 是高价阳离子，它大大增加了废水中的阳离子浓度，在带负电荷的胶体微粒吸引下，Al^{3+} 由扩散层进入吸附层，使 ζ 电位降低。于是带电的胶体微粒趋向电中和，消除了静电斥力，降低了它们的悬浮稳定性，当再次相互碰撞时，即凝聚结合为较大的颗粒而沉淀。

② Al^{3+} 在水中水解后最终生成 $Al(OH)_3$ 胶体

$$Al^{3+} + 3H_2O \rightleftharpoons Al(OH)_3(胶体) + 3H^+$$

$Al(OH)_3$ 是带电胶体，当 pH$<$8.2 时，带正电。它与废水中带负电的胶体微粒互相吸引，中和其电荷，凝结成较大的颗粒而沉淀。

③ $Al(OH)_3$ 胶体有长的条形结构，表面积很大，活性较高，可以吸附废水中的悬浮颗粒，使呈分散状态的颗粒形成网状结构，成为更粗大的絮凝体（矾花）而沉淀。

2. 吸附架桥

不仅带异性电荷的高分子物质与胶粒具有强烈的吸附作用，不带电甚至带有与胶粒同性电荷的高分子物质与胶粒也有吸附作用。拉曼（Lamer）等通过对高分子物质吸附架桥作用的研究认为：当高分子链的一端吸附了某一胶粒后，另一端又吸附另一胶粒，形成"胶粒-高分子-胶粒"的絮凝体，如图 3-10 所示。高分子物质在这里起了胶粒与胶粒之间相互结合的桥梁作用，故称为吸附架桥作用。当高分子物质投量过多时，将产生"胶体保护"作用，如图 3-11 所示。胶体保护可理解为：当全部胶粒的吸附面均被高分子覆盖以后，两胶粒接近时，就受到高分子的阻碍而不能聚集。这种阻碍来源于高分子之间的相互排斥。排斥力可能来源于"胶粒-胶粒"之间高分子受到压缩变形（像弹簧被压缩一样）而具有排斥势能，也可能由于高分子之间的电性斥力（对带电高分子而言）或水化膜。因此，高分子物质投量过少不足以将胶粒架桥连接起来，投量过多又会产生胶体保护作用。最佳投量应是既能把胶粒快速絮凝起来，又可使絮凝起来的最大胶粒不易脱落。根据吸附原理，胶粒表面高分子覆盖率为 1/2 时絮凝效果最好。但在实际水处理中，胶粒表面覆盖率无法测定，故高分子混凝剂投量通常由试验决定。

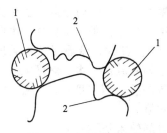

图 3-10　架桥模型示意
1—胶粒；2—高分子

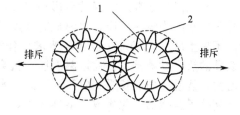

图 3-11　胶体保护示意
1—胶粒；2—高分子

起架桥作用的高分子都是线性分子且需要一定长度。长度不够不能起粒间架桥作用，只能被单个分子吸附。所需起码长度，取决于水中胶粒尺寸、高分子基团数目、分子的分枝程度等。显然，铝盐的多核水解产物，分子尺寸都不足以起粒间架桥作用，它们只能被单个分子吸附从而起电性中和作用。而中性氢氧化铝聚合物 $[Al(OH)_3]_n$ 则可起架桥作用,不过对此目前尚有争议。

不言而喻,若高分子物质为阳离子型聚合电解质,它具有电性中和和吸附架桥双重作用;若为非离子型(不带电荷)或阴离子型(带负电荷)聚合电解质,只能起粒间架桥作用。

3. 网捕或卷扫

当铝盐或铁盐混凝剂投量很大而形成大量氢氧化物沉淀时,可以网捕、卷扫水中胶粒以致产生沉淀分离,称卷扫或网捕作用。这种作用基本上是一种机械作用,所需混凝剂量与原水杂质含量成反比,即原水胶体杂质含量少时,所需混凝剂多,反之亦然。

概括以上几种混凝机理,可作如下分析判断。

① 对铝盐混凝剂(铁盐类似)而言,当 pH<3 时,简单水合铝离子 $[Al(H_2O)_6]^{3+}$ 可起压缩胶体双电层作用;在 pH=4.5~6.0 范围内(视混凝剂投量不同而异),主要是多核羟基配合物对负电荷胶体起电性中和作用,凝聚体比较密实;在 pH=7~7.5 范围内,电中性氢氧化铝聚合物 $[Al(OH)_3]_n$ 可起吸附架桥作用,同时也存在某些羟基配合物的电性中和作用。

② 阳离子型高分子混凝剂可对负电荷胶粒起电性中和与吸附架桥双重作用,絮凝体一般比较密实。非离子型和阴离子型高分子混凝剂只能起吸附架桥作用。当高分子物质投量过多时,也产生"胶体保护"作用使颗粒重新悬浮。

(四)混凝效果的影响效果

1. 废水性质的影响

废水的胶体杂质浓度、pH 值、水温及共存杂质等都会不同程度地影响混凝效果。

(1) 胶体杂质浓度 过高或过低都不利于混凝。用无机金属盐作混凝剂时,胶体浓度不同,所需脱稳的 Al^{3+} 和 Fe^{3+} 的用量亦不同。

(2) pH 值 pH 值也是影响混凝的重要因素。采用某种混凝剂对任一废水的混凝,都有一个相对最佳 pH 值存在,使混凝反应速度最快,絮体溶解度最小,混凝作用最大。例如硫酸铝作为混凝剂时,合适的 pH 值范围是 5.7~7.8,不能高于 8.2。如果 pH 值过高,硫酸铝水解后生成的 $Al(OH)_3$ 胶体就要溶解,即

$$Al(OH)_3 + OH^- \Longrightarrow AlO_2^- + 2H_2O$$

生成的 AlO_2^- 对含有负电荷胶体微粒的废水就没有作用。再如铁盐只有当 pH 值大于 4 时才有混凝作用,而亚铁盐则要求 pH 值大于 9.5。一般通过试验得到最佳的 pH 值。往往需要加酸或碱来调整 pH 值,通常加碱的较多。

(3) 水温 水温对混凝效果影响很大,水温高时效果好,水温低时效果差。因无机盐类混凝剂的水解为吸热反应,水温低时水解困难,如硫酸铝,当水温低于 5℃时,水解速度变慢,不易生成 $Al(OH)_3$ 胶体,要求最佳温度是 35~40℃。其次,低温时,水黏度大,水中杂质的热运动减慢,彼此接触碰撞的机会减少,不利于相互凝聚。水的黏度大,水流的剪力增大,絮凝体的成长受到阻碍,因此,水温低时混凝效果差。但温度过高,超过 90℃时,易使高分子絮凝剂老化生成不溶性物质,反而降低絮凝效果。

(4) 共存杂质的种类和浓度 共存杂质的种类对混凝的效果是不同的。

① 有利于混凝的物质 除硫、磷化合物以外的其他各种无机金属盐,它们均能压缩胶体粒子的扩散层厚度,促进胶体粒子凝聚。离子浓度越高,促进能力越强,并可使混凝范围扩大。二价金属离子 Ca^{2+}、Mg^{2+} 等对阴离子型高分子絮凝剂凝聚带负电的胶体粒子有很大促进作用,表现在能压缩胶体粒子的扩散层,降低微粒间的排斥力,并能降低絮凝剂和微粒间的斥力,使它们表面彼此接触。

② 不利于混凝的物质　磷酸离子、亚硫酸离子、高级有机酸离子等阻碍高分子絮凝作用。另外，氯、螯合物、水溶性高分子物质和表面活性物质都不利于混凝。

2. 混凝剂的影响

（1）无机金属盐混凝剂　无机金属盐水解产物的分子形态、荷电性质和荷电量等对混凝效果均有影响。

（2）高分子絮凝剂　其分子结构形式和分子量均直接影响混凝效果。一般线状结构较支链结构的絮凝剂为优，分子量较大的单个链状分子的吸附架桥作用比小分子的好，但水溶性较差，不易稀释搅拌。分子量较小时，链状分子短，吸附架桥作用差，但水溶性好，易于稀释搅拌。因此，分子量应适当，不能过高或过低，一般以 $(300 \times 10^4) \sim (500 \times 10^4)$ 为宜。此外还要求沿链状分子分布有发挥吸附架桥作用的足够官能基团。高分子絮凝剂链状分子上所带电荷量越大，电荷密度越高，链状分子越能充分伸展，吸附架桥的空间作用范围也就越大，絮凝作用就越好。

另外，混凝剂的投加量对混凝效果也有很大影响，应根据实验确定最佳的投药量。

3. 搅拌的影响

搅拌的目的是帮助混合反应、凝聚和絮凝，搅拌的速度和时间对混凝效果都有较大的影响。过于激烈的搅拌会打碎已经凝聚和絮凝的絮状沉淀物，反而不利于混凝沉淀，因此搅拌一定要适当。

二、废水处理中常用的混凝剂

按照所加药剂在混凝过程中所起的作用，混凝剂可分为凝聚剂和絮凝剂两类，分别起胶粒脱稳和结成絮体的作用。硫酸铝、三氯化铁等传统混凝剂，实际上属于凝聚剂，采用这类凝聚剂时，在混凝的絮凝阶段往往自动出现尺寸足够大、容易沉淀的絮体，因而不需另加絮凝剂。有些混凝剂，特别是合成聚合物，它们往往不只起絮凝剂的作用，而是起凝聚剂和絮凝剂的双重作用。

根据混凝剂的化学成分与性质，混凝剂还可分为无机混凝剂、有机混凝剂和微生物混凝剂三大类。微生物混凝剂是现代生物学与水处理技术相结合的产物，是当前混凝剂研究发展的一个重要方向。

（一）混凝剂

1. 无机混凝剂

传统的无机混凝剂主要为低分子的铝盐和铁盐，铝盐主要有硫酸铝 $[Al_2(SO_4)_3 \cdot 18H_2O]$、明矾 $[Al_2(SO_4)_3 \cdot K_2SO_4 \cdot 24H_2O]$、氯化铝、铝酸钠（$NaAlO_2$）等。铁盐主要有三氯化铁（$FeCl_3 \cdot 6H_2O$）、硫酸亚铁（$FeSO_4 \cdot 7H_2O$）和硫酸铁 $[Fe_2(SO_4)_3 \cdot 2H_2O]$ 等。无机低分子混凝剂价格低、货源充足，但用量大、残渣多、效果较差。20 世纪 60 年代，新型无机高分子混凝剂（IPF）研制成功，目前在生产和应用上都取得了迅速发展，被称为第二代无机混凝剂。IPF 不仅具有低分子混凝剂的特征，而且分子量大，具有多核络离子结构，且电中和能力强，吸附桥连作用明显，用量少，价格比有机高分子混凝剂（OPF）低廉，因此被广泛应用于污水处理中，逐渐成为主流混凝剂。

2. 有机混凝剂

有机高分子混凝剂与无机高分子混凝剂相比，具有用量少、絮凝速度快，受共存盐类、pH 值及温度影响小，污泥量少等优点。但普遍存在未聚合单体有毒的问题，而且价格昂贵，这在一定程度上限制了它的应用。目前使用的有机高分子混凝剂主要有合成的与改性的两种。

污水处理中大量使用的有机混凝剂仍然是人工合成的。人工合成有机高分子混凝剂多为聚丙烯、聚乙烯物质，如聚丙烯酰胺、聚乙烯亚胺等。这些混凝剂都是水溶性的线性高分子物质，每个大分子由许多包含有带电基团的重复单元组成，因而也称为聚电解质。按其在水中的电离性质，聚电解质又有非离子型、阴离子型和阳离子型三类。

人工合成有机高分子混凝剂虽然被广泛应用于污水处理，但它毒性较强，难以生物降解，在环境意识日益增强的今天，愈来愈多的研究者正致力于开发天然改性高分子混凝剂。方法是将天然淀粉、纤维素、植物胶等经过醚化、酯化、磺化等反应制得淀粉类、纤维素类、植物胶类改性高分子混凝剂。经改性后的天然高分子混凝剂与人工合成有机高分子混凝剂相比，虽然具有无毒、价廉等优点，但其使用量仍然低于人工合成高分子混凝剂，主要是因为天然高分子混凝剂电荷密度较小、分子量低，且易发生生物降解而失去活性。

由于淀粉来源广泛，价格便宜，且产品可以完全生物降解，可在自然界中形成良性循环。因此，淀粉改性混凝剂的研制与使用较多。此外，甲壳素类混凝剂的开发研究近年来也十分热门。

3. 微生物混凝剂

20 世纪 80 年代，微生物混凝剂首先在日本研制开发成功，被称为第三代混凝剂。该类混凝剂是利用生物技术，通过微生物发酵抽提、精制而得的一种新型、高效的水处理药剂。微生物混凝剂与普通混凝剂相比，具有更强的凝聚性能，可使一些难降解的高浓度废水得到混凝，另外它易于固液分离、形成沉淀物少、易被微生物降解、无毒无害、无二次污染、适用范围广并有除浊脱色功能。

（二）助凝剂

在废水混凝处理中，有时使用单一的混凝剂不能取得良好的效果，往往需要投加辅助药剂以提高混凝效果，这种辅助药剂称为助凝剂。

助凝剂的作用只是提高絮凝体的强度，增加其重量，促进沉降，且使污泥有较好的脱水性能，或者用于调整 pH 值，破坏对混凝作用有干扰的物质。助凝剂本身不起凝聚作用，因为它不能降低胶粒的 ζ 电位。

常用的助凝剂有两类。

① 调节或改善混凝条件的助凝剂，如 CaO、$Ca(OH)_2$、Na_2CO_3、$NaHCO_3$ 等碱性物质，用来调整 pH 值，以达到混凝剂使用的最佳 pH 值。用 Cl_2 作氧化剂，可以去除有机物对混凝剂的干扰，并将 Fe^{2+} 氧化为 Fe^{3+} （在亚铁盐做混凝剂时尤为重要），还有 MgO 等。

② 改善絮凝体结构的高分子助凝剂，如聚丙烯酰胺、活性硅酸、活性炭、各种黏土等。

（三）混凝剂和助凝剂的选择

混凝剂和助凝剂的选择和用量要根据不同废水的试验资料加以确定，选择的原则是价格便宜、易得、用量少、效率高，生成的絮凝体密实，沉淀快，容易与水分离等。下面介绍几种优良的混凝剂和助凝剂。

1. 硫酸铝

硫酸铝 ［$Al_2(SO_4)_3 \cdot K_2SO_4 \cdot 2H_2O$］无毒、价格便宜，使用方便，用它处理后的水不带色，用于脱除浊度、色度和悬浮物，但絮凝体较轻，适用于水温 20～40℃，pH 值范围 5.7～7.8。

2. 聚合氯化铝（PAC，即碱式氯化铝）

PAC 是一种多价电解质，能显著降低水中黏土类杂质（多带负电荷）的胶体电荷。由于相对分子质量大，吸附能力强，具有优良的凝聚能力，形成的絮凝体较大，凝聚沉淀性能优于其他混凝剂。PAC 聚合度较高，投加后快速搅拌，可以大大缩短絮凝体形成的时间。PAC 受水温影响较小，低水温时凝聚效果也很好。PAC 对水的 pH 值降低较少，适宜的 pH 值范围为 5～9。结晶析出温度在 -20℃ 以下。

3. 三氯化铁

三氯化铁 （$FeCl_3 \cdot 6H_2O$） 是铁盐混凝剂中最常用的一种。固体三氯化铁是具有金属光泽的褐色结晶体，一般杂质含量少。市售无水三氯化铁产品中 $FeCl_3$ 含量达 92% 以上，不溶杂质小于 4%。液体三氯化铁浓度一般在 30% 左右，价格较低，使用方便。三氯化铁的混凝机理也与硫酸铝相似，但混凝特性与硫酸铝略有区别。一般，三价铁适用的 pH 值范围较宽；形成的絮凝体比铝盐絮凝体密实；处理低温或低浊水的效果优于硫酸铝。但三氯化铁腐蚀性较强，且固体产品易吸水潮解，不易保管。

4. 硫酸亚铁

硫酸亚铁（$FeSO_4 \cdot 7H_2O$）固体产品是半透明绿色结晶体，俗称绿矾。硫酸亚铁在水中离解出的是二价铁离子 Fe^{2+}，水解产物只是单核配合物，故不具 Fe^{3+} 的优良混凝效果。硫酸亚铁作混凝剂形成的絮凝体较重，形成较快而且稳定，沉淀时间短，能去除臭味和一定的色度，适用于碱度高、浊度大的废水。废水中若有硫化物，可生成难溶于水的硫化亚铁，易于去除。缺点是腐蚀性比较强；废水色度高时，色度不易除净。

5. 聚合铁

聚合铁包括聚合硫酸铁（PFS）和聚合氯化铁（PFC）。聚合氯化铁目前尚在研究之中。聚合硫酸铁已投入生产使用。

聚合硫酸铁是碱式硫酸铁的聚合物，是一种红褐色的黏性液体，具有优良的混凝效果。它的腐蚀性远比三氯化铁小。

6. 聚丙烯酰胺

这是一种高分子混凝剂。在处理废水时，凝聚速度快，用量少，絮凝体粒大强韧，常与铁、铝盐合用，利用无机混凝剂对胶体微粒电荷的中和作用和高分子混凝剂优异的絮凝功能，从而得到满意的处理效果。目前，已在废水处理上普遍应用。

7. 活化硅酸

活化硅酸是一种无机高分子助凝剂，由硅酸钠加酸水解聚合而得。它的优点是：絮凝体形成快而且粗大、密实，在低水温、低碱度条件下也能良好凝聚，最佳凝聚 pH 值范围广；常与硫酸亚铁、硫酸铝合用，应用活化硅酸，凝聚剂投量减少。

8. 骨胶

骨胶无毒，常用骨胶和三氯化铁混合制剂，成本低，投量少，用它比单独用混凝剂效果好，能提高混凝沉淀池出水能力。骨胶可以单独使用，也可以与铁、铝盐等混合使用，效果也都较好。

三、混凝装置与工艺过程

（一）混凝过程

混凝沉淀分为混合、反应、沉淀三个阶段。混合阶段的作用主要是将药剂迅速、均匀地分配到废水中的各个部分，以压缩废水中胶体颗粒的双电层，降低或消除胶粒的稳定性，使这些微粒能互相聚集成较大的微粒——绒粒。混合阶段需要剧烈短促的搅拌，作用时间要短，以获得瞬时混合时效果为最好。

反应阶段的作用是促使失去稳定的胶体粒子碰撞结大，成为可见的矾花绒粒，所以反应阶段需要较长的时间，而且只需缓慢地搅拌。在反应阶段，由聚集作用所生成的微粒与废水中原有的悬浮微粒之间或各自之间，由于碰撞、吸附、黏着、架桥作用生成较大的绒体，然后送入沉淀池进行沉淀分离。

（二）混凝剂溶液的配制

投药方法有干投法和湿投法。干投法是把经过破碎易于溶解的药剂直接投入废水中。干投法占地面积小，但对药剂的粒度要求较严，投量控制较难，对机械设备的要求较高，同时劳动条件也较差，目前国内用得较少。湿投法是将混凝剂和助凝剂配成一定浓度的溶液，然后按处理水量大小定量投加。

药剂调制有水力法、压缩空气法、机械法等。当投加量很小时，也可以在溶液桶、溶液池内进行人工调制。

水力调制和人工调制、机械调制和压缩空气调制适用于各种药剂，但压缩空气调制不宜用于长时间的石灰乳液连续搅拌。

（三）混凝剂的投加

混凝剂投加设备包括计量设备、药液提升设备、投药箱、必要的水封箱以及注入设备等。根据不同的投药方式或投药量控制系统，所用设备也有所不同。

1. 计量设备

药液投入原水中必须有计量或定量设备，并能随时调节。计量设备多种多样，应根据具体情况选用。计量设备有转子流量计、电磁流量计、苗嘴、计量泵等。采用苗嘴计量仅适用人工控制，其他计量设备既可人工控制，也可自动控制。

2. 投加方式

（1）泵前投加　药液投加在水泵吸水管或吸水喇叭口处，见图3-12。这种投加方式安全可靠，一般适用于取水泵房距水厂较近者。图3-12中水封箱是为防止空气进入而设的。

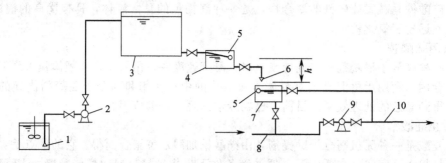

图 3-12　泵前投加
1—溶解池；2—提升泵；3—溶液池；4—恒位箱；5—浮球阀；6—投药苗嘴；7—水封箱；8—吸水管；9—水泵；10—压水管

（2）高位溶液池重力投加　当取水泵房距水厂较远时，应建造高架溶液池利用重力将药液投入水泵压水管上，见图3-13，或者投加在混合池入口处。这种投加方式安全可靠，但溶液池位置较高。

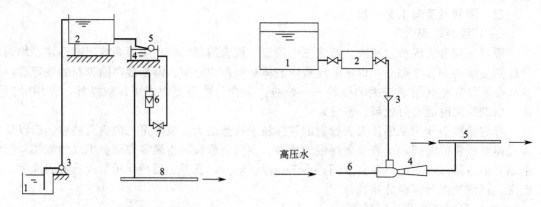

图 3-13　高位溶液池重力投加
1—溶解池；2—溶液池；3—提升泵；4—水封箱；
5—浮球阀；6—流量计；7—调节阀；8—压水管

图 3-14　水射器投加
1—溶液池；2—投药箱；3—漏斗；
4—水射器；5—压水管；6—高压水管

（3）水射器投加　利用高压水通过水射器喷嘴和喉管之间的真空抽吸作用将药液吸入，同时随水的余压注入原水管中，见图3-14。这种投加方式设备简单，使用方便，溶液池高度不受太大限制，但水射器效率较低且易磨损。

（4）泵投加　泵投加有两种方式：一种是采用计量泵（柱塞泵或隔膜泵）；另一种是采用离心泵配上流量计。采用计量泵不必另配计量设备，泵上有计量标志，可通过改变计量泵行程或变频调速改变药液投量，最适合用于混凝剂自动控制系统。图 3-15 为计量泵投加示意。

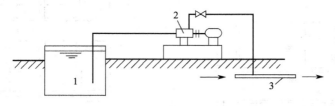

图 3-15　计量泵投加
1—溶液池；2—计量泵；3—压水管

（四）混合

废水与混凝剂和助凝剂进行充分混合，是进行反应和混凝沉淀的前提。混合要求速度快，常用的有三种混合形式：水泵混合，管式混合，混合槽混合。

1. 水泵混合

水泵混合是我国常用的混合方式。药剂投加在取水泵吸水管或吸水喇叭口处，利用水泵叶轮高速旋转以达到快速混合的目的。水泵混合效果好，不需另建混合设施，节省动力。但当采用三氯化铁作为混凝剂时，若投量较大，药剂对水泵叶轮可能有轻微腐蚀作用。当水泵距水处理构筑物较远时，不宜采用水泵混合，因为经水泵混合后的原水在长距离管道输送过程中，可能过早地在管中形成絮凝体。已形成的絮凝体在管道中一经破碎，往往难以重新聚集，不利于后续絮凝，且当管中流速低时，絮凝体还可能沉积管中。因此，水泵混合通常用于水泵靠近水处理构筑物的场合，两者间距不宜大于 150m。

2. 管式混合

最简单的管式混合即将药剂直接投入水泵压水管中以借助管中流速进行混合。管中流速不宜小于 1m/s，投药点后的管内水头损失不小于 0.3～0.4m。投药点至末端出口距离以不小于 50 倍管道直径为宜。为提高混合效果，可在管道内增设孔板或文丘里管。这种管道混合简单易行，无需另建混合设备，但混合效果不稳定，管中流速低时，混合不充分。

目前广泛使用的管式混合器是"管式静态混合器"。混合器内按要求安装若干固定混合单元。每一混合单元由若干固定叶片按一定角度交叉组成。水流和药剂通过混合器时，将被单元体多次分割、改向并形成涡旋，达到混合目的。这种混合器构造简单，无活动部件，安装方便，混合快速而均匀。目前，我国已生产多种形式的静态混合器，图 3-16 为其中一种，图中未绘出单元体构造，仅作为示意。管式静态混合器的口径与输水管道相配合，目前最大口径已达 2000mm。这种混合器水头损失稍大，但混合效果好。唯一缺点是当流量过小时效果下降。

3. 混合槽混合

常用的有机械混合槽、分流隔板式混合槽、多孔隔板式混合槽。

（1）机械混合槽　机械混合槽多为钢筋混凝土制，通过桨板转动搅拌达到混合的目

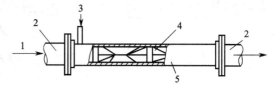

图 3-16　管式静态混合器
1—原水；2—管道；3—药剂；
4—混合单元体；5—静态混合器

的。特别适用于多种药剂处理废水的情况，混合效果比较好。

（2）**分流隔板式混合槽**　其结构如图3-17所示。槽为钢筋混凝土或钢制，槽内设隔板，药剂于隔板前投入，水在隔板通道间流动过程中与药剂达到充分的混合。混合效果比较好，但占地面积大，压头损失也大。

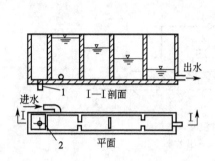

图 3-17　分流隔板式混合槽
1—溢流管；2—溢流堰

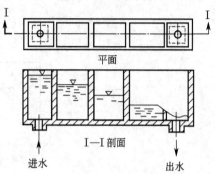

图 3-18　多孔隔板式混合槽

（3）**多孔隔板式混合槽**　其结构如图 3-18 所示，槽为钢筋混凝土或钢制，槽内设若干穿孔隔板，水流经小孔时做旋流运动，保证迅速、充分地得到混合。当流量变化时，可调整淹没孔口数目，以适应流量变化。缺点是压头损失较大。

（五）反应

水与药剂混合后进入反应池进行反应。反应池内的水流特点是变速由大到小，在较大的反应流速时，使水中的胶体颗粒发生碰撞吸附，在较小的反应流速时，使碰撞吸附后的颗粒凝结成更大的絮凝体（矾花）。

反应池的形式有隔板反应池、涡流式反应池等。

1. 隔板反应池

隔板反应池有平流式、竖流式和回转式三种。

（1）**平流式隔板反应池**　其结构如图 3-19 所示。多为矩形钢筋混凝土池子，池内设木质或水泥隔板，水流沿廊道回转流动，可形成很好的絮凝体。一般进口流速 0.5～0.6m/s，出口流速 0.15～0.2m/s，反应时间一般为 20～30min。其优点是反应效果好、构造简单、施工方便，但池容大，水头损失大。

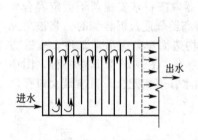

图 3-19　平流式隔板反应池

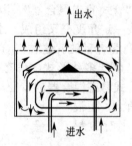

图 3-20　回转式隔板反应池

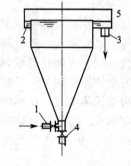

图 3-21　涡流式反应池
1—进水管；2—圆周集水槽；3—出水管；
4—放水阀；5—格栅

（2）**竖流式隔板反应池**　与平流式隔板反应池的原理相同。

（3）**回转式隔板反应池**　其结构如图 3-20 所示，是平流式隔板反应池的一种改进形式，常和平流式沉淀池合建。其优点是反应效果好，压头损失小。

隔板反应池适用于处理水量大且水量变化小的情况。

2. 涡流式反应池

涡流式反应池的结构如图 3-21 所示。下半部为圆锥形，水从锥底部流入，形成涡流扩散后缓慢上升，随锥体截面积变大，反应液流速也由大变小，流速变化的结果有利于絮凝体形成。涡流式反应池的优点是反应时间短、容积小、好布置、适用水量比隔板反应池小些。

（六）沉淀

进行混凝沉淀处理的废水经过投药混合反应生成絮凝体后，要进入沉淀池使生成的絮凝体沉淀与水分离，最终达到净化的目的。

第三节　吸　　附

一、吸附类型与吸附剂

（一）吸附类型

吸附是一种界面现象，其作用发生在两个相的界面上。例如活性炭与废水相接触，废水中的污染物会从水中转移到活性炭的表面上，这就是吸附作用。具有吸附能力的多孔性固体物质称为吸附剂。而废水中被吸附的物质称为吸附质。

根据吸附剂表面吸附力的不同，吸附可分为物理吸附和化学吸附两种类型。物理吸附指吸附剂与吸附质之间通过范德华力而产生的吸附；而化学吸附则是由原子或分子间的电子转移或共有，即剩余化学键力所引起的吸附。在水处理中，物理吸附和化学吸附并不是孤立的，往往相伴发生，是两类吸附综合的结果，例如有的吸附在低温时以物理吸附为主，而在高温时以化学吸附为主。表 3-4 是两类吸附特征的比较。

表 3-4　两类吸附特征的比较

吸附性能	吸附类型	
	物理吸附	化学吸附
作用力	分子引力（范德华力）	化学价键力
选择性	一般没有选择性	有选择性
形成吸附层	单分子或多分子吸附层均可	只能形成单分子吸附层
吸附热	较小，一般在 41.9kJ/mol 以内	较大，相当于化学反应热，一般在 83.7～418.7kJ/mol
吸附速度	快，几乎不需要活化能	较慢，需要一定的活化能
温度	放热过程，低温有利于吸附	温度升高，吸附速度增加
可逆性	较易解吸	化学价键力大时，吸附不可逆

（二）吸附剂

能够吸附吸附质的物质叫吸附剂。吸附剂应该是多孔物质或磨得极细的物质，具有很大的表面积。废水处理过程中应用的吸附剂有活性炭、磺化煤、沸石、活性白土、硅藻土、焦炭、木炭、木屑、树脂等。

活性炭是一种非极性吸附剂，是由含炭为主的物质做原料，经高温度炭化和活化制得的疏水性吸附剂。外观为暗黑色，有粒状和粉状两种，目前工业上大量采用的是粒状活性炭。活性炭主要成分除碳以外，还含有少量的氧、氢、硫等元素，以及水分、灰分。它具有良好的吸附性能和稳定的化学性质，可以耐强酸、强碱，能经受水浸、高温、高压作用，不易破碎。

与其他吸附剂相比，活性炭具有巨大的比表面积和微孔特别发达等特点。通常活性炭的比表面积可达 500～1700m²/g，因而形成了强大的吸附能力。但是，比表面积相同的活性炭，其吸附容量并不一定相同，因为吸附容量不仅与比表面有关，而且还与微孔结构、微孔分布不同以及炭表面化学性质有关。

活性炭是目前废水处理中普遍采用的吸附剂，已用于炼油、含酚印染、氯丁橡胶、腈纶、三硝基甲苯等废水处理以及城市污水的深度处理。

（三）吸附平衡与吸附速度

1. 吸附平衡与吸附容量

如果吸附过程是可逆的，当废水和吸附剂充分接触后，一方面吸附质被吸附剂吸附；另一方面一部分已被吸附的吸附质由于热运动的结果，能够脱离吸附剂的表面，又回到液相中去。前者称为吸附过程，后者称为解吸过程。当吸附速度和解吸速度相等时，即单位时间内吸附的数量等于解吸数量时，则吸附质在液相中的浓度和在吸附剂表面上的浓度都不再改变而达到吸附平衡。此时，吸附质在液相中的浓度称为平衡浓度。

吸附剂对吸附质的吸附效果，一般用吸附容量和吸附速度来衡量。所谓吸附容量是指单位质量的吸附剂所吸附的吸附质的质量。

吸附容量由式（3-6）计算：

$$q = \frac{V(C_0 - C)}{W} \tag{3-6}$$

式中　q——吸附容量，g/g；

　　　V——废水容积，L；

　　　W——吸附剂投加量，g；

　　　C_0——原水中吸附质浓度，g/L；

　　　C——吸附平衡时水中剩余吸附质浓度，g/L。

在温度一定的条件下，吸附容量随吸附质平衡浓度的提高而增加。把吸附量随平衡浓度而变化的曲线称为吸附等温线。常见的吸附等温线有两种类型，如图 3-22 所示。

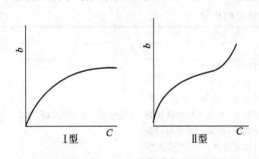

图 3-22　吸附等温线的形式

2. 吸附速度

所谓吸附速度是指单位质量的吸附剂在单位时间内所吸附的物质量。吸附速度决定了废水和吸附剂的接触时间。吸附速度越快，接触时间越短，所需的吸附设备的容积也就越小。吸附速度取决于吸附剂对吸附质的吸附过程，水处理中吸附过程可分为三个阶段。

第一阶段称为颗粒外部扩散阶段，也称为膜扩散阶段。在吸附剂表面存在着一层固定的溶剂薄膜（液膜）。该薄膜不随溶液运动而移动，吸附质必须先通过这层薄膜才能到达吸附剂表面，所以吸附质在薄膜内的迁移速度是影响吸附速度的重要因素。

第二阶段称为颗粒内部的扩散阶段。经液膜扩散到吸附剂表面的吸附质向细孔（或中孔）深处扩散，该扩散速度也影响吸附速度。

第三阶段称为吸附反应阶段。在此阶段，吸附质被吸附在细孔（或中孔）内表面上。

在一般情况下，由于第三阶段进行的吸附反应速度很快，因此，吸附速度主要由液膜内的扩散速度和颗粒内的扩散速度所控制。通常，吸附开始阶段是液膜内的迁移速度起决定作用，而在终了阶段由颗粒内的扩散速度起决定作用。

在实际工作中，吸附速度多通过试验来确定。

（四）影响吸附的主要因素

1. 吸附剂性质

如前所述，吸附剂的比表面积越大，吸附能力就越强。吸附剂种类不同，吸附效果也不同，一般是极性分子（或离子）型的吸附剂易于吸附极性分子（或离子）型的吸附质；非极性分子型的吸附剂易于吸附非极性的吸附质。此外，吸附剂的颗粒大小、细孔构造和分布情况以及表面化学性质等对吸附也有很大影响。

2. 吸附质特性

（1）溶解度　吸附质的溶解度对吸附有较大影响。吸附质的溶解度越低，一般越容易被吸附。

（2）表面自由能　能降低液体表面自由能的吸附质，容易被吸附。例如活性炭吸附水中的脂肪酸，由于含碳较多的脂肪酸可使炭液界面自由能降低得较多，所以吸附量也较大。

（3）极性　因为极性的吸附剂易于吸附极性的吸附质，非极性的吸附剂易于吸附非极性的吸附质，所以吸附质的极性是吸附的重要影响因素之一。例如活性炭是一种非极性吸附剂（或称疏水性吸附剂），可从溶液中有选择地吸附非极性或极性很低的物质。硅胶和活性氧化铝为极性吸附剂（或称亲水性吸附剂），它可以从溶液中有选择地吸附极性分子（包括水分子）。

（4）吸附质分子大小和不饱和度　吸附质分子大小和不饱和度对吸附也有影响。例如活性炭与沸石相比，前者易吸附分子直径较大的饱和化合物，后者易吸附直径较小的不饱和化合物。应该指出的是，活性炭对同族有机物的吸附能力虽然随有机物相对分子质量的增大而增强，但相对分子质量过大会影响扩散速度。所以当有机物相对分子质量超过 1000 时，需进行预处理，将其分解为小相对分子质量后再进行活性炭吸附。

（5）吸附质浓度　吸附质浓度对吸附的影响是当吸附质浓度较低时，由于吸附剂表面大部分是空着的，因此适当提高吸附质浓度将会提高吸附量，但浓度提高到一定程度后，再提高浓度时吸附量虽有增加，但速度减慢。说明吸附剂表面已大部分被吸附质占据。当全部吸附表面被吸附质占据后，吸附量便达到极限状态，吸附量就不再因吸附质浓度的提高而增加。

3. 废水 pH 值

废水的 pH 值对吸附剂和吸附质的性质都有影响。活性炭一般在酸性溶液中比在碱性溶液中的吸附能力强。同时，pH 值对吸附质在水中的存在状态（分子、离子、络合物等）及溶解度有时也有影响，从而影响吸附效果。

4. 共存物质

吸附剂可吸附多种吸附质，因此如共存多种吸附质时，吸附剂对某种吸附质的吸附能力比只有该种吸附质时的吸附能力低。

5. 温度

因为物理吸附过程是放热过程，温度高时，吸附量减少，反之吸附量增加。温度对气相吸附影响较大，对液相吸附影响较小。

6. 接触时间

在进行吸附时，应保证吸附剂与吸附质有一定的接触时间，使吸附接近平衡，以充分利用吸附能力。达到吸附平衡所需的时间取决于吸附速度，吸附速度越快，达到吸附平衡的时间越短，相应的吸附容器体积就越小。

二、吸附装置与操作

（一）吸附操作方式

在废水处理中，吸附操作分为静态吸附和动态吸附两种。

1. 静态吸附操作

废水在不流动的条件下进行的吸附操作称为静态吸附操作，所以静态吸附操作是间歇式操作。静态吸附操作的工艺过程是把一定量的吸附剂投入欲处理的废水中，不断地进行搅拌，达到吸附平衡后，再用沉淀或过滤的方法使废水与吸附剂分开。如一次吸附后出水水质达不到要求时，往往采用多次静态吸附操作。多次吸附由于麻烦，在废水处理中应用较少。静态吸附常用装置有水池和桶等。

2. 动态吸附操作

动态吸附操作是废水在流动条件下进行的吸附操作。动态吸附操作常用的装置有固定床、移动床和流化床三种。

(1) 固定床 固定床是废水处理中常用的吸附装置。当废水连续地通过填充吸附剂的设备时，废水中的吸附质便被吸附剂吸附。若吸附剂数量足够时，从吸附设备流出的废水中吸附质的浓度可以降低到零。吸附剂使用一段时间后，出水中的吸附质浓度逐渐增加，当增加到一定数值时，应停止通水，将吸附剂进行再生。吸附和再生可在同一设备内交替进行，也可以将失效的吸附剂排出，送到再生设备进行再生。因这种动态吸附设备中吸附剂在操作过程中是固定的，所以叫固定床。

固定床根据水流方向又分为升流式和降流式两种，降流式固定床如图 3-23 所示。降流式固定床水流自上而下流动，出水水质较好，但经过吸附后的水头损失较大，特别是处理含悬浮物较高的废水时，为了防止悬浮物堵塞吸附层需定期进行反冲洗。有时在吸附层上部设有反冲洗设备。在升流式固定床中，水流自下而上流动，当发现水头损失增大，可适当提高水流流速，使填充层稍有膨胀（上下层不要互相混合）就可以达到自清的目的。升流式固定床的优点是由于层内水头损失增加较慢，所以运行时间较长。其缺点是对废水入口处吸附层的冲洗难于降流式，并且由于流量或操作一时失误就会使吸附剂流失。

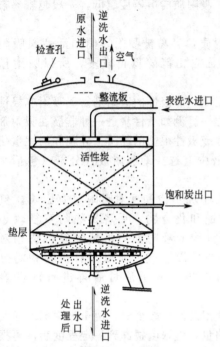

图 3-23 降流式固定床

固定床根据处理水量、原水的水质和处理要求可分为单床式、多床串联和多床并联式三种（图 3-24）。

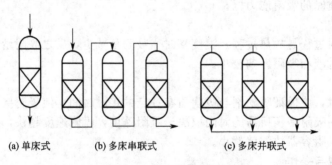

(a) 单床式 　　(b) 多床串联式 　　(c) 多床并联式

图 3-24 固定床吸附操作示意图

(2) 移动床 移动床的运行操作方式如图 3-25 所示。原水从吸附塔底部流入和吸附剂进行逆流接触，处理后的水从塔顶流出，再生后的吸附剂从塔顶加入，接近吸附饱和的吸附剂从塔底间歇地排出。

移动床较固定床能够充分利用吸附剂的吸附容量，水头损失小。由于采用升流式，废水从塔底流入，从塔顶流出，被截留的悬浮物随饱和的吸附剂间歇地从塔底排出，所以不需要反冲洗设备。但这种操作方式要求塔内吸附剂上下层不能互相混合，操作管理要求高。移动床适宜于处理有机物浓度高和低的废水，也可以用于处理含悬浮物固体的废水。

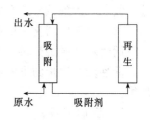

图 3-25 移动床吸附操作

（3）流动床 流动床也叫作流化床。吸附剂在塔中处于膨胀状态，塔中吸附剂与废水逆向连续流动。流动床是一种较为先进的床型。与固定床相比，可使用小颗粒的吸附剂，吸附剂一次投量较少，不需反洗，设备小，生产能力大，预处理要求低。但运转中操作要求高，不易控制，同时对吸附剂的机械强度要求高，目前应用较少。

（二）吸附容量的利用

吸附柱出水浓度超过处理要求时，进水端的吸附剂已经饱和，但出水端的吸附剂并未完全饱和。如继续通水，尽管出水浓度不断增加，但仍能吸附相当数量的吸附质，直到出水浓度等于原水浓度为止。这部分吸附容量的利用问题，特别是吸附带比较长或不明显时，是设计时必须考虑的重要问题之一。这部分吸附容量的利用，一般有以下两个途径。

（1）采用多床串联操作 将几个柱子串联操作，当最前面的柱子接近饱和，停止向这个柱子进水，进行再生，将备用柱串联在最后面，从第二个柱子进水，依次类推。这样进行再生的吸附柱中的吸附剂都是接近饱和的。

（2）采用升流式移动床操作 废水自下而上流过填充层，最底层的吸附剂先饱和。如果每隔一定时间从底部卸出一部分饱和的吸附剂，同时在顶部加入等量新的或再生后的吸附剂，这样从底部排出的吸附剂都是接近饱和的，从而能够充分利用吸附剂的吸附容量。

三、吸附剂的解吸再生

吸附饱和的吸附剂，经再生后可重复使用。所谓再生，就是在吸附剂本身结构不发生或极少发生变化的情况下，用某种方法将被吸附的物质从吸附剂的细孔中除去，以达到能够重复使用的目的。

活性炭的再生主要有以下几种方法。

1. 加热再生法

加热再生法分低温和高温两种方法。前者适于吸附浓度较高的简单低分子量的碳氢化合物和芳香族有机物的活性炭的再生。由于沸点较低，一般加热到 200℃即可脱附。多采用水蒸气再生，再生可直接在塔内进行，被吸附有机物脱附后可利用。后者适于水处理粒状炭的再生。高温加热再生过程分以下 5 步进行。

（1）脱水 使活性炭和输送液体进行分离。

（2）干燥 加温到 100～150℃，将吸附在活性炭细孔中的水分蒸发出来，同时部分低沸点的有机物也能够挥发出来。

（3）炭化 加热到 300～700℃，高沸点的有机物由于热分解，一部分成为低沸点的有机物进行挥发；另一部分被炭化，留在活性炭的细孔中。

（4）活化 将炭化留在活性炭细孔中的残留炭用活化气体（如水蒸气、二氧化碳及氧）

进行气化，达到重新造孔的目的。活化温度一般为 700～1000℃。

（5）冷却　活化后的活性炭用水急剧冷却，防止氧化。

活性炭高温加热再生系统由再生炉、活性炭贮罐、活性炭输送及脱水装置等组成。

活性炭再生炉的形式有立式多段炉、转炉、盘式炉、立式移动床炉、流化床炉及电加热炉等。

2. 药剂再生法

药剂再生法又可分为无机药剂再生法和有机溶剂再生法两类。

（1）无机药剂再生法　用无机酸（H_2SO_4、HCl）或碱（NaOH）等无机药剂使吸附在活性炭上的污染物脱附。例如，吸附高浓度酚的饱和炭用 NaOH 再生，脱附下来的酚为酚钠盐，可回收利用。

（2）有机溶剂再生法　用苯、丙酮及甲醇等有机溶剂萃取吸附在活性炭上的有机物。例如吸附含二硝基氯苯的染料废水饱和活性炭，用有机溶剂氯苯脱附后，再用热蒸汽吹扫氯苯，脱附率可达 93%。

药剂再生可在吸附塔内进行，设备和操作管理简单，但一般随再生次数的增加吸附性能明显降低，需要补充新炭，废弃一部分饱和炭。

3. 化学氧化法

属于化学氧化法的有下列几种方法。

（1）湿式氧化法　近年来为了提高曝气池的处理能力，向曝气池投加粉状炭。吸附饱和的粉状炭可采用湿式氧化法进行再生。饱和炭用高压泵经换热器和水蒸气加热器送入氧化反应塔，在塔内被活性炭吸附的有机物与空气中的氧反应进行氧化分解，使活性炭得到再生，再生后的炭经热交换器冷却后再送入再生贮槽。在反应器底积集的无机物（灰分）定期排出。

（2）电解氧化法　用碳作阳极进行水的电解，在活性炭表面产生的氧气把吸附质氧化分解。

（3）臭氧氧化法　利用强氧化剂臭氧，将吸附在活性炭上的有机物加以分解。

4. 生物法

利用微生物的作用将被活性炭吸附的有机物加以氧化分解，这种方法目前还处于试验阶段。

第四节　气　浮

一、气浮的基本原理

气浮处理法就是向废水中通入空气，并以微小气泡形式从水中析出成为载体，使废水中的乳化油、微小悬浮颗粒等污染物质黏附在气泡上，随气泡一起上浮到水面，形成泡沫-气、水、颗粒（油）三相混合体，通过收集泡沫或浮渣达到分离杂质、净化废水的目的。气浮法主要用来处理废水中靠自然沉降或上浮难以去除的乳化油或相对密度接近 1 的微小悬浮颗粒。

当注入水中的微气泡与水中固体颗粒黏附时便形成水、气、固三相的黏附界面，如图 3-26 所示。图中以下角标 1、2、3 表示水、气、固，σ 表示两相界面的表面张力，如 $\sigma_{1,2}$ 表示水、气界面的表面张力，$\sigma_{2,3}$ 为气、固界面的表面张力。当固体颗粒处于水、气两相中时，水、气表面张力 $\sigma_{1,2}$ 与水、固表面张力 $\sigma_{1,3}$ 的夹角 θ 称为固体颗粒的润湿接触角。从图

3-26 可以看出，润湿接触角 θ 可能大于 $90°$，也可能小于 $90°$，取决于颗粒的表面特性，凡 $\theta < 90°$ 者称亲水性颗粒（可以理解为疏气性颗粒）；$\theta > 90°$ 者称疏水性颗粒（可以理解为亲气性颗粒）。气浮法进行固液分离的前提条件是固体颗粒具有疏水性表面，即被气浮的颗粒应能较稳定地吸附在气泡上随气泡上浮。

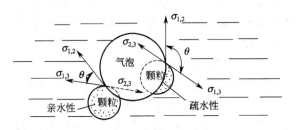

图 3-26　亲水性和疏水性物质的接触角

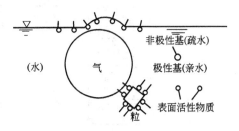

图 3-27　亲水性的颗粒表面转化为疏水性表面的示意图

　　为提高气浮法的固液分离效率，往往采取措施改变固体颗粒的表面特性，使亲水性颗粒转变成为疏水性颗粒，增加废水中悬浮颗粒的可浮性，需向废水中投加各种化学药剂，这种化学药剂称为气浮剂。

　　气浮剂根据其作用的不同可分为捕收剂、起泡剂和调整剂。

　　能够提高颗粒可浮性的药剂称为捕收剂。捕收剂一般为含有亲水性（极性）及疏水性（非极性）基团的有机物，如硬脂酸、脂肪酸及其盐类、胺类等。亲水性基团能够选择性地吸附在悬浮颗粒的表面上，而疏水性基团朝外，这样，亲水性的颗粒表面就转化成为疏水性的表面而黏附在空气泡上，如图 3-27 所示。因此，捕收剂能降低颗粒表面的润湿性，增加悬浮颗粒的可浮性指标，提高它黏附在气泡表面的能力。

　　起泡剂大多是含有亲水性和疏水性基团的表面活性剂，通过降低液体表面自由能，使产生大量微细且均匀的气泡，防止气泡相互兼并，造成相当稳定的泡沫。起泡剂能够降低气-液界面自由能，但同时也降低了可浮性指标，对气浮不利。因此，起泡剂的用量不可过多。

　　为了提高气浮过程的选择性，加强捕收剂的作用并改善气浮条件，在气浮过程中常使用调整剂。调整剂包括抑制剂、活化剂和介质调整剂三大类。

　　能够降低物质可浮性的药剂称为抑制剂。通过投加抑制剂，可以实现从废水中优先气浮出一种或几种有毒或值得回收的物质。

　　能够消除抑制作用的药剂称为活化剂。投加活化剂可以消除抑制剂的抑制作用，促进气浮的进行。

　　介质调整剂的主要作用是调整废水的 pH 值。

　　气浮法广泛应用于含油废水处理。含油废水经隔油池处理，只能去除颗粒大于 $30 \sim 50 \mu m$ 的油珠，小于这个粒径的油珠具有很大的稳定性，不易合并变大迅速上浮，称为乳化油。乳化油易黏附于气泡，增加其上浮速度，例如粒径为 $1.5 \mu m$ 的油珠，上浮速度不大于 $0.001 mm/s$，黏附在气泡上后，上浮速度可达 $0.9 mm/s$，即上浮速度增加 900 倍。因此，在含油废水处理中常把气浮处理置于隔油池的后面，作为进一步去除乳化油的措施。

二、气浮方法及设备

废水处理中采用的气浮法，按水中气泡产生的方法可分为散气气浮法、溶气气浮法和电

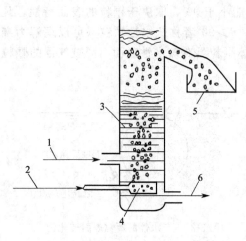

图 3-28　扩散板曝气气浮装置示意图
1—进水；2—压缩空气；3—气浮柱；
4—扩散板；5—气浮渣；6—出水

解气浮法三类。

（一）散气气浮法

散气气浮是利用机械剪切力，将混合于水中的空气粉碎成细小的气泡以进行气浮的方法。按粉碎气泡方法的不同，散气气浮又分为水泵吸水管吸气气浮、射流气浮、扩散板曝气气浮以及叶轮气浮四种。

1. 扩散板曝气气浮

这是早年采用最为广泛的一种散气气浮法。压缩空气通过具有微细孔隙的扩散板或微孔管，使空气以细小气泡的形式进入水中，进行气浮过程，见图 3-28。这种方法的优点是简单易行，但缺点较多，其中主要的是空气扩散装置的微孔易于堵塞、气泡较大、气浮效果不高等，因此这种方法近年已少用。

2. 叶轮气浮

叶轮气浮设备如图 3-29 所示。在气浮池底部设有旋转叶轮，在叶轮的上部装着带有导向叶片的固定盖板，盖板上有孔洞。当电动机带动叶轮旋转时，在盖板下形成负压，从空气管吸入空气，废水由盖板上的小孔进入，在叶轮的搅动下，空气被粉碎成细小的气泡，并与水充分混合成为水气混合体，甩出导向叶片之外，导向叶片使水流阻力减小，又经整流板稳流后，在池体内平稳地垂直上升，进行气浮。形成的泡沫不断地被刮板刮出槽外。

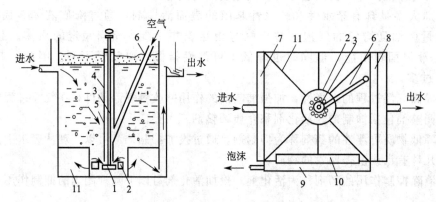

图 3-29　叶轮气浮设备构造示意图
1—叶轮；2—盖板；3—转轴；4—轴套；5—轴承；6—进气管；7—进水槽；
8—出水槽；9—泡沫槽；10—刮沫板；11—整流板

这种气浮机采用正方形，叶轮直径一般为 200～400mm，最大不超过 600～700mm，叶轮转速为 900～1500r/min。气浮池有效水深一般 1.5～2.0m，最大不超过 3.0m。这种气浮池适用于处理水量不大、污染物浓度较高的废水，除油效果可达 80% 左右。

3. 水泵吸水管吸气气浮

这是最原始的也是最简单的一种气浮方法。这种方法的优点是设备简单，其缺点主要是由于水泵工作特性的限制，吸入的空气量不能过多，一般不大于吸水量的 10%（按体积计），否则将破坏水泵吸水管的负压工作。此外，气泡在水泵内破碎得不够完全，粒度大，因此，气浮效果不好。这种方法用于处理通过除油池后的石油废水，除油效率一般在 50%~65%。

4. 射流气浮

这是采用以水带气射流器向废水中混入空气进行气浮的方法。射流器的构造如图 3-30 所示。由喷嘴射出的高速废水使吸入室形成负压，并从吸气管吸入空气，在水气混合体进入喉管段后进行激烈的能量交换，空气被粉碎成微小气泡，然后进入扩压段（扩散段），动能转化为势能，进一步压缩气泡，增大了空气在水中的溶解度，然后进入气浮池中进行气水分离，亦即气浮过程。

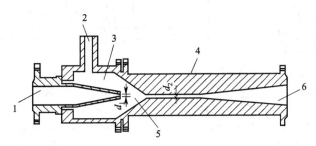

图 3-30　射流器构造示意图

1—喷嘴；2—吸气管；3—吸入室（负压段）；4—喉管段；5—渐缩段；6—扩散段

散气气浮的优点是设备简单，易于实现，其缺点是空气被粉碎得不够充分，形成的气泡粒度较大，这样，在供气量一定的情况下，气泡的表面积小，而且由于气泡直径大，运动速度快，气泡与被去除污染物质的接触时间短，这些因素都使散气气浮达不到高度的去除效果。

（二）溶气气浮法

溶气气浮法是使空气在一定压力的作用下溶解于水中，并达到过饱和状态，然后再突然使废水减到常压，这时溶解于水中的空气便以微小气泡的形式从水中逸出以进行气浮过程的方法。溶气气浮形成的气泡粒度很小。另外，在溶气气浮操作过程中，气泡与废水的接触时间还可以人为地加以控制。因此，溶气气浮的净化效果较高，在废水处理中，特别是对含油废水的处理取得了广泛的应用。

根据气泡在水中析出时所处压力的不同，溶气气浮又可分为加压溶气气浮和溶气真空气浮两种类型。前者是空气在加压条件下溶于水中，而在常压下析出；后者是空气在常压或加压条件下溶于水中，而在负压条件下析出的方法。

1. 加压溶气气浮法

加压溶气气浮法是在加压情况下，将空气溶解在废水中达饱和状态，然后突然减至常压，这时溶解在水中的空气就成了过饱和状态，以极微小的气泡释放出来，乳化油和悬浮颗粒就黏附于气泡周围而随其上浮，在水面上形成泡沫然后由刮泡器清除，使废水得到净化。

加压溶气气浮法在国内外应用最为广泛，炼油厂几乎都采用这种方法来处理废水中的乳化油并获得较好的处理效果。出水含油量可在 10~25mg/L 以下。

（1）加压溶气气浮法的基本流程　加压溶气气浮工艺由空气饱和设备、空气释放设备和气浮池等组成。其基本工艺流程有全溶气流程、部分溶气流程和回流加压溶气流程三种。

① 全溶气流程。该流程如图 3-31 所示，是将全部废水进行加压溶气，再经减压释放装

置进入气浮池进行固液分离。与其他两流程相比，其电耗高，但因不另加溶气水，所以气浮池容积小。至于泵前投混凝剂形成的絮凝体是否会在加压及减压释放过程中产生不利影响，目前尚无定论。从分离效果来看并无明显区别，其原因是气浮法对混凝反应的要求与沉淀法不一样，气浮并不要求将絮体结大，只要求混凝剂与水充分混合。

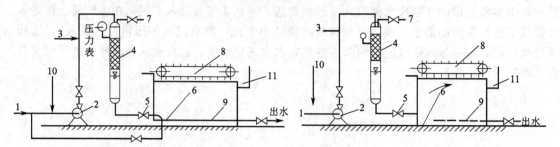

图 3-31　全溶气方式加压溶气气浮法流程
1—原水进入；2—加压泵；3—空气加入；4—压力
溶气罐（含填料层）；5—减压阀；6—气浮池；
7—放气阀；8—刮渣机；9—集水系统；
10—化学药剂；11—浮渣

图 3-32　部分溶气方式气浮法流程
1—原水进入；2—加压泵；3—空气进入；4—压力
溶气罐（含填料层）；5—减压阀；6—气浮池；
7—放气阀；8—刮渣机；9—集水系统；
10—化学药液；11—浮渣

② 部分溶气流程。如图 3-32 所示，该流程是将部分废水进行加压溶气，其余废水直接送入气浮池。该流程比全溶气流程省电，另外因部分废水经溶气罐，所以溶气罐的容积比较小。但因部分废水加压溶气所能提供的空气量较少，因此，若想提供同样的空气量，必须加大溶气罐的压力。

③ 回流加压溶气流程。如图 3-33 所示，该流程将部分出水进行回流加压，废水直接送入气浮池。该法适用于含悬浮物浓度高的废水的固液分离，但气浮池的容积较前两者大。

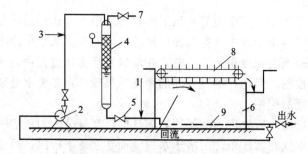

图 3-33　回流加压溶气方式流程
1—原水进入；2—加压泵；3—空气进入；4—压力溶气罐（含填料层）；
5—减压阀；6—气浮池；7—放气阀；8—刮渣机；9—集水管及回流清水管

（2）加压溶气气浮法的主要设备
① 溶气方式。溶气方式可分为水泵吸水管吸气溶气方式、水泵压水管射流溶气方式和水泵-空压机溶气方式。

水泵吸水管吸气溶气可分为两种形式。一种是利用水泵吸水管内的负压作用，在吸水管上开一小孔，空气经气量调节和计量设备被吸入，并经水泵叶轮高速搅动形成气水混合体后送入溶气罐，如图 3-34（a）所示。另一种形式是在水泵压水管上接一支管，支管上安装一射流器，支管中的压力水通过射流器时把空气吸入并送入吸水管，再经水泵送入溶气罐，如图 3-34（b）所示。这种方式设备简单，不需空压机，没有因空压机带来的噪声。当吸气量控制适当（一般只为饱和溶解量的 50％ 左右）以及压力不太高时，尽管水泵压力降低 10％～15％，但运行尚稳定可靠。当吸气量过大，超过水泵流量的 7％～8％（体积比）时，会造成水泵工作不正常并产生振动，同时水泵压力下降 25％～30％，长期运行还会发生水泵气蚀。

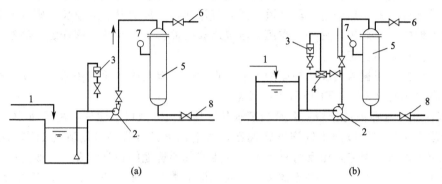

图 3-34 水泵吸水管吸气溶气方式

1—回流水；2—加压泵；3—气量计；4—射流器；5—溶气罐；6—放气管；

7—压力表；8—减压释放设备

水泵压水管射流溶气方式是利用在水泵压水管上安装的射流器抽吸空气。缺点是射流器本身能量损失大，一般约 30％，当所需溶气水压力为 0.3MPa 时，则水泵出口处压力约需 0.5MPa。

② 溶气罐。溶气罐的作用是在一定的压力（一般为 0.2～0.6MPa）下，保证空气能充分地溶于废水中，并使水、气良好混合，混合时间一般为 1～3min，混合时间与进气方式有关，即泵前进气混合时间可短些，泵后进气混合时间要长些。溶气罐的顶部设有排气阀，以便定期将积存在罐顶部未溶解的空气排掉，以免减少罐容，另外多余的空气如不排出，由于游离气泡的搅动，会影响浮选池的浮选效果。罐底设放空阀，以便清洗时放空溶气罐。

为了防止溶气罐内短流，增大紊流程度，促进水气充分接触，加快气体扩散，常在罐内设隔套、挡板或填料。

溶气罐的形式可分为静态型和动态型两大类。静态型包括花板式、纵隔板式、横隔板式等，这种溶气罐多用于泵前进气。动态型分为填充式、涡轮式等，多用于泵后进气。如图 3-35 所示为各种溶气罐形式，国内多采用花板式和填充式。

③ 溶气水的减压释放设备。其作用是将压力溶气水减压后迅速将溶于水中的空气以极

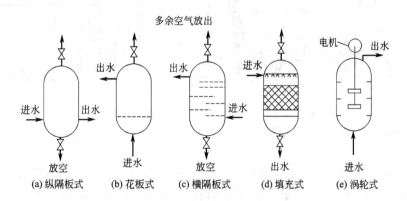

图 3-35 溶气罐形式

为细小的气泡形式释放出来。微气泡的直径大小和数量对气浮效果有很大影响。目前生产中采用的减压释放设备分两类:一种是减压阀;另一种是释放器。

减压阀可以利用现成的截止阀,其缺点是:多个阀门相互间的开启度不一致,其最佳开启度难以调节控制,因而从每个阀门的出流量各异,且释放出的气泡尺寸大小不一致;阀门安装在气浮池外,减压后经过一段管道才送入气浮池,如果此段管道较长,则气泡合并现象严重,从而影响气浮效果;另外,在压力溶气水昼夜冲击下,阀芯与阀杆螺栓易松动,造成流量改变,使运行不稳定。

专用释放器是根据溶气释放规律制造的。在国外,有英国水研究中心的 WRC 喷嘴、针形阀等,在国内有 TS 型、TJ 型和 TV 型等。

④ 气浮池。气浮池的作用主要是当废水从减压阀流入敞口水池后,由于压力减至常压,使溶解于废水中的空气以微小气泡形式逸出。气泡在上升过程中吸附乳化油和细小悬浮颗粒,上浮至水面形成浮渣,由刮渣机除去。加压溶气浮选池的种类较多,一般可归纳成平流式、竖流式两种,它们分别与平流式和竖流式沉淀池类似,如图 3-36、图 3-37 所示。

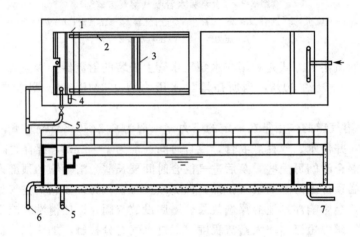

图 3-36　平流式浮选池

1—集油槽;2—轨道;3—刮油机;4—污油管;5—排空管;6—出水管;7—进水管

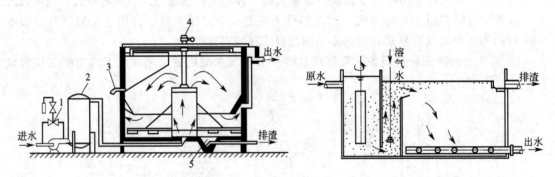

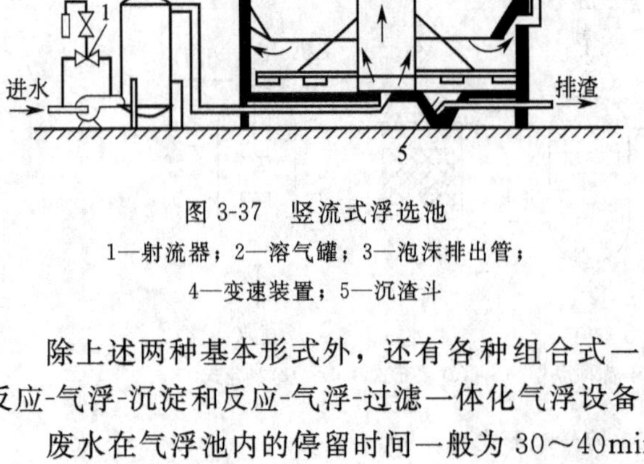

图 3-37　竖流式浮选池

1—射流器;2—溶气罐;3—泡沫排出管;

4—变速装置;5—沉渣斗

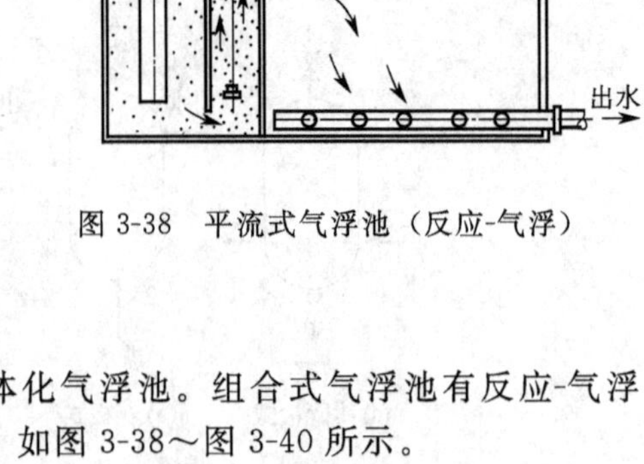

图 3-38　平流式气浮池(反应-气浮)

除上述两种基本形式外,还有各种组合式一体化气浮池。组合式气浮池有反应-气浮、反应-气浮-沉淀和反应-气浮-过滤一体化气浮设备,如图 3-38~图 3-40 所示。

废水在气浮池内的停留时间一般为 30~40min,表面负荷为 5~10m³/(m²·h)。

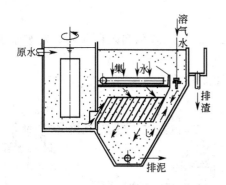 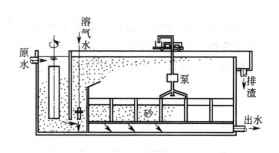

图 3-39　组合一体化气浮池　　　　　　图 3-40　组合式一体化气浮池（反应-气浮-过滤）
（反应-气浮-沉淀）

2. 溶气真空气浮法

溶气真空气浮法的主要特点是其气浮池是在负压（真空）状态下运行的，至于空气的溶解，可在常压下进行，也可在加压下进行，图 3-41 为溶气真空气浮示意图。

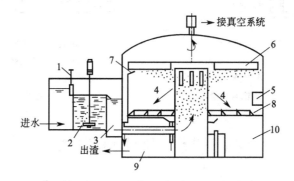

图 3-41　溶气真空气浮设备示意图
1—入流调节器；2—曝气器；3—消气井；4—分离区；
5—环形出水槽；6—刮渣板；7—集渣槽；
8—池底刮泥板；9—出渣室；10—操作室（包括抽真空设备）

由于是负压（真空）条件下运行，因此，溶解在水中的空气易于呈现过饱和状态，从而大量以气泡形式从水中析出，进行浮选，至于析出的空气量，取决于水中的溶解空气量和真空度。

溶气真空浮选池平面多为圆形，池面压力为 30～40kPa，废水在池内停留时间为 5～20min。

溶气真空浮选的主要优点是：空气溶解所需压力比压力溶气为低，动力设备和电能消耗较少。但这种浮选方法的最大缺点是：浮选在负压下进行，一切设备部件如除泡沫的设备都要密封在浮选池内，因此，浮选池的构造复杂，给运行与维护都带来很大困难。此外，这种方法只适用于处理污染物浓度不高的废水（不高于 300mg/L），因此实际应用不多。

（三）电解气浮法

电解气浮法对废水进行电解，这时在阴极产生大量的氢气泡，氢气泡的直径很小，仅有 20～100μm，它们起着气浮剂的作用。废水中的悬浮颗粒黏附在氢气泡上，随其上浮，从而达到了净化废水的目的。与此同时，在阳极上电离形成的氢氧化物起着混凝剂的作用，有助于废水中的污染物上浮或下沉。

电解气浮法的优点是：能产生大量小气泡；在利用可溶性阳极时，气浮过程和混凝过程结合进行；装置构造简单。

　　电解气浮法除用于固液分离外，还有降低 BOD、氧化、脱色和杀菌作用，对废水负荷变化适应性强，生成污泥量少，占地少，不产生噪声。

　　电解气浮装置可分为竖流式和平流式两种，如图 3-42 和图 3-43 所示。

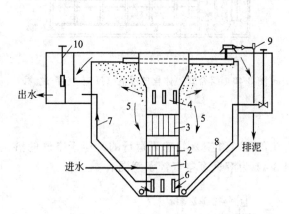

图 3-42　竖流式电解气浮池

1—入流室；2—整流栅；3—电极组；4—出流孔；
5—分离室；6—集水孔；7—出水管；8—排沉
泥管；9—刮渣机；10—水位调节器

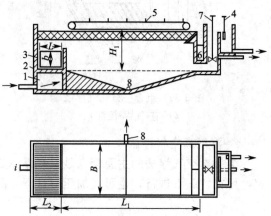

图 3-43　双室平流式电解气浮池

1—入流室；2—整流栅；3—电极组；4—出口
水位调节器；5—刮渣机；6—浮渣室；
7—排渣阀；8—污泥排出口

第五节　化学沉淀法

　　向工业废水中投加某种化学物质，使它和其中某些溶解物质产生反应，生成难溶盐沉淀下来，这种方法称为化学沉淀法，它一般用以处理含金属离子的工业废水。

　　在一定温度下，在含有难溶盐 $M_m N_n$（固体）的饱和溶液中，各种离子浓度的乘积为一常数，称为溶度积常数，记为 $L_{M_m N_n}$：

$$M_m N_n \Longleftrightarrow m M^{n+} + n N^{m-}$$

$$L_{M_m N_n} = [M^{n+}]^m [N^{m-}]^n \tag{3-7}$$

　　式中，M^{n+} 表示金属阳离子；N^{m-} 表示阴离子；[ ] 表示摩尔浓度，mol/L。

　　根据溶度积的规则，为了去除废水中的 M^{n+}，应向其中投加具有 N^{m-} 的某种化合物，使 $[M^{n+}]^m [N^{m-}]^n > L_{M_m N_n}$，形成 $M_m N_n$ 沉淀，从而降低废水中的 M^{n+} 的浓度。通常称具有这种作用的化学物质为沉淀剂。

　　从式(3-7)可以看出，为了最大限度地使 $[M^{n+}]^m$ 值降低，也就是使 M^{n+} 更完全地被去除，可以考虑增大 $[N^{m-}]^n$ 值，也就是增大沉淀剂的用量，但是沉淀剂的用量也不宜加得过多，否则会导致相反的作用，一般不超过理论用量的 20%～50%。

　　根据使用的沉淀剂的不同，化学沉淀法可分为石灰法、氢氧化物法、硫化物法、钡盐法等。

一、氢氧化物沉淀法

　　工业废水中的许多金属离子可以生成氢氧化物沉淀而得以去除。氢氧化物的沉淀与 pH 值有很大关系。金属氢氧化物的溶解度与 pH 值的关系见表 3-5 和图 3-44。

表 3-5　金属氢氧化物的溶解度与 pH 值的关系

金属氢氧化物	$pLM(OH)_n$	$lg[M^{n+}]=x-npH$	金属氢氧化物	$pLM(OH)_n$	$lg[M^{n+}]=x-npH$
$Cu(OH)_2$	20	$lg[Cu^{2+}]=8.0-2pH$	$Ca(OH)_2$	14.2	$lg[Cd^{2+}]=13.8-2pH$
$Zn(OH)_2$	17	$lg[Zn^{2+}]=11.0-2pH$	$Mn(OH)_2$	12.8	$lg[Mn^{2+}]=15.2-2pH$
$Ni(OH)_2$	18.1	$lg[Ni^{2+}]=9.9-2pH$	$Fe(OH)_3$	38	$lg[Fe^{3+}]=4.0-3pH$
$Pb(OH)_2$	15.3	$lg[Pb^{2+}]=12.7-2pH$	$Al(OH)_3$	33	$lg[Al^{3+}]=9.0-3pH$
$Fe(OH)_2$	15.2	$lg[Fe^{2+}]=12.8-2pH$	$Cr(OH)_3$	10	$lg[Cr^{3+}]=12.0-3pH$

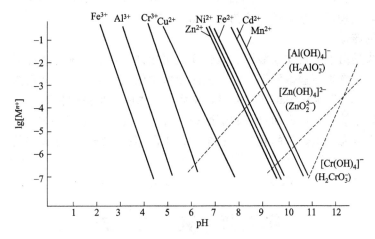

图 3-44　金属离子溶解度与 pH 值的关系

从表 3-5 可以看出，金属氢氧化物的溶解度与 pH 值为一直线方程，直线的斜率为 $-n$。由此可知，对于同一价数的金属氢氧化物，它们的斜率相等为平行线。对于不同价数的金属氢氧化物，价数愈高，直线愈陡，它表明离子浓度随 pH 值的变化差异比价数低的要大，这些情况可参见图 3-44。

由于废水的水质比较复杂，实际上氢氧化物在废水中的溶解度与 pH 值的关系和上述理论计算值有出入，因此控制条件必须通过试验来确定。尽管如此，上述理论计算值仍然有一定的参考价值。

应当指出，有些金属氢氧化物沉淀（例如 Zn、Pb、Cr、Sn、Al 等）具有两性，即它们既具有酸性，又具有碱性，既能和酸作用，又能和碱作用。以 Zn 为例，在 pH 值等于 9 时，Zn 几乎全部以 $Zn(OH)_2$ 的形式沉淀。但是当碱加到某一数量，使 pH>11 时，生成的 $Zn(OH)_2$ 又能和碱起作用，溶于碱中，生成 $Zn(OH)_4^{2-}$ 或 ZnO_2^{2-} 离子，此直线的斜率为 2，见图 3-44 右边虚线。

综上所述，用氢氧化物法分离废水中的重金属时，废水的 pH 值是操作的一个重要条件。例如处理含锌废水时，投加石灰控制 pH 值在 9～11 范围内，使其生成氢氧化锌沉淀。据资料介绍，当原水不含其他金属时，经此法处理后，出水中锌的浓度为 2～2.5mg/L；当原水中含有铁、铜等金属时，出水中锌的浓度在 1mg/L 以下。

二、硫化物沉淀法

硫化物沉淀法就是向废水中投加硫化物，与水中的金属离子生成硫化物沉淀，使金属离子被去除。常采用的沉淀剂有硫化氢、硫化钠、硫化钾等。由于大多数金属硫化物的溶解度一般比其氢氧化物的要小很多，因此，从理论上讲硫化物沉淀法比氢氧化物沉淀法能更完全地去除金属离子。但是它的处理费用较高，且硫化物不易沉淀，常需要投加凝聚剂进行共沉，因此，本方法应用得并不广泛，有时作为氢氧化物沉淀法的补充法。

硫化物沉淀法在含汞废水处理中得到应用。具体做法是在碱性条件下（pH 值为 8～10）向废水中投加硫化钠，使其与废水中的汞离子或亚汞离子反应。由于生成的 HgS 颗粒细小，沉淀物分离困难，所以，再投加适量的混凝剂，如 $FeSO_4$ 等，生成的 FeS 和 $Fe(OH)_2$ 可作为 HgS 的载体，细小的 HgS 吸附在载体表面上，与载体共同沉淀。

某化工厂采用硫化钠共沉法处理乙醛车间排出的含汞废水。废水量为 $200m^3/d$，汞浓度为 5mg/L，pH 值为 2～4。原水用石灰将 pH 值调至 8～10 后，投硫化钠 30mg/L，硫酸亚铁 60 mg/L，处理后废水含汞浓度为 0.2mg/L。

三、钡盐沉淀法

钡盐沉淀法是向水中投加碳酸钡、氯化钡、硝酸钡、氢氧化钡等沉淀剂，与废水中的铬酸根进行反应，生成难溶盐铬酸钡沉淀，去除废水中的六价铬。以碳酸钡为例，投加碳酸钡后 Ba^{2+} 就会和 CrO_4^{2-} 生成 $BaCrO_4$ 沉淀，从而达到去除六价铬的目的。

为了提高除铬效果，应投加过量的碳酸钡，反应时间应保持 25～30min。投加过量的碳酸钡会使出水中含有一定数量的残钡，在把这种水回用前，需要去除其中的残钡。常用方法就是石膏法：

$$CaSO_4 + Ba^{2+} \Longrightarrow BaSO_4 \downarrow + Ca^{2+}$$

第六节　氧　化　法

利用溶解于废水中的有毒有害物质在氧化还原反应中能被氧化或还原的性质，把它转化为无毒无害的新物质，这种方法称为氧化还原法。

根据有毒有害物质在氧化还原反应中能被氧化或还原的不同，废水的氧化还原法又可分为氧化法和还原法两大类。在废水处理中常用的氧化剂有空气中的氧、纯氧、臭氧、氯气、漂白粉、次氯酸钠、三氯化铁等；常用的还原剂有硫酸亚铁、亚硫酸盐、氯化亚铁、铁屑、锌粉、二氧化硫、硼氢化钠等。

氧化和还原是互为依存的，在化学反应中，原子或离子失去电子称为氧化，接受电子称为还原。得到电子的物质称为氧化剂，失去电子的物质称为还原剂。

一、药剂氧化法

向废水中投加氧化剂，氧化废水中的有毒有害物质，使其转变为无毒无害的或毒性小的新物质的方法称为氧化法。药剂氧化法中最常用的是氯氧化法。

氯是最为普遍使用的氧化剂，而且氧化能力较强，可以氧化处理废水中的酚类、醛类、醇类以及洗涤剂、油类、氰化物等，还有脱色、除臭、杀菌等作用。在化学工业方面，它主要用于处理含氰、含酚、含硫化物的废水和染料废水。

氯氧化处理常用的药剂有漂白粉、漂白精、液氯、次氯酸和次氯酸钠等。工业上最常用的是漂白粉 [CaCl(OCl)]、漂白精 [Ca(OCl)$_2$]、液氯。它们在水溶液中可电离生成次氯酸离子：

$$CaCl(OCl) \longrightarrow Ca^{2+} + Cl^- + OCl^-$$
$$Ca(OCl)_2 \longrightarrow Ca^{2+} + 2OCl^-$$
$$Cl_2 + H_2O \longrightarrow H^+ + Cl^- + HOCl$$
$$HOCl \longrightarrow H^+ + OCl^-$$

HOCl 和 OCl^- 具有很强的氧化能力。

碱性氯化法是一种应用比较广泛的处理方法，在国内外已有较成熟的经验。碱性氯化法有局部氧化法和完全氧化法两种工艺。以处理含氰废水为例。

（1）局部氧化法 向废水中直接加入氯气和氢氧化钠，将氰化物氧化为氰酸盐，反应如下：

$$NaCN+2NaOH+Cl_2 \longrightarrow NaCNO+2NaCl+H_2O$$

此反应在 pH 值大于 10 的条件下进行得完全而迅速，氧化时间 0.5～2h，而反应过程中要连续搅拌。

（2）完全氧化法 局部氧化法生成的氰酸盐虽然毒性较低，仅为氰的千分之一，但 CNO^- 易水解生成 NH_3。为净化水质，可将氰酸盐进一步氧化为二氧化碳和氮，彻底消除氰化物的污染，其反应为：

$$2NaCNO+3HOCl \longrightarrow 2CO_2+2NaCl+N_2+HCl+H_2O$$

完全氧化法的关键条件是控制反应的 pH 值。pH 值大于 12，则反应停止，pH 值也不能太低，否则氰酸根会水解生成氨并与次氯酸生成有毒的氯胺。

完成两段反应所需的总药剂量为 CN∶Cl_2∶NaOH＝1∶6.8∶6.2。实际上，为使氰化物完全氧化，一般加入 8 倍的氯。

二、臭氧氧化法

（一）臭氧的性质

臭氧（O_3）是氧的同素异构体，它的分子由 3 个氧原子组成。臭氧在室温下为无色气体，具有一种特殊的臭味。在标准状态下，容重为 2.144g/L。臭氧是一种强氧化剂，其氧化能力仅次于氟，氧化性比氧、氯及高锰酸盐等常用的氧化剂都强。臭氧具有强腐蚀性，除金和铂外，臭氧化空气几乎对所有金属都有腐蚀作用。臭氧对非金属材料也有强烈的腐蚀作用，因此，与之接触的设备、管路均采用耐腐蚀材料或防腐处理。

臭氧在水中分解很快，能与废水中大多数有机物及微生物迅速作用，因此在废水处理中对除臭、脱色、杀菌、除酚、氰、铁、锰、降低 COD 和 BOD 等具有显著的效果，剩余的臭氧很容易分解为氧，一般来说不产生二次污染。臭氧氧化适用于废水的三级处理。

臭氧是有毒气体。空气中臭氧浓度为 0.1mg/L 时，眼、鼻、喉会感到刺激；浓度为 1～10mg/L 时，会感到头痛，出现呼吸器官局部麻痹等症；浓度为 15～20mg/L 时，可能致死，其毒性还和接触时间有关。一般从事臭氧处理工作人员所在的环境中，臭氧浓度的允许值定为 0.1mg/L。

臭氧不易贮存，需边生产边用。目前臭氧的制备方法有无声放电法、放射法、紫外线辐射法、等离子射流法和电解法等。无声放电法又有气相中放电和液相中放电两种，在水处理中多采用气相中无声放电法。工业上利用无声放电法制备臭氧的臭氧发生器，按其电极构造可分为板式和管式两大类。管式的有立管式和卧管式两种，板式的有奥托板式和劳泽板式两种。

（二）臭氧接触反应设备

臭氧接触反应设备，根据臭氧化空气与水的接触方式可分为气泡式、水膜式和水滴式三类。

1. 气泡式反应器

根据在气泡式反应器内安装的产生气泡装置的不同，气泡式反应器可分为多孔扩散式、机械表面曝气式及塔板式三种。

多孔扩散式反应器是通过设在反应器底部的多孔扩散装置将臭氧化空气分散成微小气泡后进入水中。多孔扩散装置有穿孔管、穿孔板和微孔滤板等。根据气和水的流动方向不同可分为同向流和异向流两种。同向流反应器是最早应用的一种反应器。其缺点是底部臭氧浓度大，原水杂质的浓度也大，大部分臭氧被易于氧化的杂质消耗掉，而上部臭氧浓度小，此处的杂质较难氧化，低浓度的臭氧往往对它无能为力。因此，臭氧利用率较低，一般为75％。当臭氧用于消毒时，宜采用同向流反应器，这样可使大量臭氧早与细菌接触，以免大部分臭氧氧化其他杂质而影响消毒效果。异向流反应器，使低浓度的臭氧与杂质浓度大的水相接触，臭氧的利用率可达80％，目前我国多采用这种反应器。

机械表面曝气式反应器是在反应器内安装曝气叶轮，臭氧化空气沿液面流动，高速旋转的叶轮在其周围形成水跃，使水剧烈搅动，卷入臭氧化空气，气液界面不断更新，使臭氧溶于水中。这种反应器适用于臭氧投量低的场合。此法缺点为能耗大。

塔板式反应器有筛板塔和泡罩塔，如图3-45所示。塔内设多层塔板，每层塔板上设溢流堰和降液管，水在塔板上翻过溢流堰，经降液管流到下层塔板。在塔板上开许多筛孔的称筛板塔。上升的气流通过筛孔被分散成细小的股流，在板上的水层中形成的气泡与水接触后逸出液面，然后再与上层液体接触。板上的溢流堰使板上的水层维持一定深度，将降流管出口淹没在液层中形成水封，防止气流沿降流管上升。运行时应维持一定的气流压力，以阻止废水经筛板下漏。

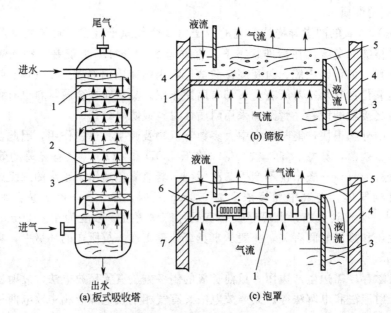

图3-45　筛板塔和泡罩塔
1—塔板；2—堰；3—降液管；4—外壳；5—溢流堰；6—泡罩；7—升气管

2. 水膜式反应器

填料塔是一种常用的水膜式反应器，如图3-46所示。塔内装拉西环或鞍状填料。废水经配水装置分布到填料上，形成水膜沿填料表面向下流动，上升气流从填料间通过和废水逆向接触。这种反应器主要用于受传质控制的反应。填料塔不论处理规模大小以及反应快慢都能适应，但废水悬浮物高时易堵塞。

3. 水滴式反应器

喷雾塔是水滴式反应器的一种，如图3-47所示。废水由喷雾头分散成细小水珠，水珠在下落过程中同上升的臭氧化空气接触，在塔底聚集流出，尾气从塔顶排出。这种设备简单，造价低，但对臭氧的吸收能力也低，另外喷头易堵塞，预处理要求高，适用于受传质速率控制的反应。

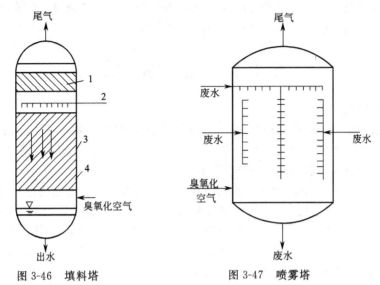

图 3-46　填料塔　　　　　　图 3-47　喷雾塔

1—泡沫分离器；2—进水；3—填料；4—支承板

（三）臭氧氧化法的优缺点

臭氧氧化处理废水具有以下优点。

① 臭氧的氧化能力强，约为氯的氧化能力的 2 倍，使一些比较复杂的氧化反应能够进行。

② 反应速度快，因此反应时间短，设备尺寸小，设备费用低。

③ 臭氧制取只需空气或氧和电力，不需要原料的贮存和运输。

④ 臭氧在水中很快分解为氧，不会造成二次污染，只增加水中溶解氧。

⑤ 臭氧的氧化或部分氧化产物的毒性较低，与用氯氧化含酚废水相比，它不会产生氯酚的气味。

⑥ 操作管理简便，只需调节电源的周波数和电压以及气体流量即可以控制臭氧的发生量。

其缺点是电耗大、处理成本高，因此臭氧氧化主要应用于废水的深度处理。

三、光氧化法

光氧化法是利用光和氧化剂产生很强的氧化作用来氧化分解废水中的有机物或无机物。氧化剂有臭氧、氯、次氯酸盐、过氧化氢及空气加催化剂等，其中常用的为氯气。在一般情况下，光源多为紫外光，但它对不同的污染物有一定的差异，有时某些特定波长的光对某些物质比较有效。光对污染物的氧化分解起催化剂的作用，如以氯为氧化剂的光氧化法处理有机废水的原理如下。

氯和水作用生成的次氯酸吸收紫外光后，被分解产生初生态氧［O］，这种初生态氧很不稳定且具有很强的氧化能力。初生态氧在光的照射下，能把含碳有机物氧化成二氧化碳和水。简化后反应过程如下：

$$Cl_2 + H_2O \Longrightarrow HOCl + HCl$$

$$HOCl \xrightarrow{\text{光}} HCl + [O]$$

$$[H \cdot C] + [O] \xrightarrow{\text{光}} H_2O + CO_2$$

式中，［H·C］代表含碳有机物。

光氧化的氧化能力比只用氯氧化高 10 倍以上，处理过程一般不产生沉淀物，不仅可处理有机废水，也可处理能被氧化的无机物。此法作为废水深度处理时，COD、BOD 可接近于零。除分散染料的一小部分外，光氧化法脱色率可达 90％以上。

第七节　还　原　法

一、金属还原法

金属还原法是以固体金属为还原剂，用于还原废水中的污染物，特别是汞、镉、铬等重金属离子。如含汞废水可以用铁、锌、铜、锰、镁等金属作为还原剂，把废水中的汞离子置换出来，其中效果较好、应用较多的是铁和锌。

图 3-48 为铁屑还原法处理含汞废水的装置。含汞废水自下而上地通过铁屑滤床过滤器，与铁屑接触一定时间后从池顶排出，铁屑还原产生的铁汞沉渣可定期排放，可回收利用。铁屑一般采用旋屑和刨屑以使水流通畅。废水中的汞离子与铁屑进行如下反应：

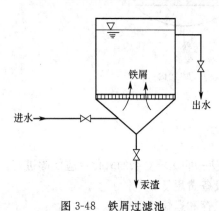

图 3-48　铁屑过滤池

$$Fe + Hg^{2+} \longrightarrow Fe^{2+} + Hg \downarrow$$
$$2Fe + 3Hg^{2+} \longrightarrow Fe^{3+} + 3Hg \downarrow$$

铁屑还原的效果与废水的 pH 值有关，当 pH 值低时，由于铁的电极电位比氢的电极电位低，则废水中的氢离子也将被还原为氢气而逸出，其反应如下：

$$Fe + 2H^+ \longrightarrow Fe^{2+} + H_2 \uparrow$$

反应过程中消耗铁屑，同时有氢气生成。

铁屑置换时，废水的 pH 值在 6～9 最好，能使单位质量的铁屑置换更多的汞。pH<6时，铁的溶解度增大，铁屑损失加大；pH<5 时，有氧气析出，影响铁屑的有效表面积。

pH 值 9～11 的含汞废水可用锌粒还原处理。

二、药剂还原法

药剂还原法是采用一些化学药剂作为还原剂，把有毒物转变成低毒或无毒物质，并进一步将污染物去除，使废水得到净化。常用的还原剂有亚硫酸钠、亚硫酸氢钠、焦亚硫酸钠、硫代硫酸钠、硫酸亚铁、二氧化硫、水合肼、铁屑、铁粉等。

如含铬废水中六价铬的毒性很大，利用硫酸亚铁、亚硫酸氢钠、二氧化硫等还原剂可以将 Cr^{6+} 还原成 Cr^{3+}。如用硫酸亚铁作还原剂，首先在酸性条件下（pH＝2.9～3.7）把废水中的 Cr^{6+} 还原成 Cr^{3+}，反应为：

$$H_2Cr_2O_7 + 6FeSO_4 + 6H_2SO_4 \longrightarrow Cr_2(SO_4)_3 + 3Fe_2(SO_4)_3 + 7H_2O$$

然后投加石灰，在碱性条件下（pH＝7.5～8.5）生成氢氧化铬沉淀，其反应如下：

$$Cr_2(SO_4)_3 + 3Fe_2(SO_4)_3 + 12Ca(OH)_2 \longrightarrow 2Cr(OH)_3 \downarrow + 6Fe(OH)_3 \downarrow + 12CaSO_4$$

第八节　高级氧化新技术

一、湿式氧化

1. 湿式氧化基本原理

湿式氧化法一般是在高温（150～350℃）高压（0.5～20MPa）操作条件下，在液相中，用氧气或空气作为氧化剂，氧化水中呈溶解态或悬浮态的有机物或还原态的无机物的一种处理方法，最终产物是二氧化碳和水。可以看作是不发生火焰的燃烧。

在高温高压下，水及作为氧化剂的氧的物理性质都发生了变化。在室温到 100℃ 范围内，氧的溶解度随温度升高而降低，但在高温状态下，氧的这一性质发生了改变。当温度大于 150℃，氧的溶解度随温度升高反而增大，且其溶解度大于室温状态下的溶解度。同时氧在水中的传质系数也随温度升高而增大。因此，氧的这一性质有助于高温下进行的氧化反应。

湿式氧化过程比较复杂，一般认为有两个主要步骤：

① 空气中的氧从气相向液相的传质过程。

② 溶解氧与基质之间的化学反应。若传质过程影响整体反应速率，可以通过加强搅拌来消除。下面着重介绍化学反应机理。

目前普遍认为，湿式氧化去除有机物所发生的氧化反应主要属于自由基反应，共经历诱导期、增殖期、退化期以及结束期四个阶段。在诱导期和增殖期，分子态氧参与了各种自由基的形成。但也有学者认为分子态氧只是在增殖期才参与自由基的形成，生成的·HO、·RO、·ROO 等自由基攻击有机物 RH，引发一系列的链反应，生成其他低分子酸和二氧化碳。

湿式氧化法的氧化程度取决于操作压力、温度、空气量等因素。

（1）温度　温度是湿式氧化过程中的主要影响因素。温度越高，反应速率越快，反应进行得越彻底。同时温度升高还有助于增加溶氧量及氧气的传质速度，减少液体的黏度，产生低表面张力，有利于氧化反应的进行。但过高的温度又是不经济的。因此，操作温度通常控制在 150～280℃。

（2）压力　总压不是氧化反应的直接影响因素，它与温度偶合。压力在反应中的作用主要是保证呈液相反应，所以总压应不低于该温度下的饱和蒸气压。同时，氧分压也应保持在一定范围内，以保证液相中的高溶解氧浓度。若氧分压不足，供氧过程就会成为反应的控制步骤。

（3）反应时间　有机底物的浓度是时间的函数。为了加快反应速率，缩短反应时间，可以采用提高反应温度或投加催化剂等措施。

（4）废水性质　由于有机物氧化与其电荷特性和空间结构有关，故废水性质也是湿式氧化反应的影响因素之一。研究表明：氰化物、脂肪族和卤代脂肪族化合物、芳烃（如甲苯）、芳香族和含非卤代基团的卤代芳香族化合物等易氧化；而不含非卤代基团的卤代芳香族化合物（如氯苯和多氯联苯）则难氧化。村一郎等人认为，氧在有机物中所占比例越少，其氧化越强；碳在有机物中所占比例越大，其氧化越容易。

2. 湿式氧化工艺

湿式氧化法常规流程如图 3-49 所示。废水由贮槽 1 经高压泵加压后，与来自空压机的空气混合，经换热器加热升温后进入反应塔 6 进行氧化燃烧，反应后的气液混合液进入气液分离器 7，分离出来的蒸汽和其他废气在洗涤器 9 内洗涤后，可用于涡轮机发电或其他动力，而分离出来的废水则进入固液分离器 11，进行固液分离后排放或作进一步处理。

湿式氧化法的主要设备是反应塔，属于高温高压设备。

3. 湿式氧化法的应用

湿式氧化法已广泛应用于炼焦、化工、石油、轻工等废水处理上，如有机农药、染料、合成纤维、还原性无机物（如 CN^-、SCN^-、S^{2-} 等）以及难以生物降解的高浓度废水的处理。

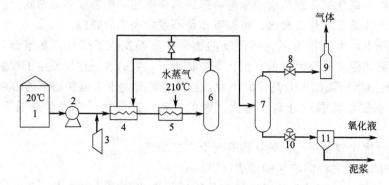

图 3-49　湿式氧化法流程

1—贮槽；2—高压泵；3—空气压缩机；4—热交换器；5—启动热交换器；6—反应塔；7—气液分离器；
8—压力控制阀；9—洗涤器；10—液位控制阀；11—固液分离器

　　Randall T.L 及 Knopp P.V 等采用湿式氧化技术对多种农药废水进行了试验，当温度在 204～316℃ 范围内，废水中烃类有机物及其卤化物的分解率达到或超过 99%，甚至连一般化学氧化难以处理的氯代物如多氯联苯（PCB）、DDT 等通过湿式氧化，毒性也降低了 99%，大大提高了处理出水的可生化性，使得后续的生化处理能得以顺利进行。侯纪蓉等应用湿式氧化对乐果废水作预处理，在温度为 225～240℃，压力为 6.5～7.5MPa，停留时间为 1～1.2h 的条件下，有机磷去除率为 93%～95%，有机硫去除率为 80%～88%，未经回收甲醇，COD 去除率为 40%～45%。

　　采用湿式氧化法处理含酚废水具有较好的应用前景，出水处理效果稳定，可生化性好，不太高的进水浓度可以处理后直接排放，若进水浓度极高可以辅以生化法。

　　湿式氧化和焚烧是两种不同形式的氧化方法。废水中有机物的热值大于 4360kJ/kg 时，可用喷雾燃烧法焚烧。而 COD 在 10～100g/L 的有机废水，其热值约相当于 138～1380kJ/kg，在空气中燃烧就要补充大量燃料，这类废水最适于用湿式氧化法处理。湿式氧化法的运行费用低，约为焚烧法的 1/3。

二、Fenton 试剂及类 Fenton 试剂氧化法

1. 基本原理

　　Fenton 试剂由亚铁盐和过氧化氢组成，当 pH 值足够低时，在 Fe^{2+} 的催化作用下，过氧化氢就会分解出 $\cdot OH$，从而引发一系列的链反应。其中 $\cdot OH$ 的产生为链的开始：

$$Fe^{2+} + H_2O_2 \longrightarrow Fe^{3+} + \cdot OH + OH^-$$

以下反应则构成了链的传递节点：

$$\cdot OH + Fe^{2+} \longrightarrow Fe^{3+} + OH^-$$
$$\cdot OH + H_2O_2 \longrightarrow HO_2 \cdot + H_2O$$
$$Fe^{3+} + H_2O_2 \longrightarrow Fe^{2+} + HO_2 \cdot + H^+$$
$$HO_2 \cdot + Fe^{3+} \longrightarrow Fe^{2+} + O_2 \cdot + H^+$$

各种自由基之间或自由基与其他物质的相互作用使自由基被消耗，反应链终止。

　　Fenton 试剂之所以具有非常强的氧化能力，是因为过氧化氢在催化剂铁离子存在下生成氧化能力很强的羟基自由基（其氧化电位高达 +2.8V），另外羟基自由基具有很高的电负性或亲电子性，其电子亲和能为 569.3kJ，具有很强的加成反应特征。因而 Fenton 试剂可以无选择地氧化水中大多数有机物，特别适用于生物难降解或一般化学氧化难以奏效的有机废水的氧化处理。因此，Fenton 试剂在废水处理中的应用具有特殊意义，在国内外受到普遍重视。

Fenton 试剂氧化法具有过氧化氢分解速度快、氧化速率高、操作简单、容易实现等优点。但由于体系内有大量 Fe^{2+} 存在，H_2O_2 的利用率不高，使有机污染物降解不完全，且反应必须在酸性条件下进行，否则因析出 $Fe(OH)_3$ 沉淀而使加入的 Fe^{2+} 或 Fe^{3+} 失效，并且溶液的中和还需消耗大量的酸碱。另外处理成本高也制约这一方法的广泛应用。鉴于此，随着近年来环境科学技术的发展，Fenton 试剂派生出许多分支，如 UV/Fenton 法、UV/H_2O_2 和电/Fenton 法等。另外，人们还尝试以三价铁离子代替传统的 Fenton 体系中的二价铁离子（$Fe^{3+}+H_2O_2$ 体系），发现 Fe^{3+} 也可以催化分解过氧化氢。因此，从广义上讲可以把除 Fenton 法外其余的通过 H_2O_2 产生羟基自由基处理有机物的技术称为类 Fenton 试剂法，具体有以下几种。

（1）H_2O_2+UV 系统　过氧化氢作为一种强的氧化剂，可以将水中有机的或无机的毒性污染物氧化成无毒或较易为微生物分解的化合物。但一般来说，无机物与过氧化氢的反应较快，且因传质的限制，水中极微量的有机物难以被过氧化氢氧化，对于高浓度难降解的有机污染物，仅使用过氧化氢氧化效果也不十分理想，而紫外光的引人大大提高了过氧化氢的处理效果，紫外光分解过氧化氢的机理如下：

$$H_2O_2+h\nu \longrightarrow 2OH\cdot$$
$$OH\cdot+H_2O_2 \longrightarrow OOH\cdot+H_2O$$
$$OOH\cdot+H_2O_2 \longrightarrow OH\cdot+H_2O+O_2$$

该系统相对于 Fenton 试剂，其特点为由于无 Fe^{2+} 对过氧化氢的消耗，因此氧化剂的利用率高，并且该系统的氧化效果基本不受 pH 值的影响。但是该系统反应速率较慢，由于需要紫外光源，反应装置可能复杂一些。

（2）$H_2O_2+Fe^{2+}+UV$（UV/Fenton）系统　UV/Fenton 法实际上是 Fe^{2+}/H_2O_2 与 UV/H_2O_2 两种系统的结合，该系统具有明显的优点是：①可降低 Fe^{2+} 的用量，保持 H_2O_2 较高的利用率；②紫外光和亚铁离子对 H_2O_2 催化分解存在协同效应，即 H_2O_2 的分解速率远大于 Fe^{2+} 和紫外光催化 H_2O_2 分解速率的简单加和；③此系统可使有机物矿化程度更充分，是因为 Fe^{3+} 与有机物降解过程中产生的中间产物形成的络合物是光活性物质，可在紫外线照射下继续降解；④有机物在紫外线作用下可部分降解。与非均相 UV/TiO_2 光催化体系相比，均相 UV/Fenton 体系反应效率更高，有数据表明，UV/Fenton 对有机物的降解速率可达到 UV/TiO_2 光催化的 3～5 倍，因而在处理难降解有毒有害废水方面表现出比其他方法如 UV/H_2O_2、UV/TiO_2 等更多的优势，因而受到研究者的广泛重视。

UV/Fenton 法具有很强的氧化能力，能有效地分解有机物，且矿化程度较好，但其利用太阳能的能力不强，处理设备费用也较高，能耗大。另外，UV/Fenton 法只适宜于处理中低浓度的有机废水，这是由于有机物浓度高时，被 $Fe(Ⅲ)$ 络合物所吸收的光量子数很少，并需较长的辐射时间，而且 H_2O_2 的投入量也会增加，同时·OH 易被高浓度 H_2O_2 所清除。因此有必要在 UV/Fenton 体系中引入光化学活性较高的物质。水中含 $Fe(Ⅲ)$ 的草酸盐和柠檬酸盐络合物具有很高的光化学活性，把草酸盐和柠檬酸盐引入 UV/Fenton 体系可有效提高对紫外线和可见光的利用效果。一般说来，pH 值在 3～4.9 时，草酸铁络合物效果好；pH 值在 4.0～8.0 时，$Fe(Ⅲ)$ 柠檬酸盐络合物的效果好。但 UV-vis/草酸铁络合物/H_2O_2 法更具发展前途，因为草酸铁络合物具有 $Fe(Ⅲ)$ 的其他络合物所不具备的光谱特性，有极强的吸收紫外线的能力，不仅对波长大于 200nm 的紫外光有较大的吸收系数，甚至在可见光照射的情况下就可产生 $Fe(Ⅱ)$、$C_2O_4\cdot$ 和 $CO_2\cdot$，在 250～450nm 范围内实

测 $Fe(II)$ 的量子产率为 $1.0\sim1.2$，$C_2O_4\cdot$ 和 $CO_2\cdot$ 在溶解氧作用下进一步转化成 H_2O_2，这就为 Fenton 试剂提供了来源。

(3) $H_2O_2+Fe^{2+}+O_2$、$H_2O_2+UV+O_2$ 及 $H_2O_2+Fe^{2+}+UV+O_2$ 系统　研究结果表明，氧气的引入对于有机物的氧化是有效的，可以节约过氧化氢的用量，降低处理成本。因为在这三种体系中，氧气都参与到了氧化有机物的反应链中，从而起到了促进 Fenton 反应的作用。而对于有紫外光参与的后两种体系而言，除了上述作用之外，氧气吸收紫外光后可生成臭氧等次生氧化剂氧化有机物，提高反应速率。

(4) 电 Fenton 法　电 Fenton 法的实质就是把用电化学法产生的 Fe^{2+} 和 H_2O_2 作为 Fenton 试剂的持续来源。电 Fenton 法较光 Fenton 法具有自动产生 H_2O_2 的机制较完善、H_2O_2 利用率高、有机物降解因素较多（除羟基自由基 $\cdot OH$ 的氧化作用外，还有阳极氧化、电吸附）等优点。

自 20 世纪 80 年代中期后，国内外广泛开展了用电 Fenton 技术处理难降解有机废水的研究，电 Fenton 法研究成果可基本分为以下 4 类：①EF-H_2O_2 法，又称阴极电 Fenton 法。即把氧气喷到电解池的阴极上使其还原为 H_2O_2，H_2O_2 与加入的 Fe^{2+} 发生 Fenton 反应。该法不用加 H_2O_2，有机物降解很彻底，不易产生中间毒害物。但由于目前所用的阴极材料多是石墨、玻璃炭棒和活性炭纤维，这些材料电流效率低，H_2O_2 产量不高。②EF-Feox 法，又称牺牲阳极法。电解情况下与阳极并联的铁将被氧化成 Fe^{2+}，Fe^{2+} 与加入的 H_2O_2 发生 Fenton 反应。在 EF-Feox 体系中导致有机物降解的因素除 $\cdot OH$ 外，还有 $Fe(OH)_2$、$Fe(OH)_3$ 的絮凝作用，即阳极溶解出的活性 Fe^{2+}、Fe^{3+} 可水解成对有机物有强络合吸附作用的 $Fe(OH)_2$、$Fe(OH)_3$。该法对有机物的去除效果高于 EF-H_2O_2 法，但需加 H_2O_2，且耗电能，故成本比普通 Fenton 法高。③FSR 法，又称 Fe^{3+} 循环法。FSR 系统包括一个 Fenton 反应器和一个将 $Fe(OH)_3$ 还原为 Fe^{2+} 的电解装置。Fenton 反应进行过程中必然有 Fe^{3+} 生成，Fe^{3+} 与 H_2O_2 反应生成活性不强的 $HO_2\cdot$，从而降低 H_2O_2 的有效利用率和 $\cdot OH$ 产率。FSR 系统可加速 Fe^{3+} 向 Fe^{2+} 的转化，提高了 $\cdot OH$ 产率。该法的缺点是 pH 操作范围窄，pH 必须小于 1。④EF-Fere 法。该法与 FSR 法的原理基本相同，不同之处在于 EF-Fere 系统不包括 Fenton 反应器，Fenton 反应直接在电解装置中进行。该法 pH 操作范围大于 FSR 法，要求 pH 必须小于 2.5，电流效率高于 FSR 法。

2. Fenton 及类 Fenton 法在废水处理中的应用

Fenton 及类 Fenton 试剂在废水处理中的应用可分为两个方面：一是单独作为一种处理方法氧化有机废水；二是与其他方法联用，比如与混凝沉淀法、活性炭法、生物处理法等联用。

(1) 作为一种单独的处理方法　1968 年，D F Bishop 对 Fenton 试剂氧化去除城市污水中的难降解有机物的可行性进行了研究，20 世纪 70 年代开始出现大量的专利。Japan Kokai 7602252 用 $FeCl_3+H_2O_2+$ 空气去除废水中的表面活性剂、胺等污染物。Japan Kokai 77124758 用 $Fe_2(SO_4)_3+H_2O_2$ 处理 COD 废水；Japan Kokai 7863760 在过氧化氢和三价铁离子存在下曝气使废水氧化脱色；1977 年美国专利 U.S. 4012321 报道了采用 H_2O_2+UV 处理难降解有机物，效果良好。类似的专利还有 U.S. 4038116。1980 年美国 AD 报告报道了采用 H_2O_2+UV 处理 TNT 废水，并已建成生产装置。国内朱秀珍等进行了 Fenton 试剂处理表面活性剂的试验，证明对含有非离子表面活性剂、COD 为 5000mg/L、油为 1000mg/L 的废液，加入 $2\sim2.5$mg/L 的 H_2O_2 进行 Fenton 氧化处理，处理液 COD 及油分均能达到国家排放标准。

（2）与其他方法联用　在处理难生物降解或一般化学氧化难以奏效的有机废水时，Fenton 试剂具有其他方法无可比拟的优点，其在实践中的应用具有非常广阔的前景。但由于过氧化氢价格昂贵，如果单独使用 Fenton 试剂处理废水，则成本较高，所以在实践应用中，与其他处理方法联合使用，将其用于废水的最终深度处理或预处理，可望解决单独使用 Fenton 试剂成本较高的问题。

（3）用于废水的最终深度处理　一些工业废水，经物化、生化处理后，水中仍残留少量的生物难降解有机物，当水质不能满足排放要求时，可以采用 Fenton 试剂对其进行深度处理。例如，采用中和-生化法处理染料废水时，由于一些生物难降解有机物还未除去，出水的 COD 和色度不能达到国家排放标准。此时，加入少量的 Fenton 试剂，可以同时达到去除 COD 和脱色的目的，使出水达到国家排放标准。

（4）用于废水的预处理　用 $H_2O_2 + Fe^{2+}$ ＋曝气系统对甘醇废水进行预处理，然后再接活性污泥法可去除 99％的 COD。肖羽堂等通过试验证明，向某染料化工厂的二硝基氯化苯生产废水中加入 0.08％的 H_2O_2（30％）和一定量的铁屑后，废水的 COD 从 953mg/L 下降到 290mg/L 左右，而 BOD_5/COD 值从不到 0.07 上升至 0.6 以上。丛锦华等发现，对于环氧乙烷生产废水，若先加入 0.15％的 H_2O_2（30％）和一定量的 $FeSO_4$ 进行氧化处理，然后再用瓦斯灰进行混凝、吸附处理，与单独用瓦斯灰处理相比其 COD 去除率可从 34％上升至 76％。填埋场封场多年后，其渗滤液生化性很差（$BOD_5/COD < 0.1$），当将 pH 值调至 3.5，加入一定量的 $FeSO_4$ 和 H_2O_2（摩尔比为 0.08），反应一段时间后，其 BOD_5/COD 值上升至 0.4 以上，可以进行后续的生化处理。

三、超临界水氧化技术

1. 基本原理

任何物质，随着温度、压力的变化，都会相应地呈现为固态、液态和气态这三种物相状态，即所谓的物质三态。三态之间互相转化的温度和压力值叫作三相点。除了三相点外，每种相对分子质量不太大的稳定的物质都具有一个固定的临界点。临界点由临界温度、临界压力、临界密度构成。当把处于汽液平衡的物质升温升压时，热膨胀引起液体密度减少，而压力的升高又使汽液两相的相界面消失，成为一均相体系，这一点即为临界点。当物质的温度、压力分别高于临界温度和临界压力时就处于超临界状态。在超临界状态下，流体的物理性质处于气体和液体之间，既具有与气体相当的扩散系数和较低的黏度，又具有与液体相近的密度和对物质良好的溶解能力。因此可以说，超临界流体是存在于气、液这两种流体状态以外的第三流体。

超临界水氧化的主要原理是利用超临界水作为介质来氧化分解有机物。在超临界水氧化过程中，由于超临界水对有机物和氧气都是极好的溶剂，因此有机物的氧化可以在富氧的均一相中进行，反应不会因相间转移而受限制。同时，高的反应温度（建议采用的温度范围为 400～600℃）也使反应速度加快，可以在几秒钟内对有机物达到很高的破坏效率。有机废物在超临界水中进行的氧化反应，概略地可以用以下化学方程表示。

$$有机化合物 + O_2 \longrightarrow CO_2 + H_2O$$
$$有机化合物中的杂原子 \longrightarrow 酸、盐、氧化物$$
$$酸 + NaOH \longrightarrow 无机盐$$

超临界水氧化反应完全彻底。有机碳转化成 CO_2，氢转化成水，卤素原子转化为卤化物的离子，硫和磷分别转化为硫酸盐和磷酸盐，氮转化为硝酸根和亚硝酸根离子或氮气。同时，超临界水氧化在某种程度上与简单的燃烧过程相似，在氧化过程中释放出大量的热，一且开始，反应可以自己维持，无需外界能量。

目前，已对许多化合物，包括硝基苯、尿素、氰化物、酚类、乙酸和氨等进行了超临界水氧化的试验，证明全都有效。此外，对火箭推进剂、神经毒气及芥子气等也有研究，证明用超临界水氧化后，可将上述物质处理成无毒的最简单小分子。

2. 超临界水氧化技术的工艺及装置

由于超临界水具有溶解非极性有机化合物（包括多氯联苯等）的能力，在足够高的压力下，它与有机物和氧或空气完全互溶，因此这些化合物可以在超临界水中均相氧化，并通过降低压力或冷却选择性地从溶液中分离产物。

超临界水氧化处理污水的工艺流程见图3-50。

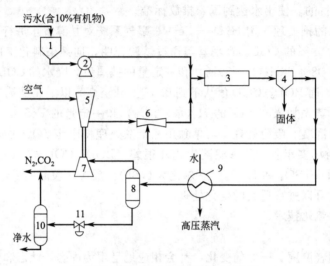

图 3-50 超临界水氧化处理污水流程

1—污水槽；2—污水泵；3—氧化反应器；4—固体分离器；5—空气压缩机；6—循环用喷射泵；7—膨胀机透平；
8—高压气液分离器；9—蒸汽发生器；10—低压气液分离器；11—减压阀

过程简述如下：首先，用污水泵将污水压入反应器，在此与一般循环反应物直接混合而加热，提高温度。然后，用压缩机将空气增压，通过循环用喷射器把上述循环反应物一并带入反应器。有害有机物与氧在超临界水相中迅速反应，使有机物完全氧化，氧化释放出的热量足以将反应器内的所有物料加热至超临界状态，在均相条件下，使有机物和氧进行反应。离开反应器的物料进入旋风分离器，在此将反应中生成的无机盐等固体物料从流体相中沉淀析出。离开旋风分离器的物料一分为二，一部分循环进入反应器；另一部分作为高温高压流体先通过蒸汽发生器，产生高压蒸汽，再通过高压气液分离器，在此 N₂ 及大部分 CO₂ 以气体物料离开分离器，进入透平机，为空气压缩机提供动力。液体物料（主要是水和溶在水中的 CO₂）经排出阀减压，进入低压气液分离器，分离出的气体（主要是 CO₂）进行排放，液体则为洁净水，作补充水进入水槽。

如图3-51所示为一种连续流动反应装置，该反应装置的核心是一个由两个同心不锈钢管组成的高温高压反应器，被处理的废水或污泥先被匀浆，然后用一个小的高压泵将其从反应器外管的上部输送到高压反应器。进入反应器的废液先被预热，在移动到反应器中部时与加入的氧化剂混合，通过氧化反应，废液得到处理。生成的产物从反应器下端的内管入口进入热交换器。反应器内的压力由减压器控制，其值通过压力计和一个数值式压力传感器测定。在反应器的管外安装有电加热器，并在不同位置设有温度监测装置。整个系统的温度、流速、压力的控制和监测都设置在一个很容易操作的面板上，同时有一个用聚碳酸酯制备的安全防护板来保护操作者。在反应器的中部、底部和顶部都设有取样口。

图 3-52 是分批微反应器。它由线圈型的管式反应器、压力传感器、温差热电偶和一个反应器支架组成，反应器用外部的沙浴加热。

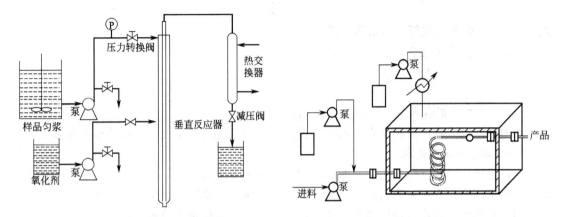

图 3-51　连续流动超临界水氧化反应装置　　　　图 3-52　超临界水氧化分批微反应器

3. 超临界水氧化技术的应用

（1）酚的氧化　有关酚的超临界水氧化的研究报道得较多。表 3-6 总结了酚在不同条件的超临界水氧化过程中的处理效果。由表 3-6 可以看出，在不同温度和压力下，酚的处理效果是不一样的，但在长至十几分钟的反应中，对酚均有较高的去除率。

表 3-6　酚的超临界水氧化

温度/℃	压力/MPa	浓度/(mg/L)	氧化剂	反应时间/min	去除率/%
340	28.3	6.99×10^{-6}	$O_2 + H_2O_2$	1.7	95.7
380	28.2	5.39×10^{-6}	$O_2 + H_2O_2$	1.6	97.3
380	22.1	590	O_3	15	100
381	28.2	225	O_2	1.2	99.4
420	22.1	750	O_2	30	100
420	28.2	750	O_2	10	100
490	39.3	1650	O_2	1	92
490	42.1	1100	$O_2 + H_2O_2$	1.5	95
530	42.1	150	O_2	10	99

（2）处理含硫废水　超临界水氧化法由于具有反应快速、处理效率高和过程封闭性好、处理复杂体系更具优势等优点，在含硫废水的处理中得到了应用，且取得了较好的效果。向波涛等利用超临界水氧化法处理含硫废水，在温度为 723.2K、压力为 26MPa、氧硫比为 3.47、反应时间 17s 的条件下，S^{2-} 可被完全氧化为 SO_4^{2-} 而除去。

（3）多氯联苯等有机物　研究结果表明，超临界水氧化能够氧化 1,1,1-三氯乙烷、六氯环己烷、甲基乙基酮、苯、邻二甲苯、$2,2'$-二硝基甲苯、DDT 等有毒有害污染物。在温度高于 550℃时，有机碳的破坏率超过 99.97%，并且所有有机物都转化成二氧化碳和无机物。

第九节　电　　解

一、基本原理

电解质溶液在电流作用下进行电化学反应，把电能转化为化学能的过程称为电解。利用电解的原理来处理废水中有毒有害物质的方法，称为电解法。

1. 法拉第电解定律

电解过程的耗电量可用法拉第电解定律计算：

$$G = \frac{EIt}{F} \tag{3-8}$$

式中　G——电解过程析出的物质总量，g；

　　　E——物质的化学当量；

　　　I——电流，A；

　　　t——通电时间，s；

　　　F——法拉第常数，$F = 96500 C/mol$。

在实际电解过程中，由于存在某些副反应，实际消耗的电量往往比理论值大得多。

2. 分解电压与极化现象

电解过程中，当外加电压很小时，电解槽几乎没有电流通过，电压继续增加，电流略有增加。当电压增加到某一数值时，电流随电压的增加几乎呈直线关系急剧上升，这时在两极上才明显地有物质析出。能使电解正常进行的最小外加电压称为分解电压。

产生分解电压的原因，首先是电解槽本身就是某种原电池。该原电池的电动势（由阳极指向阴极）与外加电压的电动势（由正极指向负极）方向正好相反，称为反电动势。所以外加电压必须首先克服电解槽的这一反电动势。然而即使外加电压克服反电动势时，电解也不会发生，也就是说，分解电压常常比电解槽的电动势大。这种分解电压超过电解槽反电动势的现象称为极化现象。产生极化现象的原因如下。

(1) 浓差极化　由于电解时离子的扩散运动不能立即完成，靠近电极表面溶液薄层内的离子浓度与溶液内部的离子浓度不同，结果产生一种浓差电池，其电位差也同外加电压方向相反。这种现象称为浓差极化，浓差极化可以采用加强搅拌的方法使之减少，但由于存在电极表面扩散层，不可能完全把它消除。

(2) 化学极化　由于在进行电解时两极析出的产物构成了原电池，此电池电位差也和外加电压方向相反，这种现象称为化学极化。

(3) 电解槽的内阻　当通电进行电解时，因电解液中离子运动受到一定的阻碍，所以需一定的外加电压加以克服。

此外，分解电压还与电极的性质、水的性质、电流密度（单位电极面积上流过的电流，A/cm^2）及温度等因素有关。

3. 电解三效应

电解可以产生氧化还原、凝聚和气浮三种效应，三种效应与所选的电极材料有关。

(1) 电解氧化还原　利用电解过程中发生的氧化或还原反应去除废水中的污染物。如利用铁板阳极对含六价铬的化合物的废水进行处理时，铁板阳极在电解过程中产生亚铁离子，亚铁离子作为强还原剂，可将废水中的六价铬离子还原为三价铬离子。

$$Fe - 2e \longrightarrow Fe^{2+}$$

$$6Fe^{2+} + Cr_2O_7^{2-} + 14H^+ \longrightarrow 2Cr^{3+} + 6Fe^{3+} + 7H_2O$$

$$3Fe^{2+} + CrO_4^{2-} + 8H^+ \longrightarrow Cr^{3+} + 3Fe^{3+} + 4H_2O$$

同时在阴极上，除氢离子放电生成氢气外，六价铬离子直接还原为三价铬离子。

$$2H^+ + 2e \longrightarrow H_2 \uparrow$$

$$Cr_2O_7^{2-} + 6e + 14H^+ \longrightarrow 2Cr^{3+} + 7H_2O$$

$$CrO_4^{2-} + 3e + 8H^+ \longrightarrow Cr^{3+} + 4H_2O$$

随着电解过程的进行，大量氢离子被消耗，使废水中剩下大量氢氧根离子，生成氢氧化铬等沉淀物。

上述反应过程就是电解氧化还原过程。

（2）电解凝聚　利用铁或铝制金属阳极在电解过程形成氢氧化铁或氢氧化铝等不溶于水的金属氢氧化物凝聚体。如：

$$Fe - 2e \longrightarrow Fe^{2+}$$
$$Fe^{2+} + 2OH^- \longrightarrow Fe(OH)_2 \downarrow$$

氢氧化亚铁对废水中的污染物进行混合凝聚，使废水得到净化。

（3）电解气浮　利用不溶性电极电解时产生的氧气泡和氢气泡进行气浮的方法叫电解气浮，如：

$$2H_2O \longrightarrow 2H^+ + 2OH^-$$
$$2H^+ + 2e \longrightarrow 2[H] \rightarrow H_2 \uparrow$$
$$4OH^- \longrightarrow 2H_2O + O_2 \uparrow + 4e$$

二、电解槽的结构形式和极板电路

电解槽的形式多采用矩形，按水流方式可分为回流式和翻腾式两种，如图 3-53 所示。回流式电解槽内水流的流程长，离子易于向水中扩散，电解槽容积利用率高，但施工和检修困难；翻腾式的极板采取悬挂方式固定，极板与池壁不接触而减少漏电现象，更换极板较回流式方便，也便于施工维修。极板间距应适当，一般为 30～40mm。电解法采用直流电源，电源的整流设备应根据电解所需的总电流和总电压进行选择。

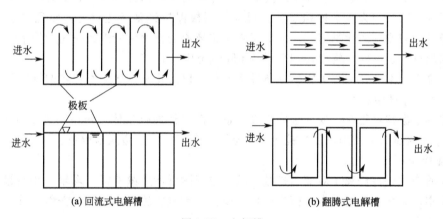

图 3-53　电解槽

电解槽根据电路分为单极性电解槽和双极性电解槽两种，如图 3-54 所示。双极性电解槽较单极性电解槽投资少，另外在单极性电解槽中，有可能由于极板腐蚀不均匀等原因造成相邻两块极板碰撞，会引起短路而发生严重的安全事故。而在双极性电解槽中极板腐蚀较均匀，相邻两块极板碰撞的机会少，即使碰撞也不会发生短路现象，因此采用双极性电极电路便于缩小极距，提高极板的有效利用率，降低造价和节省运行费用。由于双极性电解槽具有这些优点，所以国内采用的比较普遍。

三、电解过程的控制

1. 槽电压

电能消耗与电压有关，槽电压取决于废水的电阻率和极板间距。一般废水电阻率控制在

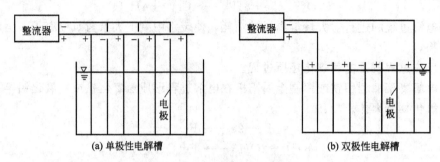

图 3-54　电解槽的极板电路

$1200\Omega\cdot cm$ 以下，对于导电性能差的废水要投加食盐，以改善其导电性能。投加食盐后，电压降低，使电能消耗减少。

2. 电流密度

电流密度即单位极板面积上通过的电流数量，以 $A/(0.1m)^2$ 表示，所需的阳极电流密度随废水浓度而异。废水中污染物浓度大时，可适当提高电流密度；废水中污染物浓度小时，可适当降低电流密度。当废水浓度一定时，电流密度越大，则电压越高，处理速度加快，但电能耗量增加。电流密度过大，电压过高，将影响电极使用寿命。电流密度小时，电压降低，电耗量减少，但处理速度缓慢，所需电解槽容积增大。适宜的电流密度由试验确定，选择化学需氧量去除率高而耗电量低的点作为运转控制的指标。

3. pH 值

废水的 pH 值对于电解过程操作很重要。含铬废水电解处理时，pH 值低，则处理速度快，电耗少，这是因为废水被强烈酸化可促使阴极保持经常活化状态，而且由于强酸的作用，电极发生较剧烈的化学溶解，缩短了六价铬还原为三价铬所需的时间，但 pH 值低不利于三价铬的沉淀。因此，需要控制合适的 pH 值范围（4～6.5）。

含氰废水电解处理则要求在碱性条件下进行，以防止有毒气体氰化氢的挥发。氰离子浓度越高，要求 pH 值越大。

在采用电凝聚过程时，要使金属阳极溶解，产生活性凝聚体，需控制进水 pH 值在 5～6。进水 pH 值过高易使阳极发生钝化，放电不均匀，并停止金属溶解过程。

4. 搅拌作用

搅拌的作用是促进离子对流与扩散，减少电极附近产生浓差极化现象，并能起清洁电极表面的作用，防止沉淀物在电解槽中沉降。搅拌对于电解历时和电能消耗影响较大，通常采用压缩空气搅拌。

5. 消除阳极钝化的方法

① 定时用钢刷清理阳极的钝化膜。

② 定期交换阴阳极。

③ 投加食盐电解质。氯离子能起活化剂的作用。氯离子能够取代膜中的氧离子，结果生成可溶性铁的氯化物而导致钝化膜的溶解。同时，可增加废水的导电能力，减少电能的消耗。

第十节　离子交换

离子交换法是一种借助于离子交换剂上的离子和废水中的离子进行交换反应而除去废水

中有害离子的方法。离子交换过程是一种特殊的吸附过程，所以在许多方面都与吸附过程类似。但与吸附比较，离子交换过程的特点在于：它主要吸附水中的离子化物质，并进行等当量的离子交换。在废水处理中，离子交换主要用于回收和去除废水中金、银、铜、镉、铬、锌等金属离子，对于净化放射性废水及有机废水也有应用。

一、离子交换剂

水处理用的离子交换剂有离子交换树脂和磺化煤两类。离子交换树脂的种类很多，按其结构特征，可分为凝胶型、大孔型、等孔型；根据其单体种类，可分为苯乙烯系、酚醛系和丙烯酸系等；根据其活性基团（亦称交换基或官能团）的性质，又可分为强酸性、弱酸性、强碱性和弱碱性，前两种带有酸性活性基团，称为阳离子交换树脂，后两种带有碱性活性基团，称为阴离子交换树脂。磺化煤为兼有强酸性和弱酸性两种活性基团的阳离子交换剂。阳离子交换树脂或磺化煤可用于水的软化或脱碱软化，阴、阳离子交换树脂配合一起则用于水的除盐。

离子交换树脂是由空间网状结构骨架（即母体）与附属在骨架上的许多活性基团所构成的不溶性高分子化合物。活性基团遇水电离，分成两部分：①固定部分，仍与骨架牢固结合，不能自由移动，构成所谓固定离子；②活动部分，能在一定空间内自由移动，并与其周围溶液中的其他同性离子进行交换反应，称为可交换离子或反离子。以强酸性阳离子交换树脂为例，可写成 $R—SO_3^- H^+$，其中 R 代表树脂母体即网状结构部分，SO_3^- 为活性基团的固定离子，H^+ 为活性基团的可交换离子。有时更简写成 $R^- H^+$，此时 R^- 表示树脂母体及牢固结合在其上面的固定离子。因此，离子交换的实质是不溶性的电解质（树脂）与溶液中的另一种电解质所进行的化学反应，这一化学反应可以是中和反应、中性盐分解反应或复分解反应。

二、离子交换树脂的性能指标

1. 离子交换容量

交换容量是树脂交换能力大小的标准，常用容积法表示。容积法是指单位体积的湿树脂中离子交换基团的数量，用 mmol/L 树脂或 mol/m^3 树脂来表示。

2. 含水率

含水率是指每克湿树脂（去除表面水分后）所含水分的百分数（一般在 50% 左右）。树脂交联度越小，孔隙率越大，含水率也越大。

3. 相对密度

离子交换树脂的相对密度有三种表示方法：干真相对密度、湿真相对密度和视相对密度。

4. 溶胀性

干树脂浸泡于水中时，体积胀大，成为湿树脂。湿树脂转型时，例如阳树脂由钠型转换为氢型，体积也有变化，这种体积变化的现象称为溶胀。前一种所发生的体积变化率称为绝对溶胀度，后一种所发生的体积变化率称为相对溶胀度。树脂交联度越小或活性基团越易电离或水合离子半径越大，则溶胀度越大。

5. 耐热性

各种树脂所能承受的温度都有一个极限，超过这个极限，就会发生比较严重的热分解现象，影响交换容量和使用寿命。

6. 有效 pH 值范围

由于树脂活性基团分为强酸、强碱、弱酸、弱碱性，水的 pH 值势必对其交换容量产生影响。强酸、强碱树脂的活性基团电离能力强，其交换容量基本上与 pH 值无关。弱酸树脂在水的 pH 值低时不电离或仅部分电离，因而只能在碱性溶液中才会有较高的交换能力。弱碱树脂则相反，在水的 pH 值高时不电离或仅部分电离，只是在酸性溶液中才会有较高的能力。各种类型树脂的使用有效 pH 值范围见表 3-7。

表 3-7　各种类型树脂的使用有效 pH 值范围

树脂类型	强酸性	弱酸性	强碱性	弱碱性
有效 pH 值范围	1～14	5～14	1～12	0～7

除上述几项指标外，还有树脂的外形、黏度、耐磨性、在水中的不溶性等。

三、离子交换过程

离子交换过程可以看作是固相的离子交换树脂与液相（废水）中电解质之间的化学置换反应，其反应一般都是可逆的。

阳离子交换过程可用下式表示：

$$R^- A^+ + B^+ \Longrightarrow R^- B^+ + A^+$$

阴离子交换过程可用下式表示：

$$R^+ C^- + D^- \Longrightarrow R^+ D^- + C^-$$

式中，R^- 表示树脂本体；A^+、C^- 表示树脂上可被交换的离子；B^+、D^- 表示溶液中的交换离子。

离子交换过程通常分为五个阶段。

① 交换离子从溶液中扩散到树脂颗粒表面。

② 交换离子在树脂颗粒内部扩散。

③ 交换离子与结合在树脂活性基团上的可交换离子发生交换反应。

④ 被交换下来的离子在树脂颗粒内部扩散。

⑤ 被交换下来的离子在溶液中扩散。

实际上离子交换反应的速度是很快的，离子交换的总速度取决于扩散速度。

当离子交换树脂的吸附达到饱和时，通入某种高浓度电解质溶液将被吸附的离子交换下来，使树脂得到再生。

四、离子交换树脂的选择性

由于离子交换树脂对于水中各种离子吸附的能力并不相同，其中一些离子很容易被吸附而另一些离子却很难被吸附，被树脂吸附的离子在再生的时候，有的离子很容易被置换下来，而有的却很难被置换。离子交换树脂所具有的这种性能称为选择性。

采用离子交换法处理废水时，必须考虑树脂的选择性，树脂对各种离子的交换能力是不同的，交换能力大小主要取决于各种离子对该种树脂的亲和力（选择性），在常温低浓度下，各种树脂对各种离子的选择性可归纳出如下规律。

① 强酸性阳离子交换树脂的选择顺序为：$Fe^{3+} > Cr^{3+} > Al^{3+} > Ca^{2+} > Mg^{2+} > K^+ = NH_4^+ > Na^+ > H^+ > Li^+$。

② 弱酸性阳离子交换树脂的选择性顺序为：$H^+ > Fe^{3+} > Cr^{3+} > Al^{3+} > Ca^{2+} > Mg^{2+} > K^+ = NH_4^+ > Na^+ > Li^+$。

③ 强碱性阴离子交换树脂的选择性顺序为：$Cr_2O_7^{2-} > SO_4^{2-} > CrO_4^{2-} > NO_3^- > Cl^- > OH^- > F^- > HCO_3^- > HSiO_3^-$。

④ 弱碱性阴离子交换树脂的选择性顺序为：$OH^- > Cr_2O_7^{2-} > SO_4^{2-} > CrO_4^{2-} > NO_3^- > Cl^- > HCO_3^-$。

　　⑤ 螯合树脂的选择性顺序与树脂种类有关。螯合树脂在化学性质方面与弱酸阳离子树脂相似，但比弱酸树脂对重金属的选择性高。螯合树脂通常为 Na 型，树脂内金属离子与树脂的活性基团相螯合。典型的螯合树脂为亚氨基醋酸型，它与金属反应如下：

$$R-CH_2N \begin{matrix} CH_2COONa \\ \\ CH_2COONa \end{matrix} + Me^{2+} \rightleftharpoons R-CH_2N \begin{matrix} CH_2C \\ \\ CH_2C \end{matrix} -Me$$

　　式中，Me^{2+} 代表重金属离子。

　　亚氨基醋酸型螯合树脂的选择性顺序为：$Hg^{2+} > Cr^{3+} > Ni^{2+} > Mn^{2+} > Ca^{2+} > Mg^{2+} > Na^+$。位于顺序前列的离子可以取代位于顺序后列的离子。

　　这里应强调的是，上面介绍的选择性顺序均为常温低浓度而言。在高温高浓度时，处于顺序后列的离子可以取代位于顺序前列的离子，这就是树脂再生的依据之一。

五、离子交换装置及运行操作

　　生产实践中，水的离子交换处理是在离子交换器中进行的，也将装有离子交换剂的离子交换器称离子交换床，离子交换剂层称离子交换床层。离子交换装置的种类很多，一般可分为固定床式离子交换器和移动床式离子交换器两大类，而固定床式离子交换器是在各领域用得最广泛的一种装置。

　　（一）固定床式离子交换器

　　所谓固定床是指离子交换剂在一个设备中先后完成制水、再生等过程的装置。

　　固定床离子交换器按水和再生液的流动方向分为顺流再生式、逆流再生式（包括逆流再生离子交换器和浮动式离子交换器）和分流再生式。按交换器内树脂的状态又分为单层（树脂）床、双层床、双室双层床、双室双层浮动床以及混合床。按设备的功能又分为阳离子交换器（包括钠离子交换器和氢离子交换器）、阴离子交换器和混合离子交换器。

　　1. 顺流再生离子交换器

　　顺流再生离子交换器是离子交换装置中应用最早的床型，运行时，水流自上而下通过树脂层；再生时，再生液也是自上而下通过树脂层，即水和再生液的流向是相同的。

　　（1）顺流再生离子交换器的结构　　顺流再生离子交换器的主体是一个密封的圆柱形压力容器，器体上设有树脂装卸口和用以观察树脂状态的观察孔。容器设有进水装置、排水装置和再生液分配装置。交换器中装有一定高度的树脂，树脂层上面留有一定的反洗空间，如图3-55所示。外部管路系统如图 3-56 所示。

　　（2）顺流再生离子交换器的运行　　顺流再生离子交换器的运行通常分为五步，从交换器失效后算起为反洗、进再生液、置换、正洗和制水。这五个步骤组成交换器的一个运行循环，称为运行周期。

　　① 反洗。交换器中的树脂失效后，在进再生液之前，常先用水自下而上进行短时间的强烈反洗。

　　② 进再生液。先将交换器内的水放至树脂层以上 100～200mm 处，然后使一定浓度的再生液以一定流速自上而下流过树脂层。

　　③ 置换。使水按再生液流过树脂的流程及流速通过交换器，这一过程称为置换，目的是使树脂层中仍有再生能力的再生液和其他部位残存的再生液得以充分利用。

　　④ 正洗。置换结束后，为了清除交换器内残留的再生产物，应用运行时的出水自上而下清洗树脂层，流速 10～15m/h。正洗一直进行到出水水质合格为止。

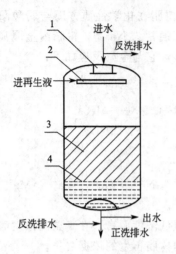

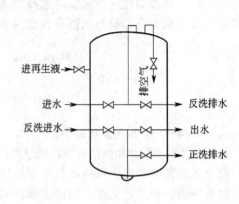

图 3-55　顺流再生离子交换器的内部结构

1—进水装置；2—再生液分配装置；
3—树脂层；4—排水装置

图 3-56　顺流再生离子交换器的外部管路系统

⑤ 制水。正洗合格后即可投入制水。

顺流再生的优点是设备结构简单、运行操作方便、工艺控制容易，缺点是再生剂用量多、获得的交换容量低、出水水质差。

2. 逆流再生离子交换器

为了克服顺流再生工艺出水端树脂再生度低的缺点，现在广泛采用逆流再生工艺，即运行时水流方向和再生时再生液流动方向相反的水处理工艺。

由于逆流再生工艺中再生液及置换水都是从下而上流动的，流速稍大时，就会发生和反洗那样使树脂层扰动的现象，使再生的层态被打乱，这通常称为乱层。因此，在采用逆流再生工艺时，必须从设备结构和运行操作上采取措施，以防止溶液向上流动时发生树脂乱层。

（1）逆流再生离子交换器的结构　逆流再生离子交换器的结构和管路系统与顺流再生离子交换器的结构类似，如图 3-57 和图 3-58 所示。与顺流再生离子交换器结构不同的地方是：在树脂层上表面处设有中间排液装置以及在树脂层上面加叠压脂层。

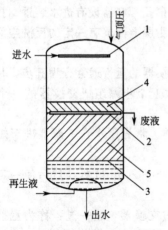

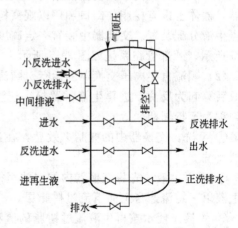

图 3-57　逆流再生离子交换器结构

1—进水装置；2—中间排液装置；3—排水装置；
4—压脂层；5—树脂层

图 3-58　气顶压逆流再生离子交换器管路系统

① 中间排液装置。该装置的作用主要是使向上流动的再生液和清洗水能均匀地从此装置排走，不会因为有水流流向树脂层上面的空间而扰动树脂层。其次它还兼作小反洗的进水装置和小正洗的排水装置。

② 压脂层。设置压脂层的目的是为了在溶液向上流时树脂不乱层，但实际上压脂层所产生的压力很小，并不能靠自身起到压脂作用。压脂层真正的作用，一是过滤掉水中的悬浮物，使它不进入下部树脂层中，这样便于将其洗去而又不影响下部的树脂层态；二是可以使顶压空气或水通过压脂层均匀地作用于整个树脂层表面，从而起到防止树脂向上窜动的作用。

（2）逆流再生离子交换器的运行 在逆流再生离子交换器的运行操作中，制水过程和顺流式没有区别。再生操作随防止乱层措施的不同而异，下面以采用压缩空气顶压防止乱层的方法为例说明其再生操作，如图 3-59 所示。

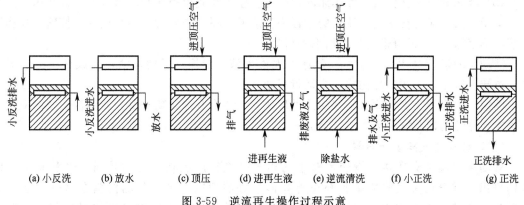

图 3-59 逆流再生操作过程示意

① 小反洗。为了保持有利于再生的失效树脂层不乱，只对中间排液管上面的压脂层进行反洗，以冲洗掉运行时积聚在压脂层中的污物。

② 放水。小反洗后，待树脂沉降下来以后，放掉中间排液装置以上的水。

③ 顶压。从交换器顶部送入压缩空气，使气压维持在 $0.03 \sim 0.05 MPa$。

④ 进再生液。在顶压的情况下，将再生液送入交换器内，进行再生。

⑤ 逆流清洗。当再生液进完后，继续用稀释再生剂的水进行清洗。

⑥ 小正洗。此步用以除去再生后压脂层中部分残留的再生废液。

⑦ 正洗。最后按一般运行方式用进水自上而下进行正洗，流速 $10 \sim 15 m/h$，直到出水水质合格，即可投入运行。

交换器经过多周期运行后，下部树脂层也会受到一定程度的污染，因此必须定期地对整个树脂层进行大反洗。大反洗的周期应视进水的浊度而定，一般为 $10 \sim 20$ 个周期。

逆流再生操作除采用压缩空气顶压的方法外，还有水顶压的方法，水顶压法的操作与气顶压法基本相同。

（3）无顶压逆流再生 逆流再生离子交换器为了保持再生时树脂层稳定，必须采用空气顶压或水顶压，这不仅增加了一套顶压设备和系统，而且操作也比较麻烦。无顶压逆流再生就是将中间排液装置上的孔开得足够大，使这些孔的水流阻力较小，并且在中间排液装置以上仍装有一定厚度的压脂层，这样在无顶压情况下逆流再生操作时就不会出现水面超过压脂层的现象，树脂层也不会发生扰动。

无顶压逆流再生的操作步骤与顶压再生操作步骤基本相同，只是不进行顶压。

与顺流再生相比，逆流再生工艺具有对水质适应性强、出水水质好、再生剂比耗低、自用水率低等优点。但逆流再生的设备较复杂，操作控制较严格。为了避免搅乱树脂层，控制再生流速一般要小于 1.5m/h。一般为了提高再生流速，缩短再生时间，在再生时可通入 0.03～0.05MPa 压缩空气压住树脂层。

3. 其他形式的离子交换器

（1）分流再生离子交换器　分流再生离子交换器的结构和逆流再生离子交换器基本相似，只是将中间排液装置设置在树脂层表面下 400～600mm 处，不设压脂层，分流再生时流过上部的再生液可以起到顶压作用，所以无需另外用水或空气预压；中排管以上的树脂起到压脂层的作用，并且也能获得再生，所以交换器中树脂的交换容量利用率较高。

另外，由于再生液由交换器的上、下端进入，所以两端树脂都能够得到较好的再生，最下端树脂的再生度最高，从而保证了运行出水的水质。

（2）浮床式离子交换器　浮动床的运行是在整个树脂层被托起的状态下（称或床）进行的，离子交换反应是在水向上流动的过程中完成的。树脂失效后，停止进水，使整个树脂层下落（称落床），于是可进行自上而下的再生。

浮动床的运行过程为：制水—落床—进再生液—置换—下向流清洗—成床—上向流清洗，再转入制水。上述过程构成一个运行周期。

固定床式离子交换器除了上述的几种形式外，还有双层床离子交换器结构、双室双层床离子交换器结构以及混合床离子交换器。

（二）移动床式离子交换器

移动床式离子交换器是指交换器中的离子交换树脂层在运行中是周期性移动的，即定期排出一部分已失效的树脂和补充等量再生好的树脂，已失效的树脂在另一设备中进行再生。在移动床系统中，交换过程和再生过程是分别在不同设备中同时进行的，制水是连续的。

移动床式离子交换器运行过程如图 3-60 所示。

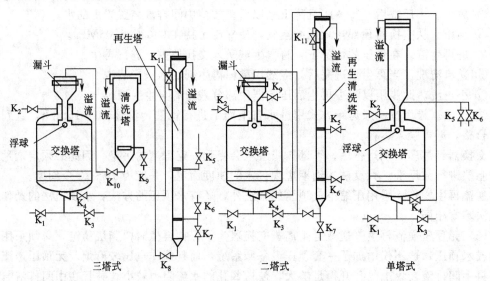

图 3-60　三种移动床式离子交换器运行过程

K_1—进水阀；K_2—出水阀；K_3—排水阀；K_4—失效树脂输出阀；K_5—进再生液阀；K_6—进置换水或清洗水阀；
K_7—排水阀；K_8—再生后树脂输出阀；K_9—进清水阀；K_{10}—清洗好树脂输出阀；K_{11}—连通阀

交换塔开始运行时，原水从塔下部进入交换塔，将配水装置以上的树脂托起，即为成床。成床后进行离子交换，处理后的水从出水管排出，并自动关闭浮球阀。

运行一段时间后，停止进水，并进行排水，使塔中压力下降，因而水向塔底方向流动，使整个树脂分层，即落床。与此同时，交换塔浮球阀自动打开，上部漏斗中新鲜树脂落入交换塔树脂层上面，同时排水过程中将失效树脂排出塔底部。即落床过程中同时完成新树脂补充和失效树脂排出。两次落床之间的交换塔运行时间，称为移动床的一个大周期。

再生时，再生液在再生塔内由下而上流动进行再生，排出的再生废液经连通管进入上部漏斗，对漏斗中失效树脂进行预再生，这样充分利用再生剂，而后将再生液排出塔外。当再生进行一段时间后，停止进水和停止进再生液并进行排水泄压，使再生塔树脂层下落，与此同时，再生塔内浮球阀打开，使漏斗中失效树脂进入再生塔，而再生好的下部树脂落入再生塔的输送段，并依靠进水水流不断地将此树脂输送到清洗塔中。两次排放再生好的树脂的间隔时间即为一个小周期。交换塔一个大周期中排放过来的失效树脂分成几次再生的方式，称为多周期再生。若对一次输入的失效树脂进行一次再生，则称为单周期再生。

清洗过程在清洗塔内进行，清洗水由下而上流经树脂层，清洗好的树脂送至交换塔中。

移动床运行流速高，树脂用量少且利用率高，而且占地面积小、能连续供水以及减少了设备备用量。其缺点主要有：①运行终点较难控制；②树脂移动频繁，损耗大；③阀门操作频繁，易发生故障，自动化要求较高；④对原水水质变化适应能力差，树脂层易发生乱层；⑤再生剂比耗高。

第十一节 膜 分 离 法

一、膜分离法概述

利用隔膜使溶剂（通常是水）同溶质或微粒分离的方法称为膜分离法。用隔膜分离溶液时，使溶质通过膜的方法称为渗析，使溶剂通过膜的方法称为渗透。

根据溶质或溶剂透过膜的推动力不同，膜分离法可分为 3 类。

① 以浓度差为推动力的方法有：渗析和自然渗透。

② 以电动势为推动力的方法有：电渗析和电渗透。

③ 以压力差为推动力的方法有：压渗析和反渗透、超滤、微孔过滤。

其中常用的是电渗析、反渗透和超滤，其次是渗析和微孔过滤。

膜分离法具有以下特点。

① 在膜分离过程中，不发生相变化，能量的转化效率高。

② 一般不需要投加其他物质，可节省原材料和化学药品。

③ 膜分离过程中，分离和浓缩同时进行，这样能回收有价值的物质。

④ 根据膜的选择透过性和膜孔径的大小，可将不同粒径的物质分开，这使物质得到纯化而又不改变其原有的属性。

⑤ 膜分离过程，不会破坏对热敏感和对热不稳定的物质，可在常温下得到分离。

⑥ 膜分离法适应性强，操作及维护方便，易于实现自动化控制。

二、渗析

有一种半渗透膜，它能允许水中或溶液中的溶质通过。用这种膜将浓度不同的溶液隔开，溶质即从浓度高的一侧透过膜而扩散到浓度低的一侧，这种现象称为渗析作用，也称扩散渗析、浓差渗析或扩散渗透。

渗析作用的推动力是浓度差，即依靠膜两侧溶液浓度差而引起溶质进行扩散分离。这个扩散过程进行得很慢，需时较长，当膜两侧的浓度达到平衡时，渗析过程即行停止。

废水处理中的渗析多采用离子交换膜，主要用于酸、碱的回收，回收率可达 70%～90%，但不能将它们浓缩。

现以酸洗钢铁废水回收硫酸为例介绍扩散渗析的原理。扩散渗析器中的薄膜全部为阴离子交换膜，如图 3-61 所示。含硫酸废水自下而上地进入 1、3、5、7 原液室，水自上而下地进入 2、4、6 回收室。原液室中含酸废水的 Fe^{2+}、H^+、SO_4^{2-} 浓度比回收室浓度高，虽然三种离子都有向两侧回收室的水中扩散的趋势，但由于阴离子交换膜的选择透过性，硫酸根离子易通过阴膜，而氢离子和亚铁离子难以通过。又由于回收室中 OH^- 离子浓度比原液室中的高，回收室中的 OH^- 通过阴膜而进入原液室，与原液室中的 H^+ 结合成水，结果从回收室下端流出的为硫酸，从原液室上端排出的主要是 $FeSO_4$ 残液。

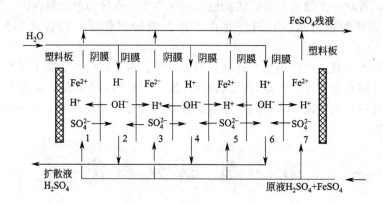

图 3-61　渗析原理示意图

三、电渗析

(一) 电渗析原理

电渗析的原理是在直流电场的作用下，依靠对水中离子有选择透过性的离子交换膜，使离子从一种溶液透过离子交换膜进入另一种溶液，以达到分离、提纯、浓缩、回收的目的。电渗析工作原理如图 3-62 所示。C 为阳离子交换膜，A 为阴离子交换膜（分别简称阳膜和阴膜），阳膜只允许阳离子通过，阴膜只允许阴离子通过。纯水不导电，而废水中溶解的盐类所形成的离子却是带电的，这些带电离子在直流电场作用下能做定向移动。以废水中的盐 NaCl 为例，当电流按图示方向流经电渗析器时，在直流电场的作用下，Na^+ 和 Cl^- 分别透过阳膜（C）和阴膜（A）离开中间隔室，而两端电极室中的离子却不能进入中间隔室，结果使中间隔室中 Na^+ 和 Cl^- 含量随着电流的通过而逐渐降低，最后达到要求的含量。在两旁隔室中，由于离子的迁入，溶液浓度逐渐升高而成为浓溶液。

(二) 电渗析器的组成

电渗析器由离子交换膜、隔板、电极组装而成。

1. 离子交换膜

离子交换膜是电渗析器的关键部分，离子交换膜具有与离子交换树脂相同的组成，含有活性基团和使离子透过的细孔，常用的离子交换膜按其选择透过性可分为阳膜、阴膜、复合膜等数种。阳膜含有阳离子交换基团，在水中交换基团发生离解，使膜上带有负电，能排斥

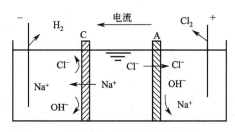

图 3-62　电渗析原理

水中的阴离子，吸引水中的阳离子并使其通过。阴膜含有阴离子交换基团，在水中离解出阴离子并使其通过。复合膜由一面阳膜和一面阴膜其间夹一层极细的网布做成，具有方向性的电阻。当阳膜面朝向负极，阴膜面朝向正极，正、负离子都不能透过膜，显示出很高的电阻。这时两膜之间的水分子离解成 H^+ 和 OH^-，分别进入膜两侧的溶液中。当膜的朝向与上述相反时，膜电阻降低，膜两侧相应的离子进入膜中。离子交换膜是由离子交换树脂做成的，具有选择透过性强、电阻低、抗氧化耐腐蚀性好，机械强度高、使用中不发生变形等性能。

2. 隔板

隔板是用塑料板做成的很薄的框，其中开有进出水孔，在框的两侧紧压着膜，使框中形成小室，可以通过水流。生产上使用的电渗析器由许多隔板和膜组成。

3. 电极

电极的作用是提供直流电，形成电场。常用的电极有：石墨电极，可作阴极或阳极；铅板电极，也可作阴极或阳极；不锈钢电极，只能作阴极；铅银合金电极，作阴极、阳极均可。

电渗析器的组装一般是将阴、阳离子交换膜和隔板交替排列，再配上阴、阳电极就能构成电渗析器。但电渗析器的组装依其应用而有所不同。一般可分为少室器和多室器两类。少室电渗析器只有一对或数对阴阳离子交换膜，而多室电渗析器则往往有几十对到几百对阴阳离子交换膜。

（三）电渗析在废水处理中的应用

在废水处理中，电渗析法可以有效地回收废水中的无机酸、碱、金属盐及有机电解质等，使废水净化。

图 3-63 为电渗析处理镀镍废液回收镍的流程。废液进入电渗析设备前须经过过滤等预处理，以去除其中的悬浮杂质及有机物，然后分别进入电渗析器。经电渗析处理后，浓水中镍的浓度增高，可以返回镀槽重复使用。淡水中镍浓度减少，可以返回水洗槽用作清洗水的补充水。用这种方法可以达到废水密闭循环的目的。

四、反渗透

（一）反渗透原理

1. 渗透和反渗透

有一种膜只允许溶剂通过而不允许溶质通过，如果用这种半渗透膜将盐水和淡水或两种浓度不同的溶液隔开，如图 3-64 所示，则可发现水将从淡水侧或浓度较低的一侧通过膜自动地渗透到盐水或浓度较高的溶液一侧，盐水体积逐渐增加，在达到某一高度后便自行停止，此时即达到了平衡状态。这种现象称为渗透作用。当渗透平衡时，溶液两侧液面的静水压差称为渗透压。如果在盐水面上施加大于渗透压的压力，则此时盐水中的水就会流向淡水侧，这种现象称为反渗透。

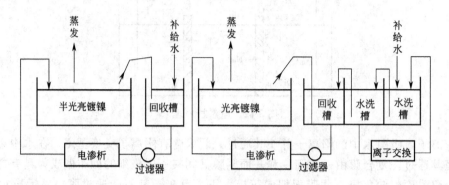

图 3-63　电渗析法回收含镍废水的工艺流程

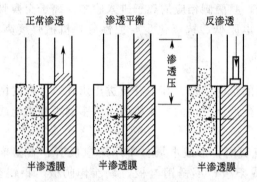

图 3-64　反渗透原理

任何溶液都具有相应的渗透压，但要有半渗透膜才能表现出来。渗透压与溶液的性质、浓度和温度有关，而与膜无关。

反渗透不是自动进行的，为了进行反渗透作用，就必须加压。只有当工作压力大于溶液的渗透压时，反渗透才能进行。在反渗透过程中，溶液的浓度逐渐增高，因此，反渗透设备的工作压力必须超过与浓水出口处浓度相应的渗透压。温度升高，渗透压增高，所以溶液温度的增高必须通过增加工作压力予以补偿。

2. 反渗透膜的透过机理

反渗透膜的透过机理，一般认为是选择性吸附-毛细管流机理，即认为反渗透膜是一种多孔性膜，具有良好的化学性质，当溶液与这种膜接触时，由于界面现象和吸附的作用，对水优先吸附或对溶质优先排斥，在膜面上形成一纯水层。被优先吸附在界面上的水以水流的形式通过膜的毛细管并被连续地排出。所以反渗透过程是界面现象和在压力下流体通过毛细管的综合结果。

反渗透膜的种类很多，目前在水处理中应用较多的是醋酸纤维素膜和芳香族聚酰胺膜。

（二）反渗透装置

反渗透装置有板框式、管式、螺卷式和中空纤维式四种。

1. 板框式反渗透装置

板框式反渗透装置的构造与压滤机相类似（图 3-65）。整个装置由若干圆板一块一块地重叠起来组成。圆板外环有密封圈支撑，使内部组成压力容器，高压水串流通过每块板。圆板中间部分是多孔性材料，用以支撑膜并引出被分离的水。每块板两面都装上反渗透膜，膜周边用胶黏剂和圆板外环密封。板框式装置上下安装有进水和出水管，使处理水进入和排出，板周边用螺栓把整个装置压紧。

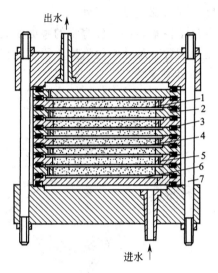

图 3-65 板框式反渗透装置

1—膜；2—水引出孔；3—橡胶密封圈；4—多孔性板；5—处理水通道；6—膜间流水道；7—双头螺栓

板框式反渗透装置结构简单，体积比管式的小，其缺点是装卸复杂、单位体积膜表面积小。

2. 管式反渗透装置

管式反渗透装置与多管热交换器相仿，如图 3-66 所示。它是将若干根直径 10～20mm、长 1～3m 的反渗透管状膜装入多孔高压管中，管膜与高压管之间衬以尼龙布以便透水。高压管常用铜管或玻璃钢管，管端部用橡胶密封圈密封，管两头有管箍和管接头以螺栓连接。

管式反渗透装置的特点是水力条件好，安装、清洗、维修比较方便，能耐高压，可以处理高黏度的原液；缺点是膜的有效面积小，装置体积大，而且两头需要较多的连接装置。

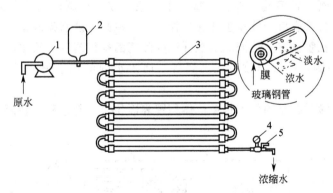

图 3-66 管式反渗透装置

1—高压水泵；2—缓冲器；3—管式组件；4—压力表；5—阀门

3. 螺卷式反渗透装置

它由平膜做成。在多孔的导水垫层两侧各贴一张平膜，膜的三个边与垫层用胶黏剂密封呈信封状，称为膜叶。将一个或多个膜叶的信封口胶接在接受淡水的穿孔管上，在膜与膜之间放置隔网，然后将膜叶绕淡水穿孔管卷起来便制成了圆筒状膜组件（图 3-67）。将一个或多个组件放入耐压管内便可制成螺卷式反渗透装置。工作时，原水沿隔网轴向流动，而通过膜的淡水则沿垫层流入多孔管，并从那里排出器外。

螺卷式反渗透装置的优点是结构紧凑，单位容积的膜面积大，所以处理效率高，占地面积小，操作方便。缺点是不能处理含有悬浮物的液体，原水流程短，压力损失大，浓水难以循环以及密封长度大，清洗、维修不方便。

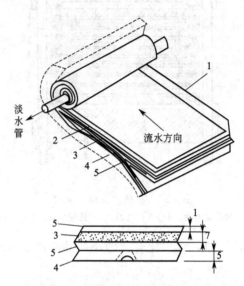

图 3-67 螺卷式组件（单位：mm）
1—原水流向；2—膜；3—淡水热层；4—隔网；5—膜

4. 中空纤维式反渗透装置

这是用中空纤维膜制成的一种反渗透装置。如图 3-68 所示即为其中的一种构造形式。中空纤维外径 $50\sim200\mu m$，内径 $25\sim42\mu m$，将其捆成膜束，膜束外侧覆以保护性格网，内部中间放置供分配原水用的多孔管，膜束两端用环氧树脂加固。将其一端切断，使纤维膜呈开口状，并在这一侧放置多孔支撑板。将整个膜束装在耐压圆筒内，在圆筒的两端加上盖板，其中一端为穿孔管进口，放置多孔支撑板的另一端则为淡水排放口。高压原水从穿孔管的一端进入，由穿孔管侧壁的孔洞流出在纤维膜际间的空隙流动，淡水渗入纤维膜内，汇流到多孔支撑板的一侧，通过排放口流出器外，而浓水则汇集于另一端，通过浓水排放口排出。

中空纤维式反渗透装置的优点是单位体积膜表面积大，制造和安装简单，不需要支撑物

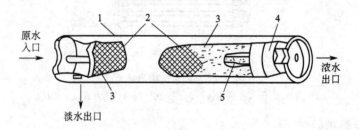

图 3-68 中空纤维膜装置
1—外壳；2—隔网；3—中空纤维膜；4—环氧树脂；5—原水分布多孔管

等。缺点是不能用于处理含有悬浮物的废水，预先必须经过过滤处理，另外难以发现损坏的膜。

（三）反渗透工艺组合方式

为了满足不同水处理对象对溶液分离技术的要求，实际工程中常将组件进行多种组合。组件的组合方式有一级和多级（一般为二级）。在各个级别中又分为一段和多段。一级是指一次加压的膜分离过程，多级是指进料必须经过多次加压的分离过程。反渗透常用如图3-69所示的组合方式。

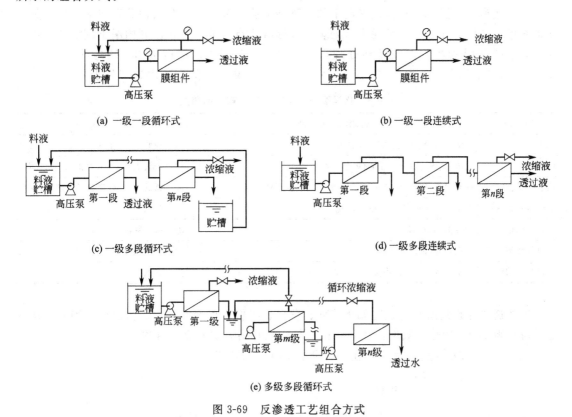

图 3-69　反渗透工艺组合方式

（四）膜清洗工艺

膜运行一段时间后就会出现膜污染，直接结果就是膜通量下降。解决膜污染最直接的办法就是膜清洗。膜的清洗工艺分为物理法和化学法两大类。

物理法又可分为水力清洗、水气混合冲洗、逆流清洗及海绵球清洗。水力清洗主要采用减压后高速的水力冲洗以去除膜面污染物。水气混合冲洗是借助气液与膜面发生剪切作用而消除极化层。逆流清洗是在卷式或中空纤维式组件中，将反向压力施加于支撑层，引起膜透过液的反向流动，以松动和去除膜进料侧活化层表面污染物。海绵球清洗是依靠水力冲击使直径稍大于管径的海绵球流经膜面，以去除膜表面的污染物，但此法仅限于在内压管式组件中使用。

化学清洗技术就是利用化学药品或其他水溶液清除物体表面污垢的方法。化学清洗利用的是化学药品的反应能力，具有作用强烈、反应迅速的特点。化学药品通常都是配成水溶液形式使用，由于液体有流动性好、渗透力强的特点，容易均匀分布到所有清洗表面，所以适合清洗形状复杂的物体，而不至于产生清洗不到的死角。

化学清洗的缺点是如果化学清洗液选择不当，会对清洗物体造成腐蚀破坏、造成损失。化学清洗产生的废液排放会造成对环境的污染，因此化学清洗必须配备废水处理装置。另外，化学药剂操作处理不妥时会对工人的健康、安全造成危害。

化学清洗的种类很多，按化学清洗剂的种类可分为碱清洗、酸清洗、表面活性剂清洗、络合剂清洗、聚电解质清洗、消毒剂清洗、有机溶剂清洗、复合型药剂清洗和酶清洗等。化学清洗的主要方法、药剂和用途见表 3-8。

（五）反渗透在废水处理中的应用

反渗透是 20 世纪 60 年代发展起来的一种新的膜分离技术，与其他分离技术相比，具有设备简单、操作方便、能量消耗少、处理效果好等优点。近年来，已开始用于废水的三级处理和废水中有用物质的回收，当处理压力为 $1.5 \sim 10\text{MPa}$、温度为 $25℃$ 时，Na^+、K^+、NH_4^+、Cr^{6+}、Fe^{3+}、Al^{3+}、Cr^{3+}、CN^-、SO_4^{2-} 等离子去除率可达 96％以上。

表 3-8　化学清洗的主要方法、药剂和用途

清洗方法	使用的主要药剂	主　要　用　途
碱洗	氢氧化钠、碳酸钠、磷酸钠、硅酸钠	除去油脂、二氧化硅垢
酸洗	盐酸、硝酸、硫酸、氨基磺酸、氢氟酸	除去金属氧化物、水垢和二氧化硅垢
络合剂清洗	聚磷酸盐、柠檬酸、乙二胺四乙酸、HEDP、ATMP、氨	除去铁的氧化物、碳酸钙和硫酸钙垢
表面活性剂清洗	低泡型非离子表面活性剂、乳化剂	除去油脂
消毒剂清洗	次氯酸钠、双氧水	除去微生物污泥、有机物
聚电解质清洗	聚丙烯酸、聚丙烯酰胺	除去碳酸钙垢和硫酸钙垢
有机溶剂清洗	三氯乙烷、乙二醇、甲醛	除去有机污垢

反渗透法处理溶解性有机物如葡萄糖、蔗糖、染料、可溶性淀粉、蛋白质、细菌与病毒等，可获得 100％的分离效率，达到净化水与回收有用物质的双重目的。

如图 3-70 所示为反渗透法处理电镀废水的典型工艺流程。

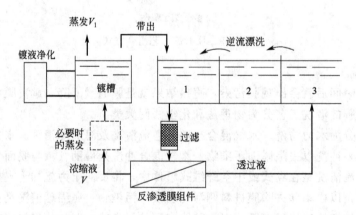

图 3-70　反渗透法处理电镀废水工艺流程

反渗透法处理镀镍废水，在我国已被广泛采用，组件多采用内压管式或卷式。采用内压管式组件，在操作压力为 2.7MPa 左右时，Ni^{2+} 分离率为 97.2％～97.7％，水通量为 $0.4\text{m}^3/(\text{m}^2 \cdot \text{d})$，镍回收率大于 99％。根据电镀槽规模不同，反渗透装置的投资可在 7～20 个月内收回。

五、超过滤

1. 超过滤工作原理概述

超过滤简称超滤，用于去除废水中大分子物质和微粒。超滤之所以能够截留大分子物质和微粒，其机理是：膜表面孔径的机械筛分作用，膜孔阻塞、阻滞作用和膜表面及膜孔对杂质的吸附作用。而一般认为主要是筛分作用。

超滤工作原理如图 3-71 所示。在外力的作用下，被分离的溶液以一定的流速沿着超滤膜表面流动，溶液中的溶剂和低分子物质、无机离子，从高压侧透过超滤膜进入低压侧，并作为滤液而排出；而溶液中的高分子物质、胶体微粒及微生物等被超滤膜截留，溶液被浓缩并以浓缩液形式排出。由于它的分离机理主要是借机械筛分作用，膜的化学性质对膜的分离特性影响不大，因此可用微孔模型表示超滤的传质过程。

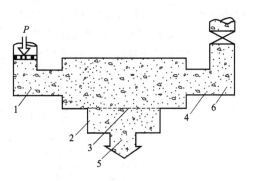

图 3-71　超过滤的原理

1—超过滤进口溶液；2—超过滤透过膜的溶液；
3—超过滤膜；4—超过滤出口溶液；5—透过超过滤膜的物质；6—被超过滤膜截留下的物质

超滤与反渗透的共同点在于，两种过程的动力同是溶液的压力，在溶液的压力下，溶剂的分子通过薄膜，而溶解的物质阻滞在隔膜表面上。两者的区别在于，超过滤所用的薄膜（超滤膜）较疏松，透水量大，除盐率低，用以分离高分子和低分子有机物以及无机离子等，能够分离的溶质分子至少要比溶剂分子大 10 倍，在这种系统中渗透压已经不起作用了。超过滤的去除机理主要是筛滤作用，超过滤的工作压力低（0.07～0.7MPa）。反渗透所用的薄膜（反渗透膜）致密，透水量低，除盐率高，具有选择透过能力，用以分离分子大小大致相同的溶剂和溶质，所需的工作压力高（大于 2.8MPa），其去除机理，在反渗透膜上的分离过程伴随有半透膜、溶解物质和溶剂之间复杂的物理化学作用。

2. 超滤膜和膜组件

超滤膜有多种，最常用的是二醋酸纤维素膜和聚砜膜。

（1）二醋酸纤维素膜　可以根据截留的相对分子质量不同而成为一个膜系列，膜孔径大小和制膜组分间的配比与成膜条件有关。例如截留相对分子质量为 1000 左右的膜，它的制膜组分在二醋酸纤维素、丙酮、甲酰胺之间的质量分数分别为 16.3%、44.5%、39.2%。其成膜工艺与反渗透膜相似，它在凝胶成型后不需再进行热处理。

（2）聚砜膜　具有良好的化学稳定性和热稳定性。这种膜也有多种孔径，该膜的制膜液由聚砜树脂、二甲基甲酰胺和乙二醇甲醚组成。

超滤的膜组件和反渗透组件一样，可分为板式、管式（包括内压管式和外压管式）、卷式和中空纤维组件等，这些组件我国均有产品。

3. 超滤的影响因素

（1）料液流速　提高料液流速虽然对减缓浓差极化、提高透过通量有利，但需提高料液压力，增加能耗。一般素流体系中流速控制在 1～3m/s。

（2）操作压力　超滤膜透过通量与操作压力的关系取决于膜和凝胶层的性质。一般操作压力为 0.5～0.6MPa。

（3）温度　操作温度主要取决于所处理物料的化学、物理性质。由于高温可降低料液的黏度，增加传质效率，提高透过通量，因此应在允许的最高温度下进行操作。

（4）运行周期　随着超滤过程的进行，在膜表面逐渐形成凝胶层，使透过通量逐步下降，当通量达到某一最低数值时，就需要进行清洗，这段时间称为一个运行周期。运行周期的变化与清洗情况有关。

（5）进料浓度　随着超滤过程的进行，主体液流的浓度逐渐增高，此时黏度变大，使凝胶层厚度增大，从而影响透过通量。因此对主体液流应定出最高允许浓度。

4. 超过滤法在废水处理中的应用

超过滤法在染料废水、电泳漆废水、生活污水、造纸废水、含乳化油废水等处理中均得到应用。图 3-72 为用超滤法和反渗透法处理含油废水的工艺流程图。

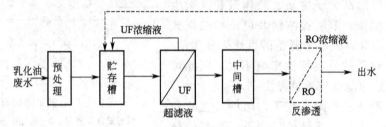

图 3-72　超过滤（或与反渗透联合）处理乳化油废水工艺

乳化油废水在超滤前需进行预处理，例如从金属加工过程排出的废水中还含有大量的金属和其他杂质，为防止这些杂质对膜的损害和污染，需进行预处理。常用的方法有离心分离、混凝沉淀、过滤等，视具体水质而定。超滤分离浓缩乳化油的过程中，随着浓度的提高，废水中油粒相互碰撞的机会增大，使油粒粗粒化，在贮存槽表面形成浮油得到回收。超滤法可将含乳化油 0.8％～1.0％ 的废水的含油量浓缩到 10％，必要时可浓缩到50％～60％。

第四章 活性污泥法

第一节 活性污泥法基本原理

一、活性污泥法基本概念与流程

活性污泥法是以活性污泥为主体的污水生物处理技术。活性污泥主要由大量繁殖的微生物群体所构成，它易于沉淀与水分离，并能使污水得到净化、澄清。

如图 4-1 所示为活性污泥法处理系统的基本流程。系统是以活性污泥反应器——曝气池作为核心处理设备，此外还有二次沉淀池、污泥回流系统和曝气与空气扩散系统。

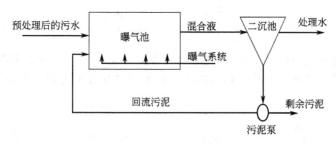

图 4-1 活性污泥法的基本流程系统（传统活性污泥法系统）

在投入正式运行前，在曝气池内必须进行以污水作为培养基的活性污泥培养与驯化工作。经初次沉淀池或水解酸化装置处理后的污水从一端进入曝气池，与此同时，从二次沉淀池连续回流的活性污泥作为接种污泥，也与此同一步进入曝气池。曝气池内设有空气管和空气扩散装置。由空压机站送来的压缩气，通过铺设在曝气池底部的空气扩散装置对混合液曝气，使曝气池内混合液得到充足的氧气并处于剧烈搅动的状态。活性污泥与污水互相混合、充分接触，使废水中的可溶性有机污染物被活性污泥吸附，继而被活性污泥的微生物群体降解，使废水得到净化。完成净化过程后，混合液流入二沉池，经过沉淀，混合液中的活性污泥与已被净化的废水分离，处理水从二沉池排放，活性污泥在沉淀池的污泥区受重力浓缩，并以较高的浓度由二沉池的吸刮泥机收集流入回流污泥集泥池，再由回流泵连续不断地回流污泥，使活性污泥在曝气池和二沉池之间不断循环，始终维持曝气池中混合液的活性污泥浓度，保证来水得到持续的处理。微生物在降解 BOD 时，一方面产生 H_2O 和 CO_2 等代谢产物；另一方面自身不断增殖，系统中出现剩余污泥，需要向外排泥。

二、活性污泥

1. 活性污泥的组成

活性污泥是活性污泥处理系统中的主体作用物质。正常的处理城市污水的活性污泥的外观为黄褐色的絮绒颗粒状，粒径为 $0.02\sim0.2mm$，单位表面积可达 $2\sim10m^2/L$，相对密度为 $1.002\sim1.006$，含水率在 99% 以上。

在活性污泥上栖息着具有强大生命力的微生物群体。这些微生物群体主要由细菌和原生动物组成，也有真菌和以轮虫为主的后生动物。

活性污泥的固体物质含量仅占 1% 以下，由四部分组成：①具有活性的生物群体

（M_a）；②微生物自身氧化残留物（M_e），这部分物质难以生物降解；③原污水中不能为微生物降解的惰性有机物质（M_i）；④原污水挟入并附着在活性污泥上的无机物质（M_{ii}）。

2. 活性污泥微生物及其在活性污泥反应中的作用

细菌是活性污泥净化功能最活跃的成分，污水中可溶性有机污染物直接为细菌所摄取，并被代谢分解为无机物，如 H_2O 和 CO_2 等。如图 4-2 所示为各种丝状细菌。

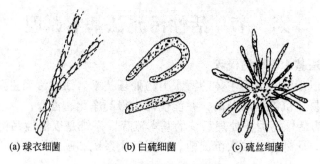

(a) 球衣细菌　　　(b) 白硫细菌　　　(c) 硫丝细菌

图 4-2　各种丝状细菌

（菌丝从菌胶团中伸出）

活性污泥处理系统中的真菌是微小腐生或寄生的丝状菌，这种真菌具有分解碳水化合物、脂肪、蛋白质及其他含氮化合物的功能，但若大量异常地增殖会引发污泥膨胀现象。如图 4-3 所示为各种真菌。

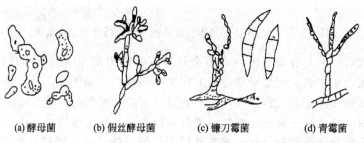

(a) 酵母菌　　(b) 假丝酵母菌　　(c) 镰刀霉菌　　(d) 青霉菌

图 4-3　各种真菌

在活性污泥中存活的原生动物有肉足虫、鞭毛虫和纤毛虫三类，最常见的纤毛类原生动物是钟虫，见图 4-4，其他纤毛虫见图 4-5。原生动物的主要摄食对象是细菌，因此，活性污泥中的原生动物能够不断地摄食水中的游离细菌，起到进一步净化水质的作用。原生动物是活性污泥系统中的指示性生物，当活性污泥中出现原生动物，如钟虫、等枝虫、独缩虫、聚缩虫和盖纤虫等，说明处理水水质良好。

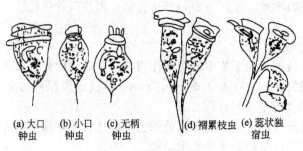

(a) 大口　(b) 小口　(c) 无柄　　　(d) 褶累枝虫　(e) 蕊状独
钟虫　　钟虫　　钟虫　　　　　　　　　　宿虫

图 4-4　各种形式的钟虫

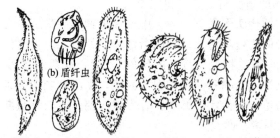

(a) 漫游虫 (c) 草履虫 (d) 肾形虫 (e) 豆形虫 (f) 尖毛虫 (g) 裂口虫

(b) 盾纤虫

图 4-5 其他纤毛虫

后生动物（主要指轮虫）捕食原生动物，在活性污泥系统中是不经常出现的，仅在处理水质优异的完全氧化型的活性污泥系统，如延时曝气活性污泥系统中才出现，因此，轮虫出现是水质非常稳定的标志。如图 4-6 所示为几种后生动物。

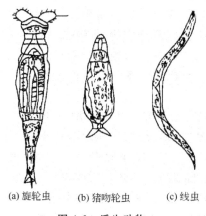

(a) 旋轮虫　　　　(b) 猪吻轮虫　　　　(c) 线虫

图 4-6 后生动物

在活性污泥处理系统中，净化污水的第一承担者也是主要承担者是细菌，而摄食处理中游离细菌，使污水进一步净化的原生动物则是污水净化的第二承担者。

原生动物摄取细菌，是活性污泥生态系统的首次捕食者。后生动物摄食原生动物，则是生态系统的第二次捕食者。

三、活性污泥净化污水的过程与活性污泥的增长

1. 活性污泥净化污水的过程

活性污泥净化污水主要通过三个阶段来完成。在第一阶段，污水主要通过活性污泥的吸附作用而得到净化。吸附作用进行得十分迅速，一般在 30min，BOD_5 的除率可高达 70%。同时还具有部分氧化作用，但吸附是主作用。

第二阶段，也称氧化阶段，主要是继续分解氧化前阶段被吸和吸收的有机物，同时继续吸附一些残余的溶解物质。这个阶段进行得相当缓慢。实际上，曝气池的大部分容积都用于有机物的氧化和微生物细胞物质的合成。氧化作用在污泥同有机物开始接触时进行得最快，随着有机物逐渐被消耗掉，氧化速率逐渐降低。因此如果曝气过分，活性污泥进入自身氧化阶段时间过长，回流污泥进入曝气池后初期所具有的吸附去除效果就会降低。

第三阶段是泥水分离阶段，在这一阶段中，活性污泥在二沉池中进行沉淀分离，只有将活性污泥从混合液中去除才能实现污水的完全净化处理。

2. 活性污泥微生物的增殖与活性污泥的增长

在活性污泥微生物的代谢作用下，污水中的有机物得到降解、去除，与此同步产生的则是活性污泥微生物本身的增殖和随之而来的活性污泥的增长。控制污泥增长的至关重要的因素是有机底物量（F）与微生物量（M）的比值 F/M，也即活性污泥的有机负荷。同时与有机底物降解速率、氧利用速率和活性污泥的凝聚、吸附性能等因素有关。

活性污泥微生物增殖与活性污泥的增长分为适应期、对数增殖期、减衰增殖期和内源呼吸期。图 4-7 为活性污泥增长曲线。

（1）适应期　亦称延迟期或调整期。这是活性污泥培养的最初阶段，微生物不增殖但在质的方面却开始出现变化，如个体增大，酶系统逐渐适应新的环境。在本阶段后期，酶系统对新的环境已基本适应，个体发育达到了一定的程度，细胞开始分裂，微生物开始增殖。

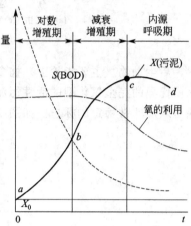

图 4-7　活性污泥增长曲线

（2）对数增殖期　有机底物非常丰富，F/M 值很高，微生物以最大速率摄取有机底物和自身增殖。活性污泥的增长与有机底物浓度无关，只与生物量有关。在对数增长期，活性污泥微生物的活动能力很强，不易凝聚，沉淀性能欠佳，虽然去除有机物速率很高，但污水中存留的有机物依然很多。

（3）减衰增殖期　有机底物已不甚丰富，F/M 值较低，已成为微生物增殖的控制因素，活性污泥的增长与残存的有机底物浓度有关，呈一级反应，氧的利用速率也明显降低。由于能量水平低，活性污泥絮凝体形成较好，沉淀性能提高，污水水质改善。

（4）内源呼吸期　又称衰亡期。营养物质基本耗尽，F/M 值降至很低程度。微生物由于得不到充足的营养物质，而开始利用自身体内储存的物质或衰死菌体，进行内源代谢以营生理活动。在此期，多数细菌进行自身代谢而逐步衰亡，只有少数微生物细胞继续裂殖，活菌体数大为下降，增殖曲线呈显著下降趋势。

四、活性污泥性能指标

活性污泥性能指标主要有两类：一类是表示混合液中活性污泥微生物量的指标；另一类是表示活性污泥沉降性能的指标。

1. 表示混合液中活性污泥微生物量的指标

这类指标主要有混合液悬浮固体浓度 MLSS 和混合液挥发性悬浮固体浓度 MLVSS。

（1）混合液悬浮固体浓度（MLSS）　又称混合液污泥浓度，它表示的是在曝气池单位容积混合液内所包含的活性污泥固体物的总质量，即：

$$MLSS = M_a + M_e + M_i + M_{ii}$$

单位为 mg/L 混合液、g/L 混合液、g/m^3 混合液或 kg/m^3 混合液。

由于 M_a 只占其中一部分，因此，用 MLSS 表征活性污泥微生物量存在一些误差。但 MLSS 容易测定，且在一定条件下，M_a 在 MLSS 中所占比例较为固定，故为常用。

（2）混合液挥发性悬浮固体浓度（MLVSS）　表示混合液活性污泥中有机固体物质的浓度，即：

$$MLVSS = M_a + M_e + M_i$$

MLVSS 能够较准确地表示微生物数量，但其中仍包括 M_e 及 M_i 等惰性有机物质。因此，也不能精确地表示活性污泥微生物量，它表示的仍然是活性污泥量的相对值。

MLSS 和 MLVSS 都是表示活性污泥中微生物量的相对指标，MLVSS/MLSS 在一定条件下较为固定，对于城市污水，该值在 0.75 左右。

2. 表示活性污泥沉降性能的指标

这类指标主要有污泥沉降比 SV 和污泥容积指数 SVI。

（1）污泥沉降比（SV）　又称 30min 沉淀率。混合液在量筒内静置 30min 后所形成的沉淀污泥与原混合液的体积比，以％表示。

污泥沉降比（SV）能够反映正常运行曝气池的活性污泥量，可用以控制、调节剩余污泥的排放量，还能通过它及时地发现污泥膨胀等异常现象。处理城市污水一般将 SV 控制在 20％～30％之间。

（2）污泥容积指数（SVI）　简称污泥指数。指曝气池出口处混合液经 30min 静沉后，1g 干污泥所形成的沉淀污泥所占有的容积，以 mL 计。

污泥容积指数 SVI 的计算式为：

$$SVI=\frac{混合液（1L）30min\,静沉形成的活性污泥容积（mL）}{混合液（1L）中悬浮固体干重（g）}=\frac{SV\times10（mL/L）}{MLSS（g/L）}$$

SVI 的单位为 mL/g，习惯上只称数字，而把单位略去。

SVI 较 SV 更好地反映了污泥的沉降性能，其值过低，说明活性污泥无机成分多，泥粒细小密实。过高又说明污泥沉降性能不好。城市污水处理的 SVI 值介于 50～150 之间。

3. 污泥龄（θ_c）

污泥龄是曝气池中工作着的活性污泥总量与每日排放的剩余污泥量之比值，单位是日。在运行稳定时，剩余污泥量也就是新增长的污泥量，因此污泥龄也就是新增长的污泥在曝气池中平均停留时间，或污泥增长一倍平均所需要的时间。

五、活性污泥法影响因素

1. 溶解氧

活性污泥法是需氧的好氧过程。对于传统活性污泥法，氧的最大需要出现在污水与污泥开始混合的曝气池首端，常供氧不足。供氧不足会出现厌氧状态，妨碍正常的代谢过程，滋长丝状菌。供氧多少一般用混合液溶解氧的浓度控制。由于活性污泥絮凝体的大小不同，所需要的最小溶解氧浓度也就不一样，絮凝体越小，与污水的接触面积越大，也越宜于对氧的摄取，所需要的溶解氧浓度就小；反之絮凝体大，则所需的溶解氧浓度就大。为了使沉淀分离性能良好，较大的絮凝体是所期望的，因此，溶解氧浓度以 2mg/L 左右为宜。

2. 营养物质平衡

参与活性污泥处理的微生物，在其生命活动过程中，需要不断地从其周围环境的污水中吸取其所必需的营养物质，这里包括碳源、氮源、无机盐类及某些生长素等。碳是构成微生物细胞的重要物质，参与活性污泥处理的微生物对碳源的需求量较大，一般如以 BOD_5 计不应低于 100mg/L；氮是组成微生物细胞内蛋白质和核酸的重要元素；微生物对无机盐类的需求量很少，但却是不可少的；磷是合成核蛋白、卵磷脂及其他磷化合物的重要元素，它在微生物的代谢和物质转化过程中起着重要的作用，待处理的污水中必须充分地含有这些物质。生活污水含有微生物所需要的各种元素，但某些工业废水却缺乏一些关键的元素——氮、磷等。对氮、磷的需要量应满足以下比例，即 BOD∶N∶P＝100∶5∶1。

3. pH 值

对于好氧生物处理，pH 值一般以 6.5～9.0 为宜。pH 值低于 6.5，真菌即开始与细菌竞争，降低到 4.5 时，真菌则将完全占优势，严重影响沉淀分离；pH 值超过 9.0 时，代谢速度受到障碍。对于活性污泥法，其 pH 值是指混合液而言。对于碱性废水，生化反应可以起缓冲作用；对于以有机酸为主的酸性废水，生化反应也可起缓冲作用。而且如果在驯化过程中将 pH 值因素考虑进去，活性污泥也可以逐渐适应。对于出现冲击负荷，pH 值急变时，则将给活性污泥以严重打击，净化效果将急剧恶化。在这种情况下，完全混合活性污泥法则有较大的优越性。为了使污水处理装置稳定运行，应避免 pH 值急变冲击，酸碱废水在进行生化处理前应进行预处理，将 pH 调节到适宜范围。

4. 水温

水温是影响微生物生长活动的重要因素。城市污水在夏季易于进行生物处理，而在冬季净化效果则降低，水温的下降是其主要原因。在微生物酶系统不受变性影响的温度范围内，水温上升会使微生物活动旺盛，能够提高反应速度。此外，水温上升还有利于混合、搅拌、沉淀等物理过程，但不利于氧的转移。对于生化过程，一般认为水温在 20～30℃ 时效果最好，35℃ 以上和 10℃ 以下净化效果即行降低。因此，对高温工业废水要采取降温措施；对寒冷地区的污水，则应采取必要的保温措施。目前对于小型生物处理装置，一般采取建在室内的措施加以保温；对于大型污水处理厂，如水温能维持在 6～7℃，采取提高污泥浓度和降低污泥负荷率等措施，活性污泥仍能有效地发挥其净化功能。

5. 有毒物质

对生物处理有毒害作用的物质很多。毒物大致可分为重金属、H_2S 等无机物质和苯酚等有机物质。这些物质对细菌的毒害作用，或是破坏细菌细胞某些必要的生理结构，或是抑制细菌的代谢进程。毒物的毒害作用还与 pH 值、水温、溶解氧、有无其他毒物、微生物的数量和是否驯化等有很大关系。

第二节　活性污泥法处理工艺

一、传统活性污泥法

传统活性污泥法又称普通活性污泥法或推流式活性污泥法，是最早成功应用的运行方式，其他活性污泥法都是在其基础上发展而来的。曝气池呈长方形，污水和回流污泥一起从曝气池的首端进入，在曝气和水力条件的推动下，污水和回流污泥的混合液在曝气池内呈推流形式流动至池的末端，流出池外进入二沉池。在二沉池中处理后的污水与活性污泥分离，部分污泥回流至曝气池，部分污泥则作为剩余污泥排出系统。推流式曝气池一般建成廊道型，为避免短路，廊道的长宽比一般不小于 5：1，根据需要，有单廊道、双廊道或多廊道等形式。曝气方式可以是机械曝气，也可以采用鼓风曝气。其基本流程见图 4-8。

传统活性污泥法的特征是曝气池前段液流和后段液流不发生混合，污水浓度自池首至池尾呈逐渐下降的趋势，需氧率沿池长逐渐降低。因此有机物降解反应的推动力较大，效率较高。曝气池需氧率沿池长逐渐降低，尾端溶解氧一般处于过剩状态，在保证末端溶解氧正常的情况下，前段混合液中溶解氧含量可能不足。

(1) 优点　①处理效果好，BOD 去除率可达 90% 以上。适用于处理净化程度和稳定程度较高的污水。②根据具体情况，可以灵活调整污水处理程度的高低。③进水负荷升高时，可通过提高污泥回流比的方法予以解决。

(2) 缺点　①曝气池首端有机污染物负荷高，耗氧速度也高，为了避免由于缺氧形成厌氧状态，进水有机物负荷不宜过高，因此，曝气池容积大，占用的土地较多，基建费用高；

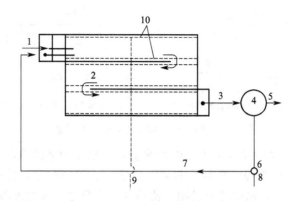

图 4-8 传统活性污泥法系统

1—经预处理后的污水；2—活性污泥反应器——曝气池；3—从曝气池流出的混合液；
4—二次沉淀池；5—处理后污水；6—污泥泵站；7—回流污泥系统；8—剩余污泥；
9—来自空压机站的空气；10—曝气系统与空气扩散装置

②为避免曝气池首端混合液处于缺氧或厌氧状态，进水有机负荷不能过高，因此曝气池容积负荷一般较低；③曝气池末端有可能出现供氧速率大于需氧速率的现象，动力消耗较大；④对进水水质、水量变化的适应性较低，运行效果易受水质、水量变化的影响。

二、阶段曝气活性污泥法

也称分段进水活性污泥法或多段进水活性污泥法，是针对传统活性污泥法存在的弊端进行了一些改革的运行方式。本工艺与传统活性污泥法的主要不同点是污水沿池长分段注入，使有机负荷在池内分布比较均衡，缓解了传统活性污泥法曝气池内供氧速率与需氧速率存在的矛盾。曝气方式一般采用鼓风曝气。阶段曝气法基本流程见图 4-9。

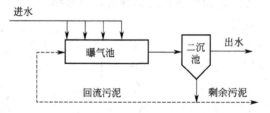

图 4-9 阶段曝气法流程示意图

阶段曝气活性污泥法于 1939 年在美国纽约开始应用，迄今已有 60 多年的历史，应用广泛，效果良好。阶段曝气活性污泥法具有如下特点。

① 曝气池内有机污染物负荷及需氧率得到均衡，一定程度上缩小了耗氧速度与充氧速度之间的差距，有助于能耗的降低，活性污泥微生物的降解功能也得以正常发挥。

② 污水分散均衡注入，提高了曝气池对水质、水量冲击负荷的适应能力。

③ 混合液中的活性污泥浓度沿池长逐步降低，出流混合液的污泥较低，减轻了二次沉淀池的负荷，有利于提高二次沉淀池固、液分离效果。

④ 阶段曝气活性污泥法分段注入曝气池的污水，不能与原混合液立即混合均匀，会影响处理效果。

三、吸附-再生活性污泥法

吸附-再生活性污泥法又称生物吸附法或接触稳定法。本工艺在 20 世纪 40 年代后期出现在美国，其工艺流程如图 4-10 所示。

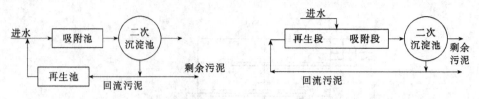

（a）分建式吸附-再生活性污泥处理系统　　　（b）合建式吸附-再生活性污泥处理系统

图 4-10　吸附-再生活性污泥法流程示意图

吸附-再生活性污泥法主要是利用微生物的初期吸附作用去除有机污染物，其主要特点是将活性污泥对有机污染物降解的两个过程——吸附和代谢稳定，分别在各自反应器内进行。吸附池的作用是吸附污水中的有机物，使污水得到净化。再生池的作用是对污泥进行再生，使其恢复活性。

吸附-再生活性污泥法的工作过程是：污水和经过充分再生、具有很高活性的活性污泥一起进入吸附池，两者充分混合接触 $15\sim60min$ 后，使部分呈悬浮、胶体和溶解状态的有机污染物被活性污泥吸附，污水得到净化。从吸附池流出的混合液直接进入二沉池，经过一定时间的沉淀后，澄清水排放，污泥则进入再生池进行生物代谢活动，使有机物降解，微生物进入内源代谢期，污泥的活性、吸附功能得到充分恢复后，再与污水一起进入吸附池。

吸附-再生活性污泥法虽然分为吸附和再生两个部分，但污水与活性污泥在吸附池的接触时间较短，吸附池容积较小，而再生池接纳的只是浓度较高的回流污泥，因此再生池的容积也不大，吸附池与再生池的容积之和仍低于传统活性污泥法曝气池的容积。

吸附-再生活性污泥法回流污泥量大，且大量污泥集中在再生池，当吸附池内活性污泥受到破坏后，可迅速引入再生池污泥予以补救，因此具有一定的冲击负荷适应能力。

由于该方法主要依靠微生物的吸附去除污水中的有机污染物，因此，去除率低于传统活性污泥法，而且不宜用于处理溶解性有机污染物含量较多的污水。

四、完全混合活性污泥法

完全混合活性污泥法与传统活性污泥法最不同的地方是采用了完全混合式曝气池。其特征是污水进入曝气池后，立即与回流污泥及池内原有混合液充分混合，池内混合液的组成，包括活性污泥数量及有机污染物的含量等均匀一致，而且池内各个部位都是相同的。曝气方式多采用机械曝气，也有采用鼓风曝气的。完全混合活性污泥法的曝气池与二沉池可以合建，也可以分建，比较常见的是合建式圆形池。图 4-11 为完全混合活性污泥法的工艺流程图。

由于完全混合活性污泥法能够使进水与曝气池内的混合液充分混合，水质得到稀释、均化，曝气池内各部位的水质、污染物的负荷、有机污染物降解情况等都相同。因此，完全混合活性污泥法具有以下特点。

① 进水在水质、水量方面的变化对活性

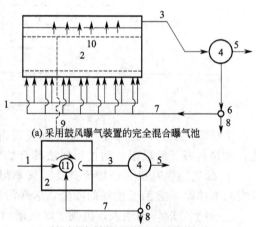

（a）采用鼓风曝气装置的完全混合曝气池

（b）采用表面机械曝气器的完全混合曝气池

图 4-11　完全混合活性污泥法的工艺流程图

1—经预处理后的污水；2—完全混合曝气池；3—由曝气池流出的混合液；4—二次沉淀池；5—处理后污水；6—污泥泵站；7—回流污泥系统；8—排放出系统的剩余污泥；9—来自空压机站的空气管道；10—曝气系统及空气扩散装置；11—表面机械曝气器

污泥产生的影响较小，也就是说这种方法对冲击负荷适应能力较强。

② 有可能通过对污泥负荷值的调整，将整个曝气池的工况控制在最佳条件，使活性污泥的净化功能得以良好发挥。在处理效果相同的条件下，其负荷率高于推流式曝气池。

③ 曝气池内各个部位的需氧量相同，能最大限度地节约动力消耗。

完全混合活性污泥法容易产生污泥膨胀现象，处理水质在一般情况下低于传统的活性污泥法。这种方法多用于工业废水的处理，特别是浓度较高的工业废水。

五、延时曝气活性污泥法

延时曝气活性污泥法又称完全氧化活性污泥法，20 世纪 50 年代初期在美国得到应用。其主要特点是有机负荷率较低，活性污泥持续处于内源呼吸阶段，不但去除了水中的有机物，而且氧化部分微生物的细胞物质，因此剩余污泥量极少，无须再进行消化处理。延时曝气活性污泥法实际上是污水好氧处理与污泥好氧处理的综合构筑物。

在处理工艺方面，这种方法不用设初沉池，而且理论上也不用设二沉池，但考虑到出水中含有一些难降解的微生物内源代谢的残留物，因此，实际上二沉池还是存在的。

延时曝气活性污泥法处理出水水质好，稳定性高，对冲击负荷有较强的适应能力。另外，这种方法的停留时间较长，可以实现氨氮的硝化过程，即达到去除氨氮的目的。

本工艺的不足是曝气时间长，占地面积大，基建费用和运行费用都较高。另外，进入二沉池的混合液因处于过氧化状态，出水中会含有不易沉降的活性污泥碎片。

延时曝气活性污泥法只适用于对处理水质要求较高、不宜建设污泥处理设施的小型生活污水或工业废水，处理水量不宜超过 $1000m^3/d$。

六、AB 两段活性污泥法

1. 基本流程与工艺特征

AB 法是吸附-生物降解工艺的简称，是德国亚琛工业大学宾克教授于 20 世纪 70 年代开创的，其工艺流程如图 4-12 所示。

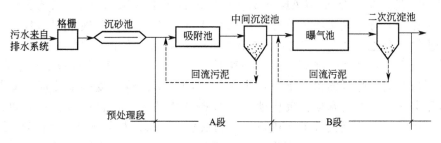

图 4-12　AB 法污水处理工艺流程

AB 工艺由预处理段和以吸附作用为主的 A 段、以生物降解作用为主的 B 段组成。在预处理段只设格栅、沉砂池等简易处理设备，不设初沉池。A 段由 A 段曝气池与沉淀池构成，B 段由 B 段曝气池与二沉池构成。A、B 两段虽然都是生物处理单元，但两段完全分开，各自拥有独立的污泥回流系统和各自独特的微生物种群。污水先进入高负荷的 A 段，再进入低负荷的 B 段。

A 段可以根据原水水质等情况的变化采用好氧或缺氧运行方式；B 段除了可以采用普通活性污泥法外，还可以采用生物膜法、氧化沟法、SBR 法、A/O 法或 A^2/O 法等多种处理工艺。

2. A 段的效应与作用

① 由于本工艺不设初沉池，使 A 段能够充分利用经排水系统优选的微生物种群，培育、

驯化、诱导出与原污水适应的微生物种群。

②A段负荷高，为增殖速度快的微生物种群提供了良好的环境条件。在A段能够成活的微生物种群，只能是抗冲击负荷能力强的原核细菌，而原生动物和后生动物则不能存活。

③A段污泥产率高，并有一定的吸附能力，A段对污染物的去除主要依靠生物污泥的吸附作用。这样，某些重金属和难降解有机物质以及氮、磷等植物性营养物质，都能够通过A段而得到一定的去除，因此，大大地减轻了B段的负荷。

④由于A段对污染物质的去除主要是以物理化学作用为主导的吸附功能，因此，其对负荷、温度、pH值以及毒性等作用具有一定的适应能力。

3. B段的效应与作用

①B段接受A段的处理水，水质、水量比较稳定，冲击负荷已不再影响B段，B段的净化功能得以充分发挥。

②去除有机污染物是B段的主要净化功能。

③B段的污泥龄较长，氮在A段也得到了部分去除，BOD：N比值有所降低，因此，B段具有产生硝化反应的条件。

④B段承受的负荷为总负荷的30%～60%，较传统活性污泥处理系统，曝气池的容积可减少40%左右。

AB法适于处理城市污水或含有城市污水的混合污水，而对于工业废水或某些工业废水比例较高的城市污水，由于其中适应污水环境的微生物浓度很低，使用AB法时A段效率会明显降低，A段作用只相当于初沉池，对这类污水不宜采用AB法。另外，未进行有效预处理或水质变化较大的污水也不适宜使用AB法处理，因为在这样的污水管网系统中，微生物不宜生长繁殖，直接导致A段的处理效果因外源微生物的数量较少而受到严重影响。

七、百乐卡（BIOLAK）工艺

百乐卡（BIOLAK）工艺是由芬兰开发的专利技术，又叫悬挂链式曝气生物法。目前，世界上已有350多套BIOLAK系统在运行。百乐卡（BIOLAK）工艺实质上是延时曝气活性污泥法，特点是生物氧化池可以采用土池或人工湖，曝气采用悬挂链式曝气系统。由于生物氧化池可以因地制宜，采用土池或人工湖，因此，投资减少。悬挂链式微孔曝气装置由空气输送管作浮筒牵引，曝气器悬挂于浮链下，利用自身配重垂直于水中。在向曝气器通气时，曝气器由于受力产生不均摆动，不断地往复摆动形成了曝气器有规律的曝气服务区。一个污水生化反应池中有多条这样的曝气链横跨池两岸，每条曝气链在一定区域内运动，不断交替地形成好氧区和缺氧区，每组好氧-缺氧区就形成了一段A/O工艺。根据净化对象的差异，污水生化反应池中可设多段这样的好氧-缺氧区域，形成多级A/O工艺。另外，回流污泥量大，剩余污泥量少，运行管理简单，因此，适用于经济不是很发达的小城镇。

八、氧化沟

又称循环曝气池，是荷兰20世纪50年代开发的一种生物处理技术，属活性污泥法的一种变法。如图4-13所示为氧化沟的平面示意图，而图4-14所示为以氧化沟为生物处理单元的污水处理流程。

进入氧化沟的污水和回流污泥混合液在曝气装置的推动下，在闭合的环形沟道内循环流动，混合曝气，同时得到稀释和净化。与入流污水及回流污泥总量相同的混合液从氧化沟出口流入二沉池。处理水从二沉池出水口排放，底部污泥回流至氧化沟。与普通曝气池不同的是氧化沟除外部污泥回流之外，还有极大的内回流，环流量为设计进水流量的30～60倍，

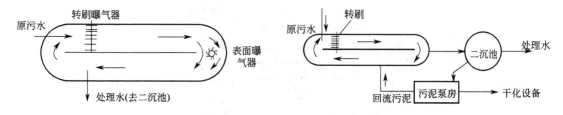

图 4-13 氧化沟的平面示意图　　　图 4-14 以氧化沟为生物处理单元的污水处理流程

循环一周的时间为 15~40min 。因此，氧化沟是一种介于推流式和完全混合式之间的曝气池形式，综合了推流式与完全混合式的优点。

氧化沟的曝气装置有横轴曝气装置和纵轴曝气装置。横轴曝气装置有横轴曝气转刷和曝气转盘；纵轴曝气装置就是表面机械曝气器。

氧化沟按其构造和运行特征可分多种类型。在城市污水处理中采用较多的有卡鲁塞尔氧化沟、奥贝尔氧化沟、交替工作型氧化沟及 DE 型氧化沟。

（1）卡鲁塞尔氧化沟　典型的卡鲁塞尔氧化沟是一多沟串联系统，一般采用垂直轴表面曝气机曝气。每组沟渠安装一个曝气机，均安设在一端。氧化沟需另设二沉池和污泥回流装置。处理系统如图 4-15 所示。

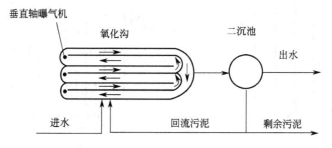

图 4-15 卡鲁塞尔氧化沟

沟内循环流动的混合液在靠近曝气机的下游为富氧区，而曝气机上游为低氧区，外环为缺氧区，有利于生物脱氮。表面曝气机多采用倒伞形叶轮，曝气机一方面充氧，一方面提供推力使沟内的环流速度在 0.3m/s 以上，以维持必要的混合条件。由于表面叶轮曝气机有较大的提升作用，使氧化沟的水深一般可达 4.5m。

（2）奥贝尔氧化沟　奥贝尔氧化沟是多级氧化沟，一般由若干个圆形或椭圆形同心沟道组成，工艺流程如图 4-16 所示。

废水从最外面或最里面的沟渠进入氧化沟，在其中不断循环流动的同时，通过淹没式从一条沟渠流入相邻的下一条沟渠，最后从中心的或最外面的沟渠流入二沉池进行固液分离。沉淀污泥部分回流到氧化沟，部分以剩余污泥排入污泥处理设备进行处理。氧化沟的每一沟渠都是一个完全混合的反应池，整个氧化沟相当于若干个完全混合反应池串联在一起。

奥贝尔氧化沟在时间上和空间上呈现出阶段性，各沟渠内溶解氧呈现出厌氧-缺氧-好氧分布，对高效硝化和反硝化十分有利。第一沟内低溶解氧，进水碳源充足，微生物容易利用碳源，自然会发生反硝化作用即硝酸盐转化成氮类气体，同时微生物释放磷。而在后边的沟道溶解氧增高，尤其在最后的沟道内溶解氧达到 2mmg/L 左右，有机物氧化得比较彻底，同时在好氧状态下也有利于磷的吸收，磷类物质得以去除。

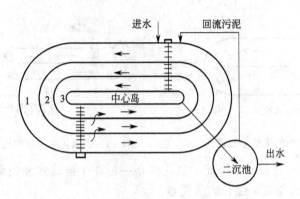

图 4-16　奥贝尔氧化沟系统工艺流程

（3）交替工作型氧化沟　交替工作型氧化沟有 2 池（又称 D 型氧化沟）和 3 池（又称 T型氧化沟）两种。

D 型氧化沟由相同容积的 A 和 B 两池组成，串联运行，交替作为曝气池和沉淀池，勿需设污泥回流系统，见图 4-17。

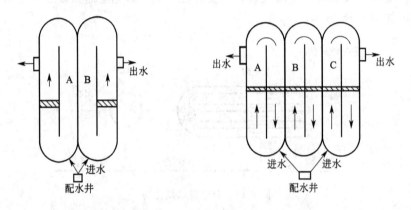

图 4-17　D 型氧化沟　　　　　图 4-18　T 型氧化沟

一般以 8h 为一个运行周期，此系统可得到十分优质的出水和稳定的污泥，缺点是曝气转刷的利用率仅为 37.5%。

T 型氧化沟由相同容积的 A、B 和 C 池组成。两侧的 A 池和 C 池交替作为曝气池和沉淀池，中间的 B 池一直为曝气池。原水交替进入 A 池或 C 池，处理水则相应地从作为沉淀池的 C 池或 A 池流出，见图 4-18。T 型氧化沟曝气转刷的利用率比 D 型氧化沟高，可达58%左右。这种系统不需要污泥回流系统，通过适当运行，在去除 BOD 的同时，能进行硝化和反硝化过程，可取得良好的脱氮效果。

交替工作型氧化沟必须安装自动控制系统，以控制进、出水的方向，溢流堰的启闭以及曝气转刷的开启和停止。

（4）DE 型氧化沟　双沟 DE 型氧化沟的特点是在氧化沟前设置厌氧生物选择器（池）和双沟交替工作。设置生物选择池的目的：一是抑制丝状菌的增殖，防止污泥膨胀，改善污泥的沉降性能；二是聚磷菌在厌氧池进行磷的释放。厌氧生物选择池内配有搅拌器，以防止污泥沉积。DE 型没有 T 型氧化沟的沉淀功能，大大提高了设备利用率，但必须像卡鲁塞尔氧化沟一样设置二沉池及污泥回流设施。DE 型氧化沟的工艺流程如图 4-19 所示。

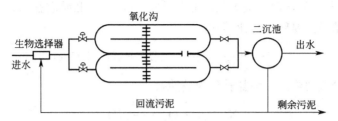

图 4-19　DE 型氧化沟的工艺流程

九、Linpor 工艺

Linpor 工艺是德国 Linde 公司开发的一种专利技术，是一种传统活性污泥法的改进型工艺。其实质就是在传统工艺曝气池中投加一定量的多孔泡沫塑料颗粒作为生物膜载体，将传统曝气池改为悬浮载体生物膜反应器。放入曝气池中的正方形泡沫塑料块，尺寸为 $10mm \times 10mm$，由于其相对密度 ≈ 1，故在曝气状态下悬浮于水中。这种多孔泡沫塑料块比表面积大，每 $1m^3$ 泡沫小方块的总表面积达 $1000m^2$，在其上可附着生长大量的生物膜，其混合液的生物量比普通活性污泥法大几倍，$MLSS > 10000mg/L$，因此其单位体积处理负荷要比普通活性污泥法大，特别适用于一些超负荷污水处理厂的改建和扩建，用 Linpor 法取代常规活性污泥法，不必扩大池的体积，即不必上新的土建工程就可解决问题，而且出水水质也会有所提高。Linpor 工作原理示意图如图 4-20 所示。

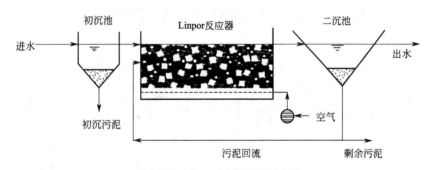

图 4-20　Linpor 工作原理示意图

Linpor 工艺有三种不同的运行方式：一是 Linpor-C 工艺，其主要用于去除废水中的含碳有机物；二是 Linpor-C/N 工艺，其主要用于同时去除废水中的碳和氮（硝化或同时反硝化）；三是 Linpor-N 工艺，其主要用于二级处理后的生物脱氮。

第三节　活性污泥法脱氮除磷基本原理与主要工艺

氮和磷是生物体合成细胞所需要的营养物质。当大量含氮和磷的废水排入湖泊、河口、海湾等水体，将引起藻类及其他浮游生物迅速繁殖，水体溶解氧下降，水质恶化，鱼类及其他生物大量死亡，这种现象叫作水体富营养化现象。为了防止发生水体富营养化，首先要控制营养物质（主要是氮和磷）进入水体。因此，对含氮和磷较高的废水要进行脱氮与除磷。

一、生物脱氮

（一）生物脱氮原理

脱氮的方法较多，目前普遍采用的是生物脱氮。活性污泥法脱氮是生物脱氮的一种，生物脱氮包括硝化和反硝化两个反应过程。硝化是废水中的氨氮在好氧条件下，通过好氧细菌

（亚硝酸菌和硝酸菌）的作用，被氧化成亚硝酸盐（NO_2^-）和硝酸盐（NO_3^-）的反应过程。首先，由亚硝酸菌将氨氮转化为亚硝酸盐：

$$NH_4^+ + \frac{3}{2}O_2 \longrightarrow NO_2^- + 2H^+ + H_2O$$

然后，再由硝酸菌将亚硝酸盐转化为硝酸盐：

$$NO_2^- + \frac{1}{2}O_2 \longrightarrow NO_3^-$$

反硝化即脱氮，是在缺氧条件下，通过脱氮菌的作用，将亚硝酸盐和硝酸盐还原成氮气的反应过程：

$$NO_3^- \longrightarrow N_2 \uparrow$$

试验表明，对废水首先通过 5～6h 的强烈曝气，可以完成硝化阶段；然后再使废水处于4～5h 无氧状态，脱氮率可以达 80% 以上。

活性污泥法脱氮是生物脱氮中的一类。一般活性污泥法都是以降解 BOD 为主要功能的，基本上没有脱氮效果。但是，将活性污泥法曝气池作进一步改进，使之具备好氧和缺氧条件，即可达到脱氮目的。

（二）生物脱氮主要工艺

1. 生物脱氮传统工艺

活性污泥法脱氮的传统工艺是由巴茨（Barth）开创的所谓三级活性污泥法流程，它是以氨化、硝化和反硝化三项反应过程为基础建立的。其工艺流程示于图 4-21。

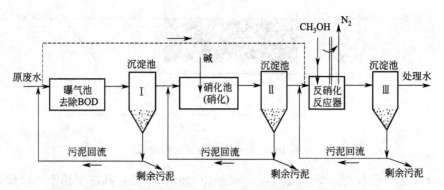

图 4-21　传统活性污泥法脱氮工艺（三级活性污泥法流程）

第一级曝气池为一般的二级处理曝气池，其主要功能是去除 BOD、COD，使有机氮转化，形成 NH_3、NH_4^+，即完成氨化过程。经过沉淀后，污水进入硝化曝气池，进入硝化曝气池的污水，BOD_5 值已降至较低的程度（15～20mg/L）。

第二级硝化曝气池，在这里进行硝化反应，使 NH_3 及 NH_4^+ 产化为 NO_3^--N。如前所述，硝化反应要消耗碱度，因此，需要投碱，以防 pH 值下降。

第三级为反硝化反应器，这里在缺氧条件下，NO_3^--N 还原为气态 N_2，并逸往大气，在这一级应采取厌氧-缺氧交替的运行方式。既可投加 CH_3OH（甲醇）作为外投碳源，亦可引入原污水充作碳源。

在这一系统的后面，为了去除由于投加甲醇而带来的 BOD 值，设后曝气池，经处理后排放处理水。

这种系统的优点是有机物降解菌、硝化菌、反硝化菌分别在各自的反应器内生长增殖，环境条件适宜，而且各自回流在沉淀池分离的污泥，反应速度快而且比较彻底。但处理设备多，造价高，管理不够方便。

除上述三级生物脱氮系统外，在实践中还使用两级生物脱氮系统，如图 4-22 所示，将 BOD 去除和硝化两道反应过程放在同一反应器内进行。

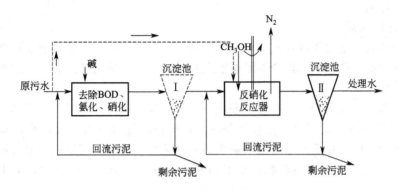

图 4-22 两级生物脱氮系统

注：虚线所示为可能实施的另一方案，沉淀池 I 也可以考虑不设

2. 缺氧-好氧活性污泥法（A_1/O 法）

缺氧-好氧工艺具有同时去除有机物和脱氮的功能。具体做法是在常规的好氧活性污泥法处理系统前，增加一段缺氧生物处理过程，经过预处理的污水先进入缺氧段，然后再进入好氧段。好氧段的一部分硝化液通过内循环管道回流到缺氧段。缺氧段和好氧段可以分建，也可以合建。图 4-23 为分建式缺氧-好氧活性污泥处理系统。

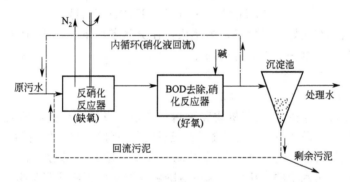

图 4-23 分建式缺氧-好氧活性污泥处理系统

A_1/O 法的 A 段在缺氧条件下运行，溶解氧应控制在 0.5mg/L 以下。缺氧段的作用是脱氮。在这里反硝化细菌以原水中的有机物作为碳源，以好氧段回流液中的硝酸盐作为受电体，进行反硝化反应，将硝态氮还原为气态氮（N_2），使污水中的氮去除。

好氧段的作用有两个，一是利用好氧微生物氧化分解污水中的有机物，二是利用硝化细菌进行硝化反应，将氨氮转化为硝态氮。由于硝化反应过程中要消耗一定的碱度，因此，在好氧段一般需要投碱，补偿硝化反应消耗的碱度。但在反硝化反应过程中也能产生一部分碱度，因此，对于含氮浓度不高的城市污水，可不必另行投碱以调节 pH 值。

A_1/O 法是生物脱氮工艺中流程比较简单的一种工艺，而且装置少，不必外加碳源，基建费用和运行费用都比较低。但本工艺的出水来自硝化曝气池，因此，出水中含有一定浓度的硝酸盐，如果沉淀池运行不当，在沉淀池内也会发生反硝化反应，使污泥上浮，使出水水质恶化。

　　另外，该工艺的脱氮效率取决于内循环量的大小，从理论上讲，内循环量越大，脱氮效果越好，但内循环量越大，运行费用就越高，而且缺氧段的缺氧条件也不好控制。因此，本工艺的脱氮效率很难达到 90%。

二、生物除磷

（一）生物除磷原理

　　所谓生物除磷，是利用聚磷菌一类的微生物，能够过量地、在数量上超过其生理需要地从外部环境摄取磷，并将磷以聚合的形态贮藏在菌体内，形成高磷污泥，排出系统外，达到从污水中除磷的效果。

　　生物除磷机理比较复杂，还有待人们进一步去研究、探讨，其基本过程如下。

　　① 聚磷菌对磷的过剩摄取。在好氧条件下，聚磷菌进行有氧呼吸，不断氧化分解其体内储存的有机物，同时也不断通过主动输送的方式从外部环境向其体内摄取有机物，由于氧化分解，又不断地放出能量，能量为 ADP 所获得，并结合 H_3PO_4 而合成 ATP（三磷酸腺苷），即：

$$ADP + H_3PO_4 + 能量 \longrightarrow ATP + H_2O$$

　　除一小部分 H_3PO_4 是聚磷菌分解其体内聚磷酸盐而取得的外，大部分是聚磷菌利用能量，在透膜酶的催化作用下，通过主动输送的方式从外部将环境中的 H_3PO_4 摄入体内的，摄入体内的 H_3PO_4 一部分用于合成 ATP，另一部分则用于合成聚磷酸盐。这种现象就是"磷的过剩摄取"。

　　② 聚磷菌的放磷。在厌氧条件下，聚磷菌体内的 ATP 进行水解，放出 H_3PO_4 和能量，形成 ADP，即：

$$ATP + H_2O \longrightarrow ADP + H_3PO_4 + 能量$$

　　这样，聚磷菌具有在好氧条件下过剩摄取，在厌氧条件下释放 H_3PO_4 的功能。生物除磷技术就是利用聚磷菌这一功能而开创的。

（二）生物除磷主要工艺

1. 厌氧-好氧活性污泥法（A_2/O 法）

　　厌氧-好氧工艺具有同时去除有机物和除磷的功能。具体做法是在常规的好氧活性污泥法处理系统前，增加一段厌氧生物处理过程，经过预处理的污水与回流污泥（含磷污泥）一起进入厌氧段，然后再进入好氧段。回流污泥在厌氧段吸收一部分有机物，并释放出大量磷，进入好氧段后，污水中的有机物得到好氧降解，同时污泥将大量摄取污水中的磷，部分富磷污泥以剩余污泥的形式排出，实现磷的去除。图 4-24 为厌氧-好氧活性污泥处理系统。

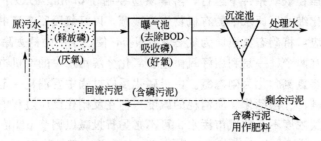

图 4-24　厌氧-好氧活性污泥处理系统

　　A_2/O 工艺除磷流程简单，不需投加化学药品，也不需要考虑内循环，因此建设费用及运行费用都较低。另外，厌氧段在好氧段之前，不仅可以抑制丝状菌的生长、防止污泥膨胀，而且有利于聚磷菌的选择性增殖。

本工艺存在的问题是除磷效率较低，处理城市污水时的除磷效率只有 75% 左右。

2. 厌氧-缺氧-好氧活性污泥法（A^2/O 法）

厌氧-缺氧-好氧工艺不仅能够去除有机物，同时还具有脱氮和除磷的功能。具体做法是在 A/O 前增加一段厌氧生物处理过程，经过预处理的污水与回流污泥（含磷污泥）一起进入厌氧段，再进入缺氧段，最后再进入好氧段。图 4-25 为厌氧-缺氧-好氧活性污泥系统。

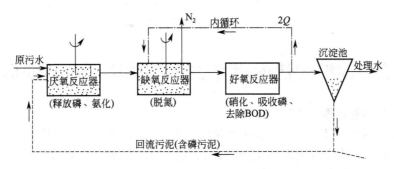

图 4-25　厌氧-缺氧-好氧活性污泥系统

厌氧段的首要功能是释放磷，同时部分有机物进行氨化。

缺氧段的首要功能是脱氮，硝态氮是通过内循环由好氧反应器送来的，循环的混合液量较大，一般为 $2Q$（Q 为原污水流量）。

好氧段是多功能的，去除有机物、硝化和吸收磷等反应都在本段进行。这三项反应都是重要的，混合液中含有 NO_3^--N，污泥中含有过剩的磷，而污水中的 BOD（或 COD）得到去除。流量为 $2Q$ 的混合液从这里回流到缺氧反应器。

本工艺具有以下各项特点：

① 运行中无需投药，两个 A 段只用轻缓搅拌，以不增加溶解氧为度，运行费用低。

② 在厌氧、缺氧、好氧交替运行条件下，丝状菌不能大量增殖，避免了污泥膨胀的问题，SVI 值一般均小于 100。

③ 工艺简单，总停留时间短，建设投资少。

本法也存在如下各项的待解决问题。

① 除磷效果难以再行提高，污泥增长有一定的限度，不易提高，特别是当 P/BOD 值高时更是如此。

② 脱氮效果也难以进一步提高，内循环量一般以 $2Q$ 为限，不宜太高。

3. 改良的厌氧-缺氧-好氧活性污泥法（改良的 A^2/O 法）

对于 A^2/O 工艺，由于生物脱氮效率不可能达到 100%，一般情况下不超过 85%，出水中总会有相当数量的硝态氮，这些硝态氮随回流污泥进入厌氧区，将优先夺取污水中易生物降解有机物，使聚磷菌缺少碳源，失去竞争优势，降低除磷效果。在进水碳源（BOD）不足情况下，这种现象尤为明显。针对此情况研究人员又开发了改良 A^2/O 工艺，其改良之处是在普通 A^2/O 工艺前增加一前置反硝化段，全部回流污泥和 10%～30%（根据实际情况进行调节）的水量进入前置反硝化段中，剩下 70%～90% 的水量进入厌氧段，主要目的是利用少量进水中的可快速分解的有机物作碳源去除回流污泥中的硝酸盐氮，从而为后序厌氧段聚磷菌的磷释放创造良好的环境，提高生物除磷效果。

改良 A^2/O 工艺流程见图 4-26。

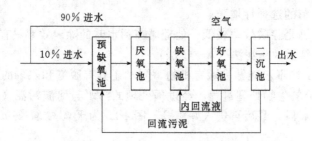

图 4-26　改良 A²/O 工艺流程

第四节　间歇式活性污泥法（SBR 法）及其变形工艺

一、SBR 法的基本原理及工作工程

间歇式活性污泥法又称序批式活性污泥法，简称 SBR 法。SBR 法原本是最早的一种活性污泥法运行方式，由于管理操作复杂，末被广泛应用。近些年来，自控技术的迅速发展重新为其注入了生机，使其发展成为简单可靠、经济有效和多功能的 SBR 技术。SBR 工艺的核心构筑物是集有机污染物降解与混合液沉淀于一体的反应器——间歇曝气曝气池。图 4-27 为间歇式活性污泥法工艺流程。

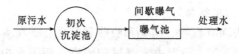

图 4-27　间歇式活性污泥法工艺流程

SBR 法的主要特征是反应池一批一批地处理污水，采用间歇式运行的方式，每一个反应池都兼有曝气池和二沉池作用，因此不再设置二沉池和污泥回流设备，而且一般也可以不建水质或水量调节池。

SBR 法具有以下几个特点：

① 对水质水量变化的适应性强，运行稳定，适于水质水量变化较大的中小城镇污水处理；也适应高浓度污水处理。

② 为非稳态反应，反应时间短；静沉时间也短，可不设初沉池和二沉池；体积小，基建费比常规活性污泥法约省 22%，占地少 38% 左右。

③ 处理效果好，BOD_5 去除率达 95%，且产泥量少。

④ 好氧、缺氧、厌氧交替出现，能同时具有脱氮（80%～90%）和除磷（80%）的功能。

⑤ 反应池中溶解氧浓度在 0～2mg/L 之间变化，可减少能耗，在同时完成脱氮除磷的情况下，其能耗仅相当于传统活性污泥法。

间歇式活性污泥法曝气池的运行周期由进水、反应、沉淀、排放、待机（闲置）五个工序组成，而且这五个工序都是在曝气池内进行，其工作原理见图 4-28。

（1）进水工序　进水工序是指从开始进水至到达反应器最大容积期间的所有操作。进水工序的主要任务是向反应器中注水，但通过改变进水期间的曝气方式，也能够实现其他功能。进水阶段的曝气方式分为非限量曝气、半限量曝气和限量曝气。

非限量曝气就是边进水、边曝气，进水曝气同步进行。这种方式既可取得预曝气的效

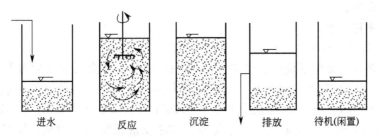

图 4-28 间歇式活性污泥法曝气池运行工序示意图

果，又可取得使污泥再生恢复其活性的作用。限量曝气就是在进水阶段不曝气，只是进行缓速搅拌，这样可以达到脱氮和释放磷的功能。半限量曝气是在进水进行到一半的时候再进行曝气，这种方式既可以脱氮和释放磷，又能使污泥再生恢复其活性。

本工序所用时间，则根据实际排水情况和设备条件确定，从工艺效果上要求，注入时间以短促为宜，瞬间最好，但这在实际上有时是难以做到的。

（2）反应工序 进水工序完成后，即污水注入达到预定高度后，就进入反应工序。反应工序的主要任务是对有机物进行生物降解或除磷脱氮。这是本工艺最主要的一道工序。根据污水处理的目的，如 BOD 去除、硝化、磷的吸收以及反硝化等，采取相应的技术措施，如前三项则为曝气，后一项则为缓速搅拌，并根据需要达到的程度以决定反应的延续时间。

在本工序的后期，进入下一步沉淀过程之前，还要进行短暂的微量曝气，脱除附着在污泥上的气泡或氮，以保证沉淀过程的正常进行。

（3）沉淀工序 反应工序完成后就进入沉淀工序，沉淀工序的任务是完成活性污泥与水的分离。在这个工序 SBR 反应器相当于活性污泥法连续系统的二次沉淀池。进水停止，也不曝气、不搅拌，使混合液处于静止状态，从而达到泥水分离的目的。沉淀工序进行的时间基本同二次沉淀池，一般为 1.5~2.0h。

（4）排放工序 排放工序首先是排放经过沉淀后产生的上清液，然后排放系统产生的剩余污泥，并保证 SBR 反应器内残留一定数量的活性污泥作为种泥。一般而言，SBR 法反应器中的活性污泥数量一般为反应器容积的 50% 左右。SBR 系统一般采用滗水器排水。

（5）待机工序 也称闲置工序，即在处理水排放后，反应器处于停滞状态，等待下一个操作周期开始的阶段。闲置工序的功能是在静置无进水的条件下，使微生物通过内源呼吸作用恢复其活性，并起到一定的反硝化作用而进行脱氮，为下一个运行周期创造良好的初始条件。通过闲置期后的活性污泥处于一种营养物的饥饿状态，单位重量的活性污泥具有很大的吸附表面积，因而当进入下个运行周期的进水期时，活性污泥便可充分发挥其较强的吸附能力而有效地发挥其初始去除作用。闲置待机的时间长短取决于所处理的污水种类、处理负荷和所要达到的处理效果。

经典 SBR 工艺只有一个反应池，间歇进水后，再依次经历反应、沉淀、排放、闲置四个阶段完成对污水的处理过程，因此在处理连续来水时，一个 SBR 系统就无法应对，工程上采用多池系统，使进水在各个池子之间循环切换，每个池子在进水后按上述程序对污水进行处理，因此使得 SBR 系统的管理操作难度和占地都会加大。

为克服 SBR 法固有的一些不足（比如不能连续进水等），人们在使用过程中不断改进，发展出了许多新型和改良的 SBR 工艺，比如 ICEAS 系统、CASS 系统、DAT-IAT 系统、UNITANK 系统、MSBR 系统等。这些新型 SBR 工艺仍然拥有经典 SBR 的部分主要特点，同时还具有自己独特的优势，但因为经过了改良，经典 SBR 法所拥有的部分显著特点又会不可避免地被舍弃掉。

二、主要变形工艺

1. 间歇式循环延时曝气活性污泥法（ICEAS 工艺）

间歇式循环延时曝气活性污泥法是 20 世纪 80 年代初在澳大利亚发展起来的，1976 年建成世界上第一座 ICEAS 污水处理厂，随后在日本、美国、加拿大、澳大利亚等地得到推广应用。1986 年美国国家环保局正式批准 ICEAS 工艺为革新代用技术（I/A）。

ICEAS 反应器由预反应区（生物选择器）和主反应区两部分组成，预反应区容积约占整个池子的 10% 左右。预反应区一般处于厌氧或缺氧状态，设置预反应区的主要目的是使系统选择出适应废水中有机物降解、絮凝能力更强的微生物。预反应区的设置，可以使污水在高负荷运行，保证菌胶团细菌的生长，抑制丝状菌生长，控制污泥膨胀。运行方式采用连续进水、间歇曝气、周期排水的形式。预反应区和主反应区可以合建，也可以分建，图 4-29 为合建式 ICEAS 反应器。

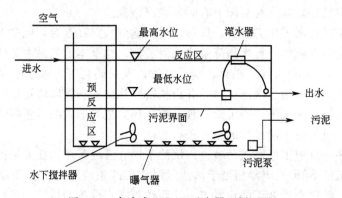

图 4-29　合建式 ICEAS 反应器（剖面图）

ICEAS 最大的特点是在 SBR 反应器前部增加了一个预反应区（生物选择器），实现了连续进水（沉淀期、排水期间仍保持进水），间歇排水。但由于连续进水，沉淀期也进水，在主反应池（区）底部会造成搅动而影响泥水分离，因此，进水量受到一定的限制。另外，该工艺强调延时曝气，污泥负荷很低。

ICEAS 工艺在处理城市污水和工业废水方面比传统的 SBR 法费用更省、管理更方便。

2. 循环式活性污泥法（CAST 工艺）

CAST 工艺是在 ICEAS 工艺的基础上发展而来的。但 CAST 工艺沉淀阶段不进水，并增加了污泥回流，而且预反应区容积所占的比例比 ICEAS 工艺小。通行的 CAST 反应池一般分为三个反应区：生物选择器、缺氧区和好氧区，这三个部分的容积比通常为 1：5：30。CAST 反应池的每个工作周期可分为进水-曝气期、沉淀期、滗水期和进水-闲置期，运行工序如图 4-30 所示。

CAST 工艺的最大特点是将主反应区中的部分剩余污泥回流到选择器中，沉淀阶段不进水，使排水的稳定性得到保证。缺氧区的设置使 CAST 工艺具有较好的脱氮除磷效果。

CAST 工艺周期工作时间一般为 4h，其中进水-曝气 2h，沉淀 1h，滗水 1h。反应池最少设 2 座，使系统连续进水，一池充水-曝气，另一池沉淀和滗水。

3. 周期循环活性污泥法（CASS 工艺）

CASS 法与 CAST 法相同之处是系统都由选择器和反应池组成，不同之处是 CASS 为连续进水而 CAST 为间歇进水，而且污泥不回流，无污泥回流系统。CASS 反应器内微生物处

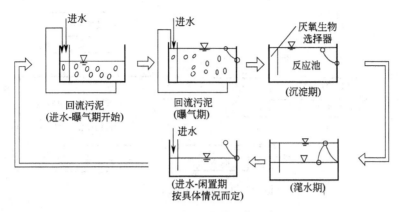

图 4-30　CAST 工艺运行工序

于好氧-缺氧-厌氧周期变化之中，因此，CASS 工艺与 CAST 工艺一样，具有较好的除磷脱氮效果。CASS 法处理工艺流程除无污泥回流系统外，与 CAST 法相同。

　　CASS 反应池的每工作周期可分为曝气期、沉淀期、滗水期和闲置期，运行工序如图 4-31 所示。

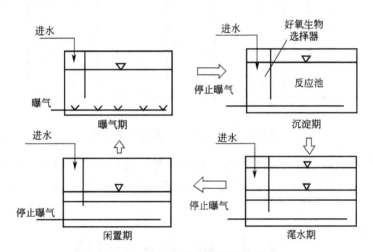

图 4-31　CASS 反应池的运行工序

　　4. 连续进水、连续-间歇曝气法（DAT-IAT 工艺）

　　DAT-IAT 是 SBR 法的一种变型工艺。DAT-IAT 由 DAT 和 IAT 池串联组成，DAT 池连续进水，连续曝气（也可间歇曝气），IAT 也是连续进水，但间歇曝气。处理水和剩余污泥均由 IAT 池排出。DAT-IAT 的工艺流程如图 4-32 所示。

　　DAT 池连续曝气，也可进行间歇曝气。IAT 按传统 SBR 反应器运行方式进行周期运转，每个工作周期按曝气期、沉淀期、滗水期和闲置期 4 个工序运行。IAT 向 DAT 回流比控制在 $100\%\sim450\%$ 之间。DAT 与 IAT 需氧量之比为 65：35。

　　DAT-IAT 工艺既有传统活性污泥法的连续性和高效性，又有 SBR 法的灵活性，适用于水质水量变化大的中小城镇污水和工业废水的处理。

　　5. UNITANK 工艺

　　UNITANK 工艺是比利时开发的专利。典型的 UNITANK 工艺系统，其主体构筑物为三格条形池结构，三池连通，每个池内均设有曝气和搅拌系统，污水可进入三池中的任意一

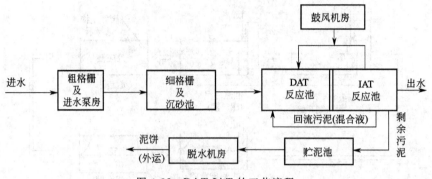

图 4-32　DAT-IAT 的工艺流程

个。外侧两池设出水堰或滗水器以及污泥排放装置。两池交替作为曝气池和沉淀池，而中间池则总是处于曝气状态。在一个周期内，原水连续不断地进入反应器，通过时间和空间的控制，分别形成好氧、缺氧和厌氧的状态。UNITANK 工艺的工作原理如图 4-33 所示。

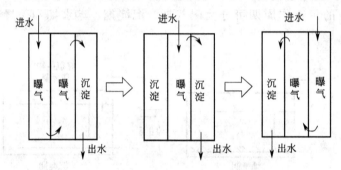

图 4-33　UNITANK 工艺的工作原理

　　UNITANK 工艺除了保持传统 SBR 的特征以外，还具有滗水简单、池子结构简化、出水稳定、不需回流等特点，通过改变进水点的位置可以起到回流的作用和达到脱氮、除磷的目的。

第五节　曝气池和二沉池

一、曝气池的类型

　　活性污泥法的核心处理构筑物是曝气池。曝气池是活性污泥与污水充分混合接触，将污水中有机物吸收并分解的生化场所。从曝气池中混合液的流动形态，曝气池可以分为推流式、完全混合式和循环混合式 3 种方式。

　　1. 推流式曝气池

　　一般采用矩形池体，经导流隔墙形成廊道布置，廊道长度以 50～70m 为宜，也有长达100m。污水与回流污泥从一端流入，水平推进，经另一端流出。其特点是：进入曝气池的污水及回流污泥按时间先后互不相干，污水在池内的停留时间相同，不会发生短流，出水水质较好。推流式曝气池多采用鼓风曝气系统，但也可以考虑采用表面机械曝气装置。采用表面机械曝气装置时，混合液在曝气内的流态就每台曝气装置的服务面积来讲完全混合，但就整体廊道而言又属于推流。这种情况下，相邻两台曝气装置的旋转方向应相反（图 4-34），否则两台装置之间的水流相互冲突，可能形成短路。

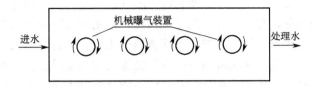

图 4-34　采用表面机械曝气装置的推流式曝气池

2. 完全混合式曝气池

完全混合式曝气池混合液在池内充分混合循环流动，因而污水与回流污泥进入曝气池立即与池中所有混合液充分混合，使有机物浓度因稀释而迅速降至最低值。其特点是对入流水质水量的适应能力强，但受曝气系统混合能力的限制，池型和池容都需符合规定，当搅拌混合效果不佳时易发生短流。

完全混合式曝气池多采用表面机械曝气装置，但也可以采用鼓风曝气系统。在完全混合曝气池中应当首推合建式完全混合曝气沉淀池，简称曝气沉淀池。其主要特点是曝气反应与沉淀固液分离在同一处理构筑物内完成。

曝气沉淀池有多种结构形式，如图 4-35 所示为在我国从 20 世纪 70 年代广泛使用的一种形式，曝气沉淀池在表面上多呈圆形，偶见方形或多边形。

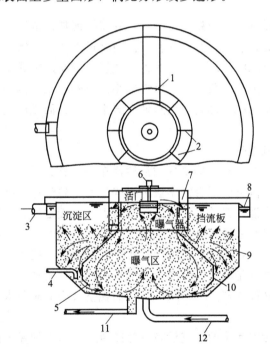

图 4-35　圆形曝气沉淀池剖面图

1—平台；2—挡流板；3—出水管；4—排泥管；5—回流缝；6—驱动装置；7—导流区；
8—出水槽；9—污泥回流区；10—池裙；11—放空管；12—进水管

由于城市污水水质水量比较均匀，可生化性好，不会对曝气池造成很大冲击，故基本上采用推流式。相比而言，完全混合式适合于处理工业废水。

3. 循环混合式曝气池

循环混合式曝气池主要是指氧化沟。氧化沟是平面呈椭圆环形或环形"跑道"的封闭沟渠，混合液在闭合的环形沟道内循环流动，混合曝气。入流污水和回流污泥进入氧化沟中参与环流并得到稀释和净化，与入流污水及回流污泥总量相同的混合液从氧化沟出口流入二沉池。处理水从二沉池出水口排放，底部污泥回流至氧化沟。氧化沟不仅有外部污泥回流，而且还有极大的内回流。因此，氧化沟是一种介于推流式和完全混合式之间的曝气池形式，综合了推流式与完全混合式的优点。氧化沟不仅能够用于处理生活污水和城市污水，也可用于处理机械工业废水。处理深度也在加深，不仅用于生物处理，也用于二级强化生物处理。氧化沟的类型很多，在城市污水处理中，采用较多的有卡鲁塞尔氧化沟、T 型氧化沟和 DE 型氧化沟。图 4-36 为普通氧化沟处理系统。

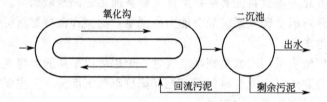

图 4-36　普通氧化沟处理系统

二、二沉池

二沉池的作用是将活性污泥与处理水分离，并将沉泥加以浓缩。二沉池的基本功能与初沉池是基本一致的，因此，前面介绍的几种沉淀池都可以作为二沉池，另外，斜板沉淀池也可以作为二沉池。但由于二沉池所分离的污泥质量轻，容易产生异重流，因此，二沉池的沉淀时间比初沉池的长，水力表面负荷比初沉池的小。另外，二沉池的排泥方式与初沉池也有所不同。初沉池常采用刮泥机刮泥，然后从池底集中排出；而二沉池通常采用刮吸泥机从池底大范围排泥。

三、曝气方法与曝气设备

活性污泥的正常运行，除有性能良好的活性污泥外，还必须有充足的溶解氧。通常氧的供应是将空气中的氧强制溶解到混合液中去的曝气过程。曝气过程除供氧外，还起搅拌混合作用，使活性污泥在混合液中保持悬浮状态，与污水充分接触混合。常用的曝气方法有鼓风曝气、机械曝气和两者联合使用的鼓风机械曝气。鼓风曝气的过程是将压缩空气通过管道系统送入池底的空气扩散装置，并以气泡的形式扩散到混合液，使气泡中的氧迅速转移到液相供微生物需要。机械曝气则是利用安装在曝气池水面的叶轮的转动，剧烈地搅动水面，使液体循环流动，不断更新液面并产生强烈水跃，从而使空气中的氧与水滴或水跃的界面充分接触而转移到液相中去。

目前广泛用于活性污泥系统的曝气设备分为鼓风曝气和机械曝气两大类。

（一）鼓风曝气

鼓风曝气是传统的曝气方法，它由加压设备、扩散装置和管道系统三部分组成。加压设备一般采用回转式鼓风机，也有采用离心式鼓风机，为了净化空气，其进气管上常装设空气过滤器，在寒冷地区，还常在进气管前设空气预热器；扩散装置一般分为小气泡、中气泡、大气泡、水力剪切和机械剪切等类型。扩散板、扩散管或扩散盘属小气泡扩散装置，穿孔管属中气泡扩散装置，竖管曝气属大气泡扩散装置，倒盆式、撞击式和射流式属水力剪切扩散装置，涡轮式属机械剪切扩散装置。

目前鼓风曝气设备用得较多的是微孔曝气器，微孔曝气器有很多种，这里仅介绍三种。

（1）固定式平板型微孔空气扩散器 主要组成包括扩散板、通气螺栓、配气管、三通短管、橡胶密封圈、压盖等，具体见图 4-37。我国生产的平板型微孔空气扩散装置有 HWB-1型、HWB-2 型和 BYW-1 型等，其主要参数：平均孔径 $100\sim200\mu m$；服务面积 $0.3\sim0.75m^2$；动力效率 $4\sim6kg\ O_2/(kW\cdot h)$；氧利用率 $20\%\sim25\%$；扩散器占曝气池面积比例为 $6.2\%\sim7.75\%$。

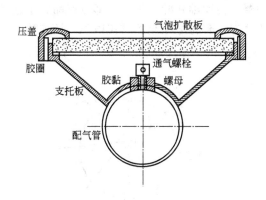

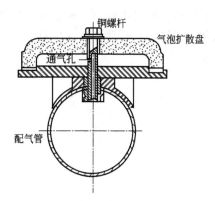

图 4-37 固定式平板型微孔空气扩散器　　　　图 4-38 固定式钟罩型微孔空气扩散器

（2）固定式钟罩型微孔空气扩散器 如图 4-38 所示，目前我国生产的钟罩型微孔空气扩散器有 HWB-3 型和 BGW-1 型等，其技术参数与平板型基本相同。

上述两种微孔空气扩散器多采用刚性材料，如陶瓷、刚玉等材料制造，氧利用率和动力效率都较高，但存在一些缺点，如易被堵塞、空气需要净化等。

（3）膜片式微孔曝气器 膜片式微孔曝气器系统主要由曝气器底座、上螺旋压盖、空气均流板、合成橡胶等部件组成，见图 4-39。合成橡胶膜片上开有 $2100\sim2500$ 个按一定规则排列的开闭式孔眼，充气时，空气通过布气管道、空气均流板均匀进入橡胶膜片之间，在空气压力作用下，使膜片微微鼓起，孔眼张开，达到布气扩散的目的，停止供气时，由于膜片和空气均流板之间的压力渐渐下降，使孔眼逐渐闭合，当压力全部消失后，由于水压作用和膜片本身的回弹性作用，将膜片压实于空气均流板之上。鉴于上述构造以及膜片本身的良好特性，曝气池中的混合液就不可能产生倒灌，因此，也不会沾污孔眼，另一方面，当孔眼开启时，由于橡胶的弹性作用，空气中所含的少量尘埃也不会造成曝气器的缝隙堵塞。

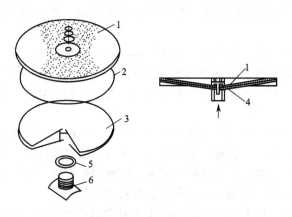

图 4-39 膜片式微孔曝气器

1—微孔合成橡胶膜片；2—不锈钢丝箍；3—底座；4—通气孔；5—垫圈；6—安装接头

（二）机械曝气

1. 竖轴式机械曝气器

竖轴式机械曝气器又称立式叶轮表面曝气机。立式叶轮表面曝气机规格品种繁多，但目前国内是以泵型（E型）及倒伞型叶轮为主。

（1）泵（E）型叶轮曝气机　泵（E）型叶轮曝气机（图4-40）是我国自行研制的高效表面曝气机，整机由电机、减速机、机架、联轴器、传动轴和叶轮组成。部分产品为了达到无级调速的目的，驱动电机选用直流电机，但还要有一套与之配套的整流电源、调速器等附属设备。

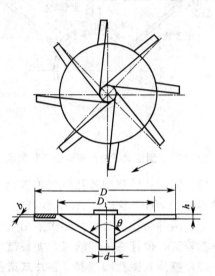

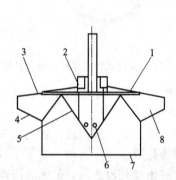

图 4-40　泵型叶轮曝气机构造示意图
1—上平板；2—进气孔；3—上压罩；4—下压罩；
5—导流锥顶；6—引气孔；7—进水口；8—叶片

图 4-41　倒伞型叶轮结构

泵（E）型叶轮的直径在 0.4～2.0m 之间，它由平板、叶片、导流锥、进水口和上、下压水罩等部分构成。泵（E）型叶轮的充氧方式以水跃为主，液面更新为辅。

泵（E）型叶轮充氧量及动力效率较高，提升力强，但其制造较为复杂，且叶轮中的水道易被堵塞。运行时应保证叶轮有一定的浸没度（50mm 以内），浸水太浅会产生脱水现象而形不成水跃，因而它适合通过调节转速来调节充氧量，而不宜靠改变浸没度来调节充氧量。

（2）倒伞型叶轮曝气机　倒伞型叶轮曝气机的叶轮由圆锥体及连在其表面的叶片组成，见图4-41。叶片的末端在圆锥体底边沿水平伸展出一小段距离，使叶轮旋转时甩出的水幕与池中水面相接触，从而扩大了叶轮的充氧作用。为了增加充氧量，有些倒伞型叶轮在锥体上邻近叶片的后部钻有进气孔。

倒伞型叶轮可以利用变更浸没深度来改变充氧量，以适应水质及水量的变化。浸没度的调节既可采用叶轮升降的传动装置，也可通过氧化沟、曝气池的出水堰门的调节来实现。倒伞型叶轮构造简单，易于加工，运转时不堵塞。这种倒伞型叶轮曝气机的充氧方式是以液面更新为主，水跃及负压吸氧为辅，多用于卡鲁塞尔式氧化沟。

倒伞型叶轮的直径一般为 0.5～2.5m，国内最大的倒伞型叶轮直径为 3m，由于其直径较泵型的大，故其转速较慢，为 30～60r/min。动力效率为 2.13～2.44kg O_2/（kW·h），在最佳时可达 2.51kg O_2/（kW·h）。

除了上述两种叶轮外，还有平板型叶轮及 K 型叶轮。

2. 卧轴式机械曝气器

现在应用的卧轴式机械曝气器主要是转刷曝气器。转刷曝气器主要用于氧化沟，它具有负荷调节方便、维护管理容易、动力效率高等优点。

曝气转刷是一个附有不锈钢丝或板条的横轴（图 4-42）。用电机带动，转速通常为40～60r/min。转刷贴近液面，部分浸在池液中。转动时，钢丝或板条把大量液体甩出水面，并使液面剧烈波动，促进氧的溶解；同时推动混合液在池内循环流动，促进溶解氧扩散转移。

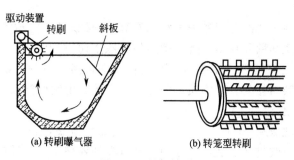

(a) 转刷曝气器　　　　　　　　(b) 转笼型转刷

图 4-42　曝气转刷

第五章　生物膜法

第一节　生物膜法基本原理

生物膜法是与活性污泥法并列的一种污水好氧生物处理技术。生物膜法是土壤自净的人工强化，其实质就是使细菌和真菌一类的微生物和原生动物、后生动物一类的微型动物附着在滤料或某些载体上生长繁育，并在其上形成膜状生物污泥——生物膜。污水与生物膜接触，污水中的有机污染物作为营养物质，为生物膜上的微生物所摄取，污水得到净化，微生物自身也得到繁衍增殖。

污水的生物膜处理法从 19 世纪中叶开始，经过百年沧桑，在一代又一代工程技术人员的努力下，不断创新、改进和发展，迄今为止已有多种处理工艺，被广泛地应用于城市污水和高浓度有机工业废水的处理。属于生物膜处理法的工艺有生物滤池（普通生物滤池、高负荷生物滤池、塔式生物滤池）、生物转盘、生物接触氧化设备、生物流化床和曝气生物滤池等。

污水与滤料或某种载体流动接触，在经过一段时间后，滤料或某种载体就会生成生物膜。废水连续滴流，使生物膜逐渐成熟。生物膜成熟的标志是：生物膜沿滤池深度的垂直分布、生物膜上由细菌和各种微型生物相组成的生态系、有机物的降解功能等都达到了平衡和稳定状态。从开始布水到生物膜成熟，要经过潜伏和生长两个阶段。一般的城市污水，在 15～20℃条件下，需要 50d 左右。

如图 5-1 所示是附着在生物滤池滤料上的生物膜的构造。

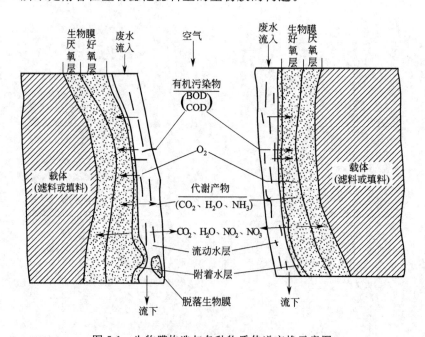

图 5-1　生物膜构造与各种物质传递交换示意图

生物膜是高度亲水的物质，在污水不断在其表面更新的条件下，在其外侧总是存在着一层附着水层。生物膜又是微生物高度密集的物质，在膜的表面和一定深度的内部生长繁殖着大量各种类型的微生物和微型动物，并形成有机污染物-细菌-原生动物（后生动物）的食物链。

生物膜成熟后，微生物仍不断增殖，厚度不断增加，在超过好氧层的厚度后，其深部即转变为厌氧状态，形成厌氧膜。这样，生物膜便由好氧和厌氧两层组成，一般情况下，好氧膜的厚度为 $1\sim2mm$。

有机物的降解是在好氧性生物膜内进行的。由图 5-1 可见，在生物膜内、外，生物膜与水层之间进行着多种物质的传递过程。空气中的氧溶解于流动水层中，从那里通过附着水层传递给生物膜，供微生物用于呼吸；污水中的有机污染物则由流动水层传递给附着水层，然后进入生物膜，并通过细菌的代谢活动而被降解。这样就使污水在其流动过程中逐步得到净化。微生物的代谢产物如 H_2O 等则通过附着水层进入流动水层，并随其排走，而 CO_2 及厌氧层分解产物如 H_2S、NH_3 以及 CH_4 等气态代谢产物则从水层逸出进入空气中。

当厌氧性膜还不厚时，好氧性膜仍然能够保持净化功能，但当厌氧性膜过厚，代谢物过多，两种膜间失去平衡，好氧性膜上的生态系统遭到破坏，生物膜呈老化状态从而脱落（自然脱落），再行开始增长新的生物膜。在生物膜成熟后的初期，微生物代谢旺盛，净化功能最好，在膜内出现厌氧状态时，净化功能下降，而当生物膜脱落时，降解效果最差。供氧是影响生物滤池净化功能的重要因素之一，这一过程主要取决于滤池的通风状况，滤料的形式对滤池的通风有决定性关系，对此，以列管式塑料滤料为最好，块状滤料则以拳状者为宜。

微生物的代谢速度取决于有机物的浓度和溶解氧量，在一般情况下，氧较为充足，代谢速度只取决于有机物的浓度。

生物膜上的生物相是丰富的，形成由细菌、真菌、藻类、原生动物、后生动物以及肉眼可见的其他生物所组成的比较稳定的生态系，其生态、功能如下。

（1）细菌、真菌　细菌是对有机污染物降解起主要作用的生物，在处理城市污水的生物滤池内，生长繁殖的细菌有假单胞菌属、芽孢杆菌属、产碱杆菌属和动胶菌属等种属。在生物滤池内还增殖球衣菌等丝状菌。丝状菌有很强的降解有机物的能力，在生物滤池内增殖丝状菌，并不产生任何不良影响。

在生物滤池上、中、下各层构成生物膜的细菌，在数量上有差异，种属上也有不同，一般表层多为异养菌，而深层则多为自养菌。

在生物膜中出现真菌也是较为普遍的，主要有镰刀霉属、地霉属和浆霉菌属等。真菌对某些人工合成的有机物如腈等有一定的降解能力。

（2）微型生物　是指栖息在生物膜表面上的原生动物和后生动物。

处理城市污水的生物滤池，当其工作正常、降解功能良好时，占优势的原生动物多为钟虫、独缩虫、等枝虫等附着型纤毛虫。而在运行初期，则多出现豆形虫一类的游泳型原生动物。

原生动物以细菌为食，也是废水净化的积极因素，现多作为废水净化状况的指示性生物。

在生物滤池内经常出现的后生动物是线虫，据观察确证，线虫及其幼虫可软化生物膜，促使生物膜脱落，从而能使生物膜经常保持活性和良好的净化功能。

（3）滤池蝇　在生物滤池上还栖息着以滤池蝇为代表的昆虫。这是一种体型较一般家蝇为小的苍蝇，它的产卵、幼虫、成蛹、成虫等过程全部都在滤池内进行。滤池蝇飞散在滤池周围，以微生物及生物膜中的有机物为食，对废水净化有良好的作用。

据观察证明，滤池蝇具有抑制生物膜过速增长的作用，能够使生物膜保持好氧状态。由于具有这样的功能，线虫、滤池蝇也称为生物膜增长控制生物。

第二节　生　物　滤　池

生物滤池是以土壤自净原理为依据，在污水灌溉的实践基础上，经较原始的间歇砂滤池和接触滤池而发展起来的人工生物处理技术，已有百余年的发展史。

生物滤池净化污水的过程：污水长时间以滴状喷洒在块状滤料层的表面上，在污水流经的表面上就会形成生物膜，待生物膜成熟后，栖息在生物膜上的微生物即摄取流经污水中的有机物作为营养，从而使污水得到净化。

进入生物滤池的污水，必须通过预处理，去除原污水中的悬浮物等能够堵塞滤料的污染物，并使水质均化。处理城市污水的生物滤池前设初次沉淀池。

滤料上的生物膜不断脱落更新，脱落的生物膜随处理水流出，因此，生物滤池后也应设沉淀池（二次沉淀池）予以截留。

生物滤池按负荷可分为低负荷生物滤池和高负荷生物滤池。

低负荷生物滤池亦称普通生物滤池，负荷低，占地面积大，而且易于堵塞，因此，在使用上受到限制。

高负荷生物滤池采取处理水回流措施，加大水量，使水力负荷加大（是普通生物滤池的十倍），于是普通生物滤池占地大、易于堵塞的问题得到一定程度的解决，但进水 BOD 浓度必须限制在 200mg/L 以下。

20 世纪 50 年代，在原民主德国建造了直径与高度比为（1∶6）～（1∶8），高度达 8～24m 的塔式生物滤池。这种滤池不仅占地面积小，而且通风畅行，净化功能良好。这种滤池的问世，使占地大的问题进一步得到解决。

一、普通生物滤池

1. 普通生物滤池的构造

生物滤池在平面上多呈圆形、正方形或矩形，如图 5-2 所示是矩形普通生物滤池。

普通生物滤池由池体、滤料、排水设备和布水装置四部分组成。

（1）池体　普通生物滤池四周应采用砖石筑壁，称之为池壁，池壁具有维护滤料的作用。池壁可筑成带孔洞和不带孔洞两种形式，有孔洞的池壁有利于滤料的通风，但在低温季节，易受低温的影响使净化功能降低。池壁一般应高出滤料表面 0.5～0.9m。池体的底部为池底，用于支撑滤料和排除处理后的污水。

（2）滤料　滤料是生物滤池的首要组成部分，它对生物滤池净化功能的影响关系至大，应当正确选用。滤料应具备的条件是：①质坚、高强、耐蚀、抗冰冻；②表面积大、粗糙，但又易于使废水均匀流动；③滤料间应有足够的空隙率；④就地取材。

生物滤池以碎石、炉渣、焦炭等为滤料，粒径多为 5～7cm，滤料必须经过仔细筛分、洗净，不合格者不得超过 5%。

近年来，开始使用由聚氯乙烯、聚苯乙烯和聚酰胺等制造的波形板式、列管式和蜂窝式等人工滤料。这些滤料的特点是轻质、高强、耐蚀，每 1m³ 只有 43.66kg，表面积 100～

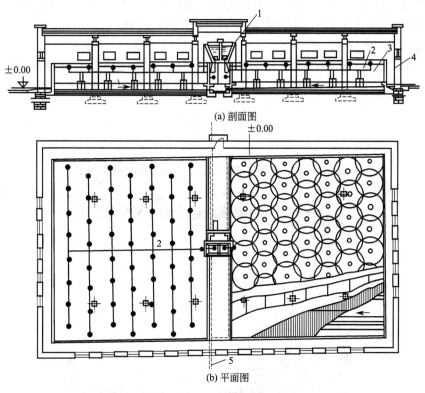

(a) 剖面图

(b) 平面图

图 5-2　矩形普通生物滤池构造图

1—投配池；2—喷嘴及系统；3—滤料；4—生物滤池池壁；5—向生物滤池投配废水

$200m^2$，空隙率高达 $80\%\sim95\%$，但是其成本较高。

滤料的高度即为滤料的工作深度。实践证实，生物滤池最上层 1m 内的净化功能最好，过深会增加水头损失。普通生物滤池的工作深度介于 $1.8\sim3.0m$ 之间，而高负荷生物滤池则多为 $0.9\sim2.0m$。加大深度的做法有两种：一是直接加大深度，必要时采取人工强制通风措施；二是采用二级滤池，第二级滤池深度多取 1.0m。

（3）布水装置　布水装置很重要，只有布水均匀，才能充分发挥每一部分滤料的作用和提高滤池的处理能力。另外，布水装置还要满足间歇布水的要求，使空气在布水间歇时进入滤池，也使生物膜上的有机物有氧化分解时间，以恢复生物膜的吸附能力。常用的布水装置有固定式和旋转式两种。

（4）排水设备　设置在池底上的排水设备，不仅用以排出滤水，而且起保证滤池通风的作用，它包括渗水装置、集水沟和总排水渠等。渗水装置的作用是支撑滤料、排出滤水，空气也是通过渗水装置的空隙进入滤池体的。为了保证滤池通风，渗水装置的空隙所占面积不得少于滤池面积的 $5\%\sim8\%$。

渗水装置的形式很多，其中使用比较广泛的是穿孔混凝土板。

2. 普通生物滤池的适用范围与优缺点

普通生物滤池一般适用于处理每日污水量不高于 $1000m^3$ 的小城镇污水或有机工业废水。其主要优点是：①处理效果良好，BOD_5 的去除率可达 95% 以上；②运行稳定、易于管理、节省能源。主要缺点是：①占地面积大，不适于处理量大的污水；②滤料易于堵塞，当预处理不够充分或生物膜季节性大规模脱落时，都可能使滤料堵塞；③产生滤池蝇，恶化环境卫生；④喷嘴喷洒污水，散发臭味。正是因为普通生物滤池具有以上这几项实际缺点，它在应用上受到不利影响，近年来已很少新建了，有日渐被淘汰的趋势。

二、高负荷生物滤池

高负荷生物滤池属于第二代，是在普通生物滤池的基础上为克服普通生物滤池在构造、运行等方面存在的一些问题而发展起来的。图5-3为高负荷生物滤池构造图。

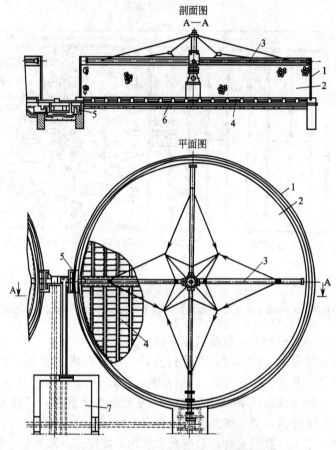

图 5-3　高负荷生物滤池的构造图

1—池体；2—滤料；3—旋转布水器；

4—渗水装置；5—水封；6—池底；7—通风室

1. 高负荷生物滤池的特征

高负荷生物滤池相对于普通生物滤池而言具有以下特征。

（1）在构造上的特征　在滤池构造方面，高负荷生物滤池区别普通生物滤池之处主要有：

① 采用粒径较大的粒状滤料，一般在 40～65mm，而且在整个滤层高度采用同一粒径的滤料。

② 滤层深度较大，一般介于 1～4m。

③ 由于采用旋转布水器，因此，滤池表面多呈圆形。

④ 在某些情况下，如滤层高 4.0m，采取人工鼓风的技术措施，对此，池底构造与布水装置应设水封以防空气外溢。

（2）在运行方面的特征

① 将单位滤池表面的水量负荷提高近 10 倍，达 10～30m³ 废水/(m² 滤池表面·d)，加大水流强度形成较强水力冲刷滤池表面生物膜的条件，使生物膜及时脱落，能够经常保持活性；BOD 负荷提高到 0.5～1.0kg BOD/(m³ 滤料·d)。

② 为了适应提高水量负荷和降低进水 BOD 值的要求，多采用处理水回流的技术措施，并将进水 BOD 值限制在 200mg/L 以下。

③ 缩小布水间隔时间，并要求均匀布水，为此，多采用旋转布水器。

2. 高负荷生物滤池的分类

按处理程度，高负荷生物滤池可分为完全处理和不完全处理两种。

按是否采用处理水回流，高负荷生物滤池可分为处理水回流和处理水不回流两种。

按滤层高度，高负荷生物滤池可分为底高度高负荷生物滤池（高度低于 2m）、高高度高负荷生物滤池（高度介于 2～4m）和塔式生物滤池（高度介于 9～18m）3 种。

按供气方式，高负荷生物滤池可分为自然通风高负荷生物滤池和人工鼓风高负荷生物滤池两种。

按处理系统程度，高负荷生物滤池可分为一级滤池处理系统和二级滤池处理系统两种。

3. 高负荷生物滤池的系统

采取处理水回流措施，使高负荷生物滤池具有多种多样的流程系统。如图 5-4 所示为单池系统的几种具有代表性的流程。

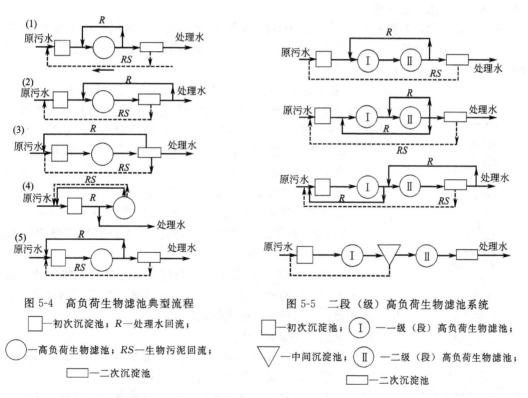

图 5-4　高负荷生物滤池典型流程

☐—初次沉淀池；R—处理水回流；

◯—高负荷生物滤池；RS—生物污泥回流；

☐—二次沉淀池

图 5-5　二段（级）高负荷生物滤池系统

☐—初次沉淀池；Ⅰ—一级（段）高负荷生物滤池；

▽—中间沉淀池；Ⅱ—二级（段）高负荷生物滤池；

☐—二次沉淀池

系统（1）是应用比较广泛的高负荷生物滤池处理系统之一，生物滤池出水直接向滤池回流；由二次沉淀池向初次沉淀池回流生物污泥。这种系统有助于生物膜的接种，促进生物膜的更新。此外，初次沉淀池的沉淀效果由于生物污泥的注入而有所提高。

系统（2）也是应用较为广泛的高负荷生物滤池系统。处理水回流滤池前，可避免加大初次沉淀池的容积，生物污泥由二次沉淀池回流初次沉淀池，以提高初次沉淀池的沉淀效果。

系统（3），处理水和生物污泥同步从二次沉淀池回流初次沉淀池，这样，提高了初次沉淀池的沉淀效果，也加大了滤池的水力负荷。提高初次沉淀池的负荷是本系统的弊端。

系统（4），不设二次沉淀池为本系统的主要特征，滤池出水（含生物污泥）直接回流初次沉淀池，这样能够提高初次沉淀池的效果，并使其兼行二次沉淀池的功能。

系统（5），处理水直接由滤池出水回流，生物污泥则从二次沉淀池回流，然后两者同步回流初次沉淀池。

当原污水浓度较高，或对处理水质要求较高时，可以考虑二段（级）滤池处理系统。

二段滤池有多种组合方式，如图5-5所示为其中主要的几种。

设中间沉淀池的目的是减轻二段滤池的负荷，避免堵塞，但也可以不设。

三、塔式生物滤池

塔式生物滤池属于第三代生物滤池，简称塔滤。在工艺上，塔式生物滤池与高负荷生物滤池没有根本的区别，但在构造、净化功能等方面具有一定的特征。

1. 塔式生物滤池的主要特征

塔式生物滤池在构造和净化功能方面具有以下特征。

① 塔式生物滤池的水量负荷比较高，是高负荷生物滤池的 2～10 倍；BOD 负荷也较高，是高负荷生物滤池的 2～3 倍。

② 塔式生物滤池的构造形状如塔，高达 8～24m，直径 1～3.5m，使滤池内部形成较强的拔风状态，因此，通风良好。

③ 由于高度大，水量负荷大，使滤池内水流紊动强烈，废水与空气及生物膜的接触非常充分。

④ 由于 BOD 负荷高，使生物膜生长迅速；由于水量负荷高，使生物膜受到强烈的水力冲刷，从而使生物膜不断脱落、更新。

⑤ 在塔式生物滤池的各层生长着种属不同但又适应流至该层废水性质的生物群。由于处理废水的性质不同，塔式生物滤池上的生物相也各不相同，但有一点是共同的，就是由塔顶向下，生物膜明显分层，各层的生物相组成不同，种类由少到多，由低级到高级。

处理生活污水的塔式生物滤池，上面两层多为动胶菌属，有少量丝状菌，原生动物则多为草履虫、肾形虫、豆形虫，三、四两层则多为固着型纤毛虫如钟虫、等枝虫、盖纤虫以及轮虫等后生动物。

以上特征都有助于微生物的代谢，增殖，有助于有机污染物质的降解。

⑥ 不需专设供氧设备。

⑦ 塔式生物滤池对冲击负荷有较强的适应能力，故常用于高浓度工业废水二段生物处理的第一段，大幅度地去除有机污染物，保证第二段处理能够取得高度稳定的效果。

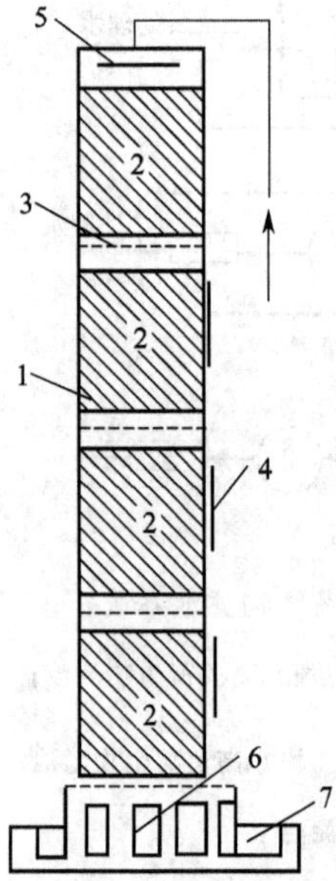

2. 塔式生物滤池的构造

塔式生物滤池的构造如图5-6所示。塔式生物滤池主要由塔身、滤料、布水装置、通风孔和排水系统所组成。

图 5-6　塔式生物滤池构造示意图

1—塔身；2—滤料；3—格栅；4—检修口；5—布水器；6—通风孔；7—集水槽

（1）塔身　塔式生物滤池平面多呈圆形或方形，外观呈塔状。沿高度分层建设，每层高度则视所采用的滤料而定，一般介于 2～4m。在分层处设格栅，以使滤料的荷重分层负担，在分层处还沿内侧周边突缘，以防止废水及空气沿池壁短路漏出，每层都应设检修孔，以便采样、更换滤料等。

塔身可用砖砌，也可以现场浇筑钢筋混凝土或采用预制板材。为了减轻池体重量，可采用钢框架结构，四周用塑料板围嵌，塔身重量可大为减轻。

（2）滤料　对在塔式生物滤池内充填的滤料的各项要求，完全与高负荷生物滤池相同。由于构造上的特点，对塔式生物滤池更应采用轻质高强、比表面积大、空隙率高的人工塑料成型滤料。

（3）布水装置　塔式生物滤池常使用的布水装置有两种，一种是旋转布水器，一种是固定式布水器，旋转布水器可以通过水的反作用力自行转动，也可以用电机带动。固定式布水器多采用固定喷嘴，由于塔式生物滤池表面面积较小，安设的固定喷嘴数量不多，也易于均匀布水。

可以考虑沿滤塔高度设多层布水器，这样能够均化负荷，防止上层负荷过高，生物膜生长过厚，造成堵塞，也有利于有毒物质的挥发，这样的考虑能够提高塔式生物滤池的处理能力。

（4）通风孔　在最下层格栅与滤池实底之间应设有高为 0.5m 左右的空间层，并沿其防护墙的四周有通风孔，以便自然通风，通风孔的总有效面积不应小于滤池横截面积的 7.5%～10%。

（5）排水系统　塔式生物滤池的出水汇集于塔底的集水槽，然后通过渠道送往沉淀池进行生物膜与水的分离。

第三节　生物转盘

生物转盘是从传统生物滤池演变而来。生物转盘中，生物膜的形成、生长以及其降解有机污染物的机理，与生物滤池基本相同。与生物滤池的主要区别是它以一系列转动的盘片代替固定的滤料。部分盘片浸渍在废水中，通过不断转动与废水接触，氧则是在盘片转出水面与空气接触时从空气中吸取，而不进行人工曝气。

一、生物转盘的组成

生物转盘的主体部分由盘片、氧化槽、转轴以及驱动装置等部分所组成。生物膜固着在盘体的表面上，因此，盘体是生物转盘反应器的主体，如图 5-7 所示是生物转盘装置的示意图。

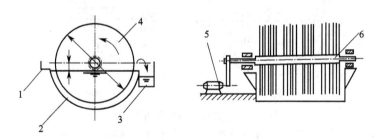

图 5-7　生物转盘构造示意图
1—进口；2—氧化反应槽；3—出口；4—盘片体；5—驱动装置；6—转轴

盘片是生物转盘的主要组成部件。盘片可用聚氯乙烯塑料、玻璃钢、金属等制成。盘片的形式有平板式和波纹板式两种。盘片厚 1～5mm，盘间距一般为 20～30mm。如果利用转盘繁殖藻类，为了使光线能照到盘中心，盘间距可加大到 60mm 以上。转盘直径一般多为 2～3m，也有 4m 的。转盘的表面积有 40%～50%浸没在氧化槽内的废水中，转轴一般高出水面 10～25cm。

氧化反应槽一般做成与盘体外形相吻合的半圆形，以避免水流短路和污泥沉积。氧化反应槽壁与盘体边缘净距取值 20～50mm，其底部可做成矩形与梯形。

氧化反应槽一般建于地面上，但也可以建于地面下，既可用钢板焊制（但需做好防腐处理）和塑料板制成，也可以用钢筋混凝土浇筑，或用预制混凝土构件在现场装配。

氧化反应槽的容积按水位位于盘体直径的40％处考虑。

在氧化反应槽底部应设排泥管、放空管和相应的闸门。出水形式多采用齿形溢流，堰宽应通过计算确定，堰口高度以设计成为可调式为宜。

转轴长度一般取值0.7～7.0m，轴不宜过长，否则加工不便，易于挠曲变形，更换盘体工作量大。

盘体荷载可以均布作用在转轴上，此时对盘体与轴的加工精度要求高，如将盘体分两点集中荷载作用在轴承支座附近，则降低了弯矩，转轴直径可以缩小，加工要求可以放宽。

盘体与转轴的固定，一般在每级盘体两端为钢法兰盘，两法兰盘之间的盘体通过拉杆传动，法兰盘与转轴可用销钉或丝扣管箍固定。每根转轴带动的盘体面积一般介于500～5000m² 的范围内，在日本已有一根转轴带动19000m² 的生物转盘。

生物转盘的驱动装置包括动力设备与减速装置，动力设备可采用变速电机或普通电机。若当地有50～70cm的水头可资利用，亦可用水轮驱动。

二、生物转盘的净化原理

生物转盘净化原理见图5-8。在中心轴上固定着多数轻质高强的薄圆板，并有40％的表面积浸没在呈半圆状的接触反应池内，通过驱动装置（机械或空气）进行低速回转。圆板交替地与废水及空气接触，在废水中时吸收废水中的有机污染物质，在空气中则吸收微生物所需要的氧以进行生物分解。由于转盘的回转，废水在接触反应槽内得到搅拌，在生物膜上附着水层中的过饱和溶解氧使池内的溶解氧含量增加。生物膜的厚度因原废水的浓度和底物不同而有所不同，一般介于0.5～1.0mm之间。转盘的外侧有附着水层，生物膜则分为好氧层和厌氧层。活性衰退的生物膜在转盘的回转剪切力作用下而脱落。

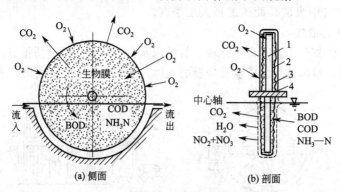

图5-8　生物转盘净化原理示意图
1—转盘；2—厌氧性生物膜；3—好氧性生物膜；4—液膜

与其他生物处理工艺相同，生物转盘的净化反应包括有机物的氧化分解、硝化、脱氮、除磷等。通过反应，微生物获取能量，得到增殖，生物膜增长，在反应过程中，微生物还有自身氧化的生理活动。

三、生物转盘的特点

作为污水生物处理技术，生物转盘之所以能够被认为是一种效果好、效率高、便于维护、运行费用低的工艺，是因为它在工艺和维护运行方面具有如下特点。

① 微生物浓度高，特别是最初几级的生物转盘。

② 生物相分级，每级转盘生长着适应于流入该级污水性质的生物相，这种现象对微生物的生长繁育、有机污染物的降解非常有利。

③ 污泥龄长，在转盘上能够增殖世代时间长的微生物，如硝化菌等，因此，生物转盘具有硝化、反硝化的功能。由于无需污泥回流，可向最后几级接触反应槽或直接向二沉池投加混凝剂去除水中的磷。

④ 耐冲击负荷能力强，对 BOD 值达 10000mg/L 以上的超高浓度有机污水到 10mg/L 以下的超低浓度污水，都可以采用生物转盘进行处理，并能够得到较好的处理效果。

⑤ 微生物的食物链较长，因此，产生的污泥量较少，约为活性污泥法的 1/2 左右。

⑥ 接触反应槽不需要曝气，污泥不需回流，因此，动力消耗低，这是本法最突出的特征之一。

⑦ 生物转盘工艺不产生污泥膨胀，不需要经常调节生物污泥量，设备简单便于维护管理。

⑧ 生物转盘的流态属于完全混合-推流型，去除有机物的效果好。但是由于国内塑料价格较贵，所以基建投资相对较高，占地面积较大。往往在废水量小的工程中采用生物转盘法来处理。

目前仍有新的生物转盘推出，如空气驱动式生物转盘，可依靠设在反应槽中的充气管驱动转盘，又可以为生物供氧；利用藻菌共生体系来处理废水的藻类转盘；在曝气池内组装生物转盘的活性污泥式生物转盘；此外还有硝化转盘及厌氧反硝化脱氮转盘，以进行废水的深度净化。

四、生物转盘处理系统的工艺流程与组合

如图 5-9 所示为处理城市污水的生物转盘系统的基本工艺流程。

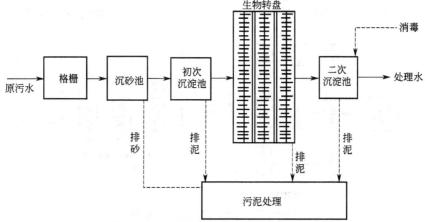

图 5-9　生物转盘处理系统基本工艺流程

生物转盘宜于采用多级处理方式。实践证明，如盘片面积不变，将转盘分为多级串联运行，能够提高处理水水质和污水中的溶解氧含量。

生物转盘一般可分为单轴单级、单轴多级（图 5-10）和多轴多级（图 5-11）等。级数的多少是根据废水净化要求达到的程度来确定的，转盘的多级布置可以避免水流短路，改进停留时间的分配，随着级数的增加，处理效果可相应提高。随着级数的递增，处理效果的增加率减慢。因为生物酶氧化有机物的速度正比于有机物的浓度，在多级转盘中，转盘的第一级进水口处有机物浓度最高，氧化速度最快. 随着级数的增加，有机物浓度逐渐降低，代谢产物逐渐增多，氧化速度也逐渐减慢，因此，转盘的分级不宜过多。一般来说，转盘的级数不超过四级。对城市污水多采用四级转盘进行处理。在设计时特别应注意的是第一级，首级承受高负荷，如供氧不足，可能使其形成厌氧状态。对此应采取适当的技术措施，如增加第一级的盘片面积、加大转数等。

如图 5-12 所示是生物转盘二级处理流程。这一流程可用于处理高浓度有机污水，能够将 BOD 值由数千毫克每升降至 20mg/L。

污水经处理，BOD 值逐级降低，因此，也可以采用逐级减少的生物转盘工艺流程（图 5-13）。

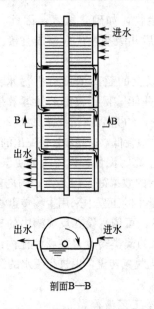

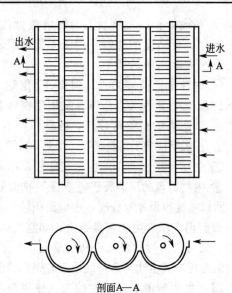

图 5-10　单轴四级生物转盘
平面与剖面示意图

图 5-11　多轴多级（三级）生物转盘
平面与剖面示意图

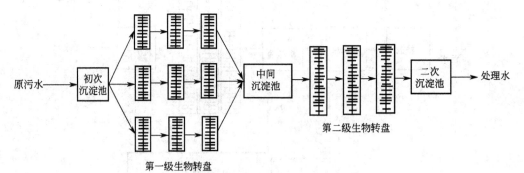

图 5-12　生物转盘二级处理流程

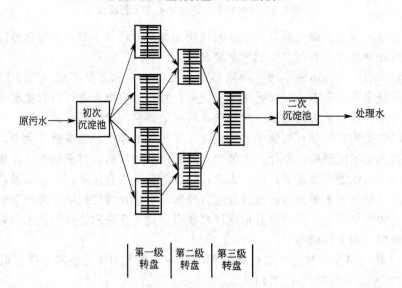

图 5-13　逐级减少的生物转盘工艺流程

第四节 生物接触氧化法

生物接触氧化法，就是在曝气池中填充块状填料，经曝气的废水流经填料层，使填料颗粒表面长满生物膜，废水和生物膜相接触，在生物膜生物的作用下，废水得到净化。生物接触氧化又名浸没式曝气滤池，也称固定式活性污泥法，它是一种兼有活性污泥和生物膜法特点的废水处理构筑物，所以它兼有这两种处理法的优点。

一、生物接触氧化反应器的构造与分类

1. 生物接触氧化反应器的构造

生物接触氧化反应器是生物接触氧化工艺系统的核心装置。

接触氧化反应器主要由池体、填料层、曝气系统、进水与出水系统以及排泥系统所成。如图 5-14 所示为接触氧化反应器的基本构造。

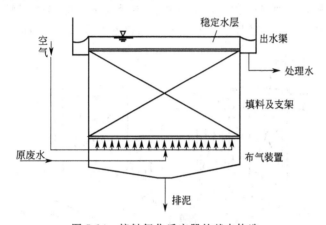

图 5-14 接触氧化反应器的基本构造

反应器池体的作用是接受被处理废水，在池内的固定部位充填填料，设置曝气系统为微生物创造适宜的环境条件，强化有机污染物的降解反应，排放处理水及污泥。

反应器的结构形状，在表面上可为圆形、方形和矩形，表面尺寸以满足配水布气均匀、便于填料充填和便于维护管理等要求确定，并应尽量考虑与前处理构筑物及二次沉淀池的表面形式相协调，以降低水头损失。

一般情况下，填料高度介于 2.0～3.5m 之间，多采用 3.0m，池底部曝气布气层高度取值 0.6～0.7m，上稳定水层高 0.5～0.6m，反应器总高度介于 4.5～5.0m。

废水在接触氧化反应器内的流态基本上为完全混合式，因此，对进水系统无构造要求，可以考虑用管道直接进水，可以采用从底部进水与空气同向流动，即同向流系统，也可以采用从上部进水与空气流向相对，即逆向流系统。

接触氧化反应器装置的处理水出流系统也比较简单，当采用同向流系统时，在池顶四周溢流堰与出水槽排放处理水，而当采用逆向流系统时，则在反应器外壁与填料之间的四周设出水环廊，并在其顶部设溢流堰与出水槽，处理水由出水环廊上升经溢流堰与出水槽排放。

填料充填支架安设在反应器内的固定位置，用以安装、固定填料，安设的部位与方式则根据采用的填料类型与安装方式确定。

2. 接触氧化反应器的分类

按曝气充氧和与填料接触的方式，接触氧化反应器可分为分流式和直流式两种。

分流式接触氧化反应器是对废水的充氧曝气和与填料的接触反应分别在两个不同的隔间内进行，见图 5-15(a)。直流式接触氧化反应器则是充氧曝气装置直接安装在填料底部，对填料进行全面的曝气，所以又称为全面曝气式，见图 5-15(b)。

根据曝气充氧区的位置，分流式接触氧化反应器又可分为中心曝气式［图 5-15(a)］及一侧曝气式［图 5-15(b)］。

直流式接触氧化反应器又称全面曝气式接触氧化反应器，图 5-15(c) 为其中的一种，在装置和填料底部均匀地配设空气扩散装置，空气直接进入填料区与生物膜接触，并对其冲刷，生物膜更新频率高，活性强并且稳定。

图 5-15(e) 所示也是全面曝气式接触氧化反应器，但空气扩散装置是旋转的，旋转轴是中空的，空气即由此进入，这种装置可使供气均匀而且更加合理，但能耗可能与前者相当，因为驱动中心轴也需要耗能。

图 5-15(d) 则是另一种曝气方式，空气扩散装置设于反应器中心部位，在气泡上升到水面后再行由四周溢下，这种曝气方式的接触氧化装置也可以称为内循环接触氧化系统。

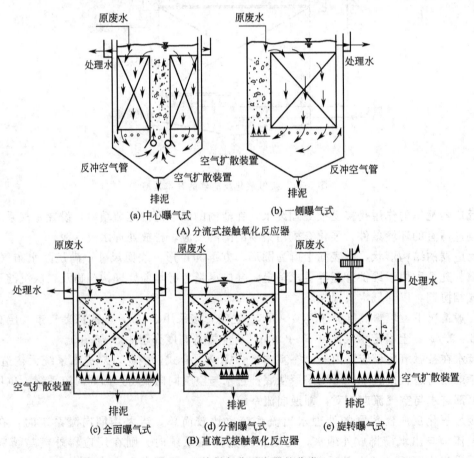

图 5-15 接触氧化反应器的分类

二、生物接触氧化法的工艺特征

生物接触氧化处理技术，在工艺、功能以及运行等方面具有下列主要特征。

1. 在工艺方面的特征

① 本工艺使用多种形式的填料，由于曝气，在池内形成液、固、气三相共存体系，有利于氧的转移，溶解氧充沛，适于微生物存活增殖。因此，生物膜上的生物相很丰富，除细菌外，球衣菌类的丝状菌、多种属的原生动物和后生动物能够形成稳定的生态系。

② 填料表面全为生物膜所布满，形成了生物膜的主体结构，由于丝状菌的大量滋生，有可能形成一个呈立体结构的密集的生物网，污水在其中通过起到类似"过滤"的作用，能够有效地提高净化效果。

③ 由于进行曝气，生物膜表面不断地接受曝气吹脱，这样有利于保持生物膜的活性，抑制厌氧膜的增殖，也有宜于提高氧的利用率，因此，能够保持较高浓度的活性生物量，据实验资料，每平方米填料表面上的活性生物膜量可达 125g，如折算成 MLSS，则为 13g/L。生物膜的立体结构形成了一个密集的生物网，废水从中通过，能够提高净化效果。

2. 在运行方面的特征

① 对冲击负荷有较强的适应能力，在间歇运行条件下，仍能够保持良好的处理效果，对排水不均匀的企业，更具有实际意义。

② 操作简单、运行方便、易于维护管理，无需污泥回流，不产生污泥膨胀现象，也不产生滤池蝇。

③ 污泥生成量少，污泥颗粒较大，易于沉淀。

3. 在功能方面的特征

生物接触氧化处理技术具有多种净化功能，除有效地去除有机污染物外，如运行得当还能够用以脱氮，因此，可以作为三级处理技术。

生物接触氧化处理技术的主要缺点是：如设计或运行不当，填料可能堵塞，此外，布水、曝气不易均匀，可能在局部部位出现死角。

生物接触氧化法的中心处理构筑物是接触氧化池，池内装入蜂窝状填料、纤维软性填料、半软性填料、纤维塑性复合填料及丝状球形悬浮填料等。

三、生物接触氧化处理技术的工艺流程

生物接触氧化处理技术的工艺流程，一般可分为一段（级）处理流程、二段（级）处理流程和多段（级）处理流程。

1. 一段（级）处理流程

生物接触氧化一段处理流程见图 5-16。

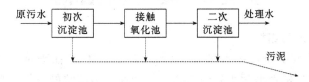

图 5-16　生物接触氧化技术一段处理流程

如图 5-16 所示，原污水经初次沉淀池处理后进入接触氧化池，经接触氧化池的处理后进入二次沉淀池，在二次沉淀池进行泥水分离，从填料上脱落的生物膜在这里形成污泥排出系统，澄清水则作为处理水排放。

接触氧化池的流态为完全混合型，微生物处于对数增殖期和衰减增殖期的前段，生物膜增长较快，有机物降解速率也较高。

一段处理流程的生物接触氧化处理技术流程简单，易于维护运行，投资较低。

2. 二段（级）处理流程

生物接触氧化二段处理流程见图 5-17。

图 5-17 生物接触氧化处理技术二段处理流程

二段处理流程的每座接触氧化池的流态都属完全混合型，而结合在一起考虑又属于推流式。

在一段接触氧化池内 F/M 值应高于 2.1，微生物增殖不受污水中营养物质的含量所制约，处于对数增殖期，BOD 负荷率亦高，生物膜增长较快。在二段接触氧化池内 F/M 值一般为 0.5 左右，微生物增殖处于衰减增殖期或内源呼吸期，BOD 负荷率降低，处理水水质提高。中间沉淀池也可以考虑不设。

3. 多段（级）处理流程

多段（级）生物接触氧化处理流程如图 5-18 所示，是由连续串联 3 座或 3 座以上的接触氧化池组成的系统。

图 5-18 多段(级)生物接触氧化处理流程

本系统从总体来看，其流态应按推流考虑，但每一座接触氧化池的流态又属于完全混合。

由于设置了多段接触氧化池，在各池间明显地形成有机污染物的浓度差，这样在每池内生长繁殖的微生物在生理功能方面适应于流至该池污水的水质条件，这样有利于提高处理效果，能够取得非常稳定的处理水。

经过适当运行，这种处理流程除去除有机污染物外，还具有硝化、脱氮功能。

第五节　曝气生物滤池

一、曝气生物滤池的结构

曝气生物滤池简称 BAF，是 20 世纪 80 年代末 90 年代初在普通生物滤池的基础上，借鉴给水滤池工艺而开发的新型污水处理工艺，是普通生物滤池的一种变形工艺，也可看成生物接触氧化法的一种特殊形式，即在生物反应器内装填高比表面积的颗粒填料，以提供生物膜生长的载体。如图 5-19 所示为曝气生物滤池的构造示意图。池内底部设承托层，其上部则是作为滤料的填料。在承托层设置曝气用的空气管及空气扩散装置，处理水集水管兼作反冲洗水管也设置在承托层内。

被处理的原污水，从池上部进入池体，并通过由填料组成的滤层，在填料表面有由微生物栖息形成的生物膜。在污水滤过滤层的同时，由池下部通过空气管向滤层进行曝气，空气由填料的间隙上升，与下流的污水相向接触，空气中的氧转移到污水中，向生物膜上的微生物提供充足的溶解氧和丰富的有机物。在微生物的新陈代谢作用下，有机污染物被降解，污水得到处理。

原污水中的悬浮物及由于生物膜脱落形成的生物污泥被填料所截留，滤层具有二次沉淀池的功能。

当滤层内的截污量达到某种程度时，对滤层进行反冲洗，反冲洗水通过反冲洗水排放管排出。

二、曝气生物滤池工艺特点

① 较小的池容和占地面积，可以获得较大处理水量；由于容积负荷高，可获得高质量的出水。

② 由于曝气生物滤池对 SS 的截流作用使出水的 SS 很少，不需要设置二沉池，处理流程简化，基建和运转费用大大降低；系统具有抗冲击能力，没有污泥膨胀的问题，能保持较高的微生物浓度，运行管理简单。

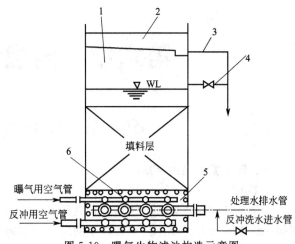

图 5-19　曝气生物滤池构造示意图
1—原污水流入；2—溢流槽；3—反冲洗水排放管；
4—中间排水管；5—承托层；6—曝气管

③ 由于系统内微生物的自身特性，即使一段时间停运，其设施可在几天内恢复运行。

④ 目前应用较多的曝气生物滤池是采用的上向流态，即上向流曝气生物滤池，在结构上采用气、水平行上向流态，并采用强制鼓风曝气技术，使得气、水进行极好分布，防止气泡在滤料中的凝结，氧的利用率高，能耗低。

⑤ 过滤空间能被很好利用，空气能将污水中的固体物质带入滤床深处，在滤床中形成高负荷、均匀的固体物质，延长反冲洗周期，减少清洗时间和反冲洗水量。

第六章　自然生物处理

第一节　氧化塘处理技术

一、氧化塘的类型与结构

1. 概述

氧化塘又称稳定塘或生物塘，它是天然的或人工修成的池塘，是构造简单、易于维护管理的一种废水处理设施，废水在其中的净化与水的自净过程十分相似。

多级串联塘系统不仅有很高的 COD、BOD 去除率和较高的氮、磷去除率，还有很高的病原菌、寄生虫卵和病毒去除率。氧化塘系统不仅在发展中国家广泛应用，而且在发达国家应用也很普遍。我国也建造了越来越多的污水处理氧化塘，如黑龙江省齐齐哈尔氧化塘系统、山东省东营氧化塘处理系统、广东省尖峰山养猪场氧化塘、内蒙古集宁市氧化塘系统等。

氧化塘处理工艺具有基建投资省、工程简单、处理能耗低、运行维护方便、成本低、污泥产量少、抗冲击负荷能力强等诸多优点，不足之处就是占地面积大。氧化塘适用于土地资源丰富、地价便宜的小城镇污水处理，尤其是有大片废弃的坑塘洼地、旧河道等可以利用的小城镇，可考虑采用该处理系统。

2. 类型

根据氧化塘内溶解氧的来源和塘内有机污染物的降解形式，氧化塘有好氧塘、兼性塘、厌氧塘、曝气塘等多种形式。

(1) 好氧氧化塘，简称好氧塘，深度较浅，一般不超过 0.5m，阳光能够透入塘底，主要由藻类供氧，全部塘水都呈好氧状态，由好氧微生物起有机污染物的降解与污水的净化作用。

(2) 兼性氧化塘，简称兼性塘，塘水较深，一般在 1.0m 以上，从塘面到一定深度（0.5m 左右），阳光能够透入，藻类光合作用旺盛，溶解氧比较充足，呈好氧状态；塘底为沉淀污泥，处于厌氧状态，进行厌氧发酵，介于好氧与厌氧之间的为兼性区，存活大量的兼性微生物。兼性塘的污水净化是由好氧、兼性、厌氧微生物协同完成的。

兼性氧化塘是城市污水处理最常用的一种氧化塘。

(3) 厌氧氧化塘，简称厌氧塘，塘水深度一般在 2.0m 以上，有机负荷率高，整个塘水基本上都呈厌氧状态，在其中进行水解、产酸以及甲烷发酵等厌氧反应全过程，净化速度低，污水停留时间长。

厌氧氧化塘一般用作高浓度有机废水的首级处理工艺，继之还设兼性塘、好氧塘甚至深度处理塘。

(4) 曝气氧化塘，简称曝气塘，塘深在 2.0m 以上，由表面曝气器供氧，并对塘水进行搅动，在曝气条件下，藻类的生长与光合作用受到抑制。

曝气塘又可分为好氧曝气塘及兼性曝气塘两种。好氧曝气塘与活性污泥处理法中的延时曝气法相近。

除上述几种类型的氧化塘以外，在应用上还存在一种专门用以处理二级处理后出水的深度处理塘。这种塘的功能是进一步降低二级处理水中残余的有机污染物、悬浮物、细菌以及氮、磷等植物性营养物质等，在污水处理厂和接纳水体之间起到缓冲作用。

根据处理水的出水方式，氧化塘又可分为连续出水塘、控制出水塘与贮存塘三种类型。上述的几种氧化塘，在一般情况下，都按连续出水方式运行，但也可按控制出水塘和贮存塘（包括季节性贮存塘）方式运行。

控制出水塘的主要特征是人为地控制塘的出水，在一年内的某个时期，如结冰期，塘内只有污水流入，而无处理水流出，此时塘可起蓄水作用。在某个时期内，如在灌溉季节，又将塘水大量排出，出水量远超过进水量。

贮存塘，即只有进水而无处理水排放的氧化塘，主要依靠蒸发和微量渗透来调节塘容。这种氧化塘需要的水面积很大，只适用于蒸发率高的地区。塘水中盐类物质的浓度将与日俱增，最终将抑制微生物的增殖，导致有机物降解效果降低。

3. 构造

氧化塘的构造形式一般是用围墙围成的土池子，图 6-1 是一个氧化塘的示意图。建造氧化塘围墙所需要的泥土一般从池子内挖掘，使池内挖土与围墙填土保持平衡。为了更好地控制渗漏，通常采用内衬，内衬材料包括天然黏土（例如斑脱土）、沥青、合成膜和混凝土等，为了便于维护围墙内表面一般采用混凝土。围墙在水平面以上的部分通常用草皮覆盖。氧化塘还包括进水端和出水端，废水从一端进入，处理后的废水在出水端集中排出，出水端一般位于与进水端相对的一侧。氧化塘内一般不采取保留生物量的措施，因此，SRT（固体停留时间）接近于 HRT（水力停留时间），HRT 一般为数天左右。

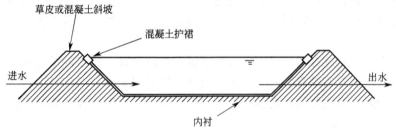

图 6-1 氧化塘的示意图

二、氧化塘的净化原理及工艺流程

1. 氧化塘的净化原理

不同类型氧化塘的生态系统是不一样的，因此，对污水的净化机理也不完全相同。图6-2 为典型的兼性氧化塘生态系统，其中包括好氧区、厌氧区及两者之间的兼性区。好氧区即为好氧塘的功能模式，厌氧区能够代表厌氧塘内的反应。总的来看，氧化塘对污水产生净化作用主要表现在以下 6 个方面。

（1）稀释作用 污水进入氧化塘后，在风力、水流以及污染物的扩散作用下，与塘内已有塘水进行一定程度的混合，使进水得到稀释，降低了其中各项污染指标的浓度。

稀释作用是一种物理过程，稀释作用并没有改变污染物的性质，但却为进一步的净化作用创造条件，如降低有害物质的浓度，使塘水中生物净化过程能够正常进行。

（2）沉淀和絮凝作用 污水进入氧化塘后，由于流速降低，其所挟带的悬浮物质在重力作用下沉于塘底，使污水的 SS、BOD_5、COD 等各项指标都得到降低。此外，在氧化塘的塘水中含有大量的生物分泌物，这些物质一般都具有絮凝作用，在其作用下，污水中的细小悬浮颗粒产生了絮凝作用，小颗粒聚集成为大颗粒，沉于塘底成为沉积层。沉积层则通过厌氧分解进行稳定。

自然沉淀与絮凝沉淀对污水在氧化塘的净化过程中起到一定的作用。

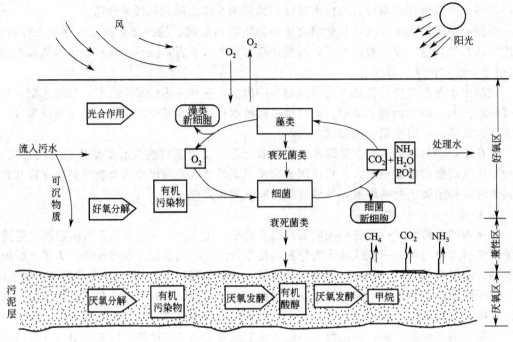

图 6-2　典型的兼性氧化塘生态系统

（3）好氧微生物的代谢作用　在氧化塘内，污水净化最关键的作用仍是在好氧条件下，异养型好氧菌和兼性菌对有机污染物的代谢作用，绝大部分的有机污染物都是在这种作用下而得以去除的。

当氧化塘内生态系统处于良好的平衡状态时，细菌的数目能够得到自然的控制。当采用多级氧化塘系统时，细菌数目将随着级数的增加而逐渐减少。

氧化塘由于好氧微生物的代谢作用，能够取得很高的有机物去除率，BOD_5 可去除 90% 以上，COD 去除率也可达 80%。

（4）氧微生物的代谢作用　在兼性塘的塘底沉积层和厌氧塘内，溶解氧全无，厌氧细菌得以存活，并对有机污染物进行厌氧发酵分解，这也是氧化塘净化作用的一部分。

在厌氧塘和兼性塘的塘底，有机污染物一般能够经历厌氧发酵三个阶段的全过程，即水解阶段、产氢产乙酸阶段和产甲烷阶段，最终产物主要是 CH_4 和 CO_2 以及硫醇等。

CH_4 的水溶性较差，要通过厌氧层、兼性层以及好氧层从水面逸走，厌氧反应生成的有机酸，有可能扩散到好氧层或兼性层，由好氧微生物或兼性微生物进一步加以分解，在好氧层或兼性层内的难降解物质，可能沉于塘底，在厌氧微生物的作用下，转化为可降解的物质而得以进一步降解。因此，可以说在稳定塘内，有机污染物是在好氧微生物、兼性微生物以及厌氧微生物协同作用下得以去除的。

在厌氧微生物的分解作用下，塘底污泥沉积层在量上得以降低，这一作用是应予以考虑的。

（5）浮游生物的作用　在稳定塘内存活着多种浮游生物，它们各自从不同的方面对稳定塘的净化功能发挥着作用。

① 藻类的主要功能是供氧，形成"菌藻共生系统"，同时也起到从塘水中去除某些污染物，如氮、磷的作用。

② 原生动物、后生动物及枝角类浮游动物在稳定塘内的主要功能是吞食游离细菌和细小的悬浮状污染物和污泥颗粒，可使塘水进一步澄清。此外，它们还分泌能够产生生物絮凝

作用的黏液。

③ 底栖动物如摇蚊等摄取污泥层中的藻类或细菌，可使污泥层的污泥数量减少。

④ 放养的鱼类的活动也有助于水质净化，它们捕食微型水生动物和残留于水中的污物。

各种生物形成稳定塘内主要的食物链网，能够建立良好的生态平衡，使污水中有机污染物得到降解，污水得到净化，其产物得到充分利用，最后得到鱼、鸭和鹅等水禽产物。

（6）水生维管束植物的作用　　在稳定塘内，水生维管束植物主要在以下几方面对水质净化起作用。

① 水生植物吸收氮、磷等营养，使稳定塘去除氮、磷的功能有所提高。

② 水生植物的根部具有富集重金属的功能，可提高重金属的去除率。

③ 每一株水生植物都像一台小型的供氧机，向塘水供氧。

④ 水生植物的根和茎为细菌和微生物提供了生长介质，去除 BOD 和 COD 的功能有所提高。

2. 氧化塘处理系统工艺流程

氧化塘可以单独使用，也可以组合在一起使用，也可以与其他方法组合在一起使用。已有的研究结果表明，氧化塘的串联和并联都会改善水力特性和处理效率，串并联级数越多，效果越好，但超过四个塘后，处理效率提高已很有限了。表6-1为科技人员根据室内试验

表 6-1　氧化塘串并联与处理效率

系统名称	组合名称	组合图式	处理效率/%
单塘系统	单塘		76.8
二塘系统	二塘串联		80.9
	二塘并联		78.8
三塘系统	三塘串联		83.4
	三塘并联		79.4
	二塘并联和单塘串联		79.9
	单塘与二并联塘串联		79.9
四塘系统	四塘串联		84.6
	四塘并联		80.4
	二塘并联与第三、第四塘串联		82.9
	第一、第二塘串联与两并联塘串联		82.9
	两塘串联再并联		81.0

结果计算出的十几种串并联形式的处理效率，供设计人员参考。

三、氧化塘的工艺设计

1. 好氧塘的设计

好氧塘深度一般不超过 0.5m，全部塘水都呈好氧状态，因此，净化效果好，有机污染物降解速率高，水力停留时间短。但占地面积大，处理水中含有大量的藻类，需进行除藻处理。

根据有机物负荷率的高低，好氧塘还可以分为高负荷好氧塘、普通好氧塘和深度处理好氧塘三种。

高负荷好氧塘，有机物负荷率高，污水停留时间短，塘水中藻类浓度很高，这种塘仅适于气候温暖、阳光充足的地区采用。

普通好氧塘，即一般所指的好氧塘，有机物负荷率较前者为低，以处理污水为主要功能。

深度处理好氧塘，以处理二级处理工艺出水为目的，有机物负荷率很低，水力停留时间也较前者为低，处理水质良好。

好氧塘的设计参数见表 6-2。

表 6-2　典型好氧塘设计参数

项　目	高负荷好氧塘	普通好氧塘	深度处理塘
BOD_5 负荷/[kg/($10^4 m^2 \cdot$ d)]	80～160	40～120	<5
水力停留时间/d	4～6	10～40	5～20
水深/m	0.30～0.45	<0.5	0.5～1.0
pH	6.5～10.5	6.5～10.5	6.5～10.5
温度范围/℃	5～30	0～30	0～30
BOD_5 去除率/%	80～90	80～95	60～80
藻类浓度/(mg/L)	100～260	40～100	5～10
出水悬浮固体/(mg/L)	150～300	80～140	10～30

2. 兼性塘的设计

兼性塘的净化功能是多方面的，不仅对城市污水、生活污水有较好的效果，而且能够比较有效地去除某些较难降解的有机化合物，如木质素、合成洗剂、农药以及氮、磷等植物性营养物质。同时兼性塘对水量、水质的冲击负荷有一定的适应能力，在达到同等处理效果的条件下，其建设投资与维护管理费用低于其他生物处理工艺。

兼性塘处理城市污水时，设计参数可参见表 6-3。

表 6-3　兼性塘面积负荷与水力停留时间

冬季最冷月年均气温/℃	BOD_5 负荷/[kg/($10^4 m^2 \cdot$ d)]	停留时间/d	冬季最冷月年均气温/℃	BOD_5 负荷/[kg/($10^4 m^2 \cdot$ d)]	停留时间/d
15 以上	70～100	≥7	−10～0	20～30	120～40
10～15	50～70	20～7	−10～−20	10～20	150～120
0～10	30～50	40～20	−20 以下	<10	180～150

3. 厌氧塘的设计

厌氧塘的水深较深，一般在 3m 以上，全塘大都处于厌氧状态。由于厌氧塘出水的水质不好，因此，一般将厌氧塘作为预处理与好氧塘或兼性塘组成生物稳定塘系统，用于处理水量小、浓度高的有机废水。

厌氧塘处理城市污水时，设计参数可参见表 6-4。

表 6-4 厌氧塘设计参数

平均气温/℃	BOD$_5$表面负荷 /[kg/(10^4m^2 · d)]	BOD$_5$ 容积负荷 /[kg/(10^4m^3 塘容 · d)]	停留时间/d
<8	200	280~660	3~7
8~16	300	400~1000	2~5
>16	400	660~2000	1~3

4. 曝气塘的设计

曝气塘可分为好氧曝气塘与兼性曝气塘两类。当曝气装置的功率水平足以维持塘内全部固体处于悬浮状态并向废水提供足够的氧，则为好氧曝气塘；当动力水平仅能供应废水必需的溶解氧，并使部分悬浮固体处于悬浮状态，而部分固体沉积塘底并进行厌氧分解者，为兼性曝气塘。

好氧曝气塘一般设计时采用高 F/M 值或低 θ_c 值，此类塘对有机物的稳定（分解）充分，只是将溶解性有机物转化为细胞形式的有机物。兼性曝气塘在设计时采用较高的 θ_c 值，废水中有机物的稳定（分解）较充分。故兼性曝气塘能在较低动力输入条件下得到好的出水水质，但水力停留时间则较长。

好氧曝气塘（完全混合曝气塘），其出水的污泥可回流也可不回流。污泥回流的好氧曝气塘实质上是一种活性污泥法，在其出水中废水的固态 BOD$_5$ 仍残留 1/3~1/2，在排放前应将这些固体物去除，因此需设沉淀池，或用挡板将塘隔出一部分作为沉淀区（塘）。此外，还可在塘后设置兼性塘，用以进一步改善出水水质，又可将固体物沉淀在兼性塘的厌氧反应坑内进行厌氧消化。

好氧曝气塘的 BOD$_5$ 表面负荷率，《给水排水设计手册》对城市污水处理的建议值是 300~600kgBOD$_5$/(10^4m^2 · d)。

塘深与采用的表面机械曝气器的功率有关，一般介于 2.5~5.0m 之间。

停留时间，好氧曝气塘为 1~10d；兼性曝气塘为 7~20d(冬季更长)。塘内悬浮固体（生物污泥）浓度为 80~200mg/L 之间。

第二节 人工湿地污水处理技术

一、人工湿地的类型与构造

人工湿地是人工建造的、可控制的和工程化的湿地系统，其设计和建造是通过对湿地自然生态系统中的物理、化学和生物作用的优化组合来进行废水处理的。

人工湿地污水处理技术是 20 世纪 70~80 年代发展起来的一种污水生态处理技术。由于它能有效地处理多种多样的废水，如生活污水、工业废水、垃圾渗滤液、地面径流雨水、合流制下水道暴雨溢流水等，且能高效地去除有机污染物，氮、磷等营养物，重金属，盐类和病原微生物等多种污染物，具有出水水质好，氮、磷去除处理效率高，运行维护管理方便，投资及运行费用低等特点，近年来获得迅速的发展和推广应用。

采用人工湿地处理污水，不仅能使污水得到净化，还能够改善周围的生态环境和景观效果。小城镇周围的坑塘、废弃地等较多，有利于建设人工湿地处理系统。

1. 人工湿地的基本结构

人工湿地一般由以下的结构单元构成：底部的防渗层；由填料、土壤和植物根系组成的基质层；湿地植物的落叶及微生物尸体组成的腐质层；水体层和湿地植物（主要是根生挺水植物），见图 6-3。在潜流型湿地中在正常运行情况下不存在明显的水体层，但在水力坡度设计不

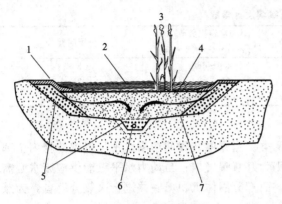

图 6-3　人工湿地的结构示意图
1—防护边坡；2—水体层；3—植物；4—基质层；
5—渗滤层；6—渗水管；7—防渗层

合理或基质层发生堵塞时，潜流型湿地中也会出现自由水面型湿地的某些特征，如部分地区形成位于基质层以上的水体层。

（1）防渗层　人工湿地的防渗层主要作用是阻止污水向地下水体的渗漏，这对于某些可能造成地下水污染的工业废水来说十分重要。通常采用黏土层来防渗，国外也有采用低密度聚乙烯（LDPE）做衬里。对于处理雨水的湿地也可不采用防渗层，使经过处理的雨水直接补充地下水。

（2）基质层　基质层是人工湿地处理污水的核心部分。在自由水面型人工湿地中，一般直接采用土壤和植物根系构成基质层，在地下潜流型人工湿地中，一般采用砾石填料和土壤或砂构成基质层。

基质层的作用是提供水生植物生长所需的基质，为污水在其中的渗流提供良好的水力条件，为微生物提供良好的生长载体。

湿地基质层中的微生物相是极其丰富的，这对于污染物，尤其对难降解有机污染物的分解是十分有利的，这也是污水生态处理的优势所在。

（3）腐殖层　腐殖层中的主要物质就是湿地植物的落叶、枯枝、微生物及其他小动物的尸体。腐殖层和植物的茎形成一个过滤带，它不但提供微生物生长的载体，而且可以很好地去除进水中的悬浮物。

（4）水生植物　水生植物的作用是多方面的。

① 水生植物的存在可以提高湿地的处理效率。首先，种植有高密度芦苇的 FWS 型湿地，可以有效地消除短流现象，而没有植物的湿地运行效能很差，尤其是在高负荷时；其次，植物的根系可以维持潜流型湿地中良好的水力输导性，使湿地的运行寿命延长；第三，植物的根系和被水层淹没的茎、叶起到微生物的载体作用，可以在其表面形成生物膜，通过其中微生物的分解和合成代谢作用，能有效地去除污水中的有机污染物和营养物质。这是自由水面型湿地去除污染物的主要机理。

② 输送氧。水生植物与陆生植物的不同之处在于它能够将氧输送到根系，这样不仅在土壤表面有氧气，而且在芦苇床的深层土壤中，尤其是芦苇根系附近的土壤中也有氧存在，这样就在根系附近的土壤中生长着大量的好氧细菌，而离根系远的土壤中则有许多种厌氧菌和兼性菌生存，这就使芦苇床成为一个好氧/缺氧/厌氧反应器，它能够降解去除多种多样的有机污染物，实现生物脱氮。这是潜流型人工湿地去处污染物的主要机理。

③ 水生植物能够对有机污染物和氮磷等营养化合物进行分解和合成代谢，包括对氮、磷、钾的直接摄取，还能直接摄取一些环状有机化合物并将其转化为生长植物的纤维组织。但是，这种去除只占污染物去除总量的 2%～5%，而且氮、磷、钾循环随季节不同有可逆的倾向。

④ 致密的植物可以在冬季寒冷季节起到保温作用，减缓湿地处理效率的下降。

（5）水体层　在地表径流型人工湿地中，水体在表面流动的过程也就是污染物进行生物降解的过程，同时在生态效果方面，水体层的存在提供了鱼、虾、蟹等水生动物和水禽等的栖息场所，由此构成了生机盎然的湿地生态系统。

2. 人工湿地的类型

人工湿地可以分为表流人工湿地和潜流人工湿地。

(1) 表流人工湿地　表流人工湿地是用人工筑成水池或沟槽状,然后种植一些水生植物,如芦苇、香蒲等,见图6-4。在表流人工湿地系统中,污水从进口以一定深度缓慢流过湿地表面,部分污水蒸发或渗入湿地,出水经溢流堰流出,水的流动更接近于天然状态。表流人工湿地水位较浅,多在0.3~0.5m之间。

根据表流人工湿地中占优势的大型水生植物种类的不同,可以分为三种形式:挺水植物系统、浮水植物系统和沉水植物系统。对于处理污水的人工湿地系统而言,主要应用挺水植物系统,尤其是种植芦苇、水葱、蒲草、香蒲、灯心草等的湿地系统。

这种湿地系统中污染物的去除也主要是依靠生长在植物水下部分的茎、秆上的生物膜完成的,处理能力较低。同时,该系统处理效果受气候影响较大,在寒冷地区冬天还会发生表面结冰问题。因此,表流人工湿地单独使用较少,大多和潜流人工湿地或其他处理工艺组合在一起,但这种系统投资小。

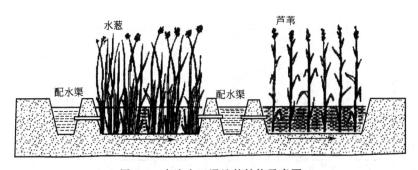

图 6-4　表流人工湿地的结构示意图

(2) 潜流人工湿地　潜流人工湿地的水面位于基质层以下。基质层由上下两层组成,上层为土壤,下层是由易于使水流通的介质组成的根系层,如粒径较大的砾石、炉渣或砂层等,在上层土壤层中种植芦苇等耐水植物。床底铺设防渗层或防渗膜,以防止废水流出该处理系统,并具有一定的坡度。

潜流人工湿地的水流是在湿地床的内部流动,因而一方面可以充分利用填料表面生长的生物膜、丰富的植物根系及表层土和填料截留等的作用,以提高其处理效果和处理能力;另一方面则由于水流在地表以下流动,故具有保温性较好、处理效果受气候影响小、卫生条件较好的特点。其缺点是建造费用比表流人工湿地地高。

根据湿地中水流动的状态可将其分为水平流潜流人工湿地(图6-5)、垂直流潜流人工湿地(图6-6)和复合流潜流人工湿地(图6-7)。

水平流潜流人工湿地,其水流从进口起在根系层中沿水平方向缓慢流动,出口处设水位调节装置和集水装置,以保持污水尽量和根系层接触。根系层填料由三层组成:表层土壤、中层砾石和下层小豆石。在表层土壤种植耐水性植物,如芦苇、荘芏(俗称席草)、蒲草和大米草等。除了一般的湿地去除污染物机理外,1977年德国学者 Kickuth 提出了根区理论:由植物根系对氧的传递释放,使其周围的微环境中依次呈现出好氧、缺氧及厌氧状态,这是它去除污染物尤其是除氮的重要机理之一。填料和植物根系的存在为各种微生物提供了附着的载体,形成了去除有机污染物的"微环境"。同时,它们也提供了污水渗流的良好水力条件。

垂直流潜流人工湿地的水流方向和根系层呈垂直状态,其出水装置一般设在湿地底部。

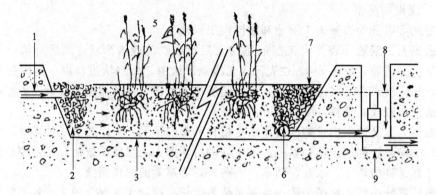

图 6-5　水平流潜流人工湿地

1—预处理污水；2—布水区；3—防渗层；4—填料层；5—植物；6—出水集水管；

7—集水区；8—水位控制井；9—排水沟

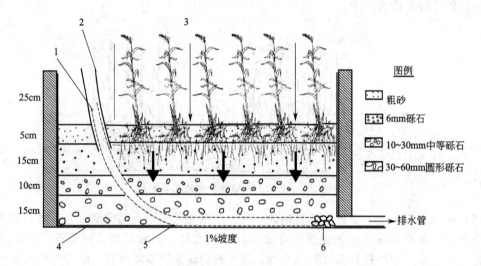

图 6-6　垂直流潜流人工湿地

1—穿孔管外径 110mm；2—硬管；3—在整个表面间歇进水；4—LDPE 衬层；

5—充氧与排水管网；6—大块石

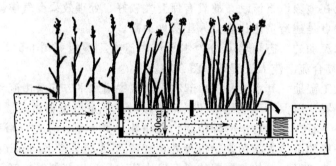

图 6-7　复合流潜流人工湿地

和水平流潜流人工湿地相比，这种床体形式的主要作用在于提高氧向污水及基质中的转移效率。其表层通常为渗透性能良好的砂层，间歇进水。污水被投配到砂石床上后，淹没整个表面，然后逐步垂直渗流到底部，由底部的排水管网予以收集。在下一次进水间隙，允许空气填充到床体的填料间，这样下一次投配的污水能够和空气有良好的接触条件，提高氧转移效率，以此来提高 BOD 去除和氨氮硝化的效果。

复合流潜流人工湿地的特点是填料层中的水流既有水平流，也有竖向流。如图 6-6 所示是两级串联的复合流湿地系统。其中第一级为芦苇床湿地，以水平流和下向垂直流的组合流的流态流入第二级湿地，由于它具有很强的除污染效能，用以去除污水中大部分的污染物和污染负荷。第二级为灯芯草床湿地，以水平流和上向垂直流的组合流态经溢流出水堰流入出水渠中。

二、人工湿地的净化机理

1. 悬浮固体物质的去除

在表流人工湿地和潜流人工湿地中，进水悬浮物的去除都在湿地的进口处 5～10m 内完成，这主要是基质层填料、植物的根系和茎、腐殖层的过滤和阻截作用。在表流人工湿地中，水流沿地表面均匀和缓慢地流动使悬浮物沉降，也是其去除机理之一；湿地中的物理、化学和生物吸附作用都能够去除细小的悬浮物。在潜流人工湿地中，平整的基质层底面及其适宜的水力坡度，使进入湿地的污水不发生地表漫流，而使污水全部流经基质层，这对提高悬浮物的去除效率至关重要。

2. 有机物的去除与转化

人工湿地对有机物的去除途径主要有以下几个方面：可溶性有机物可通过植物根系生物膜的吸附、吸收及生物代谢降解过程而被分解去除，不溶性有机物通过湿地的沉淀、过滤作用，可以很快地被截留而被微生物利用；另外，植物能够吸收部分有机物，一些填料也能吸附有机物，最终可以通过对湿地床填料的定期更换及对湿地植物的收割而使有机物得到去除。

3. 氮的去除与转化

人工湿地对氮的去除主要靠微生物的氨化、硝化和反硝化作用。在处于饱和状态的基质中生长的水生植物，可以增加湿地基质的透气性，同时湿地植物又能将空气传输到其根部，因此，使植物根系上附着的生物膜有着好氧、厌氧、缺氧降解区，进而发生氨化、硝化和反硝化反应。氨氮被湿地植物和微生物同化吸收，转变为有机体的一部分，通过定期收割植物去除也是人工湿地除氮的一个途径，但在植物的枯萎和死亡期去除效率较低，每年湿地对氮的吸收在 $12\sim120gN/(m^2\cdot a)$。另外，氨氮在较高 pH 值（>8）下向大气中挥发，也能去除一小部分氮。

4. 磷的去除与转化

湿地中磷的存在形式有三种：有机磷化合物、不溶性磷酸盐和可溶性磷酸盐。有机磷化合物主要存在于微生物和植物体内，不溶性磷酸盐是磷的主要存在形式，可溶性磷酸盐是惟一能够被微生物和植物利用的形式。

人工湿地对磷的去除是由植物吸收、微生物去除及物理化学作用而完成的。无机磷在植物吸收及同化作用下，可变成植物的有机成分，通过植物的收割而得以去除。可溶性的无机磷酸盐很容易与土壤中的 Al^{3+}、Fe^{3+}、Ca^{2+} 等发生化学沉淀反应，所以，采用含钙质的填料或膨胀黏土有助于磷的去除。磷的另一去除途径是通过微生物对磷的正常同化吸收，聚磷菌对磷的过量积累，通过对湿地床的定期更换而将其去除。

5. 难降解有机化合物的去除

与传统的污水处理工艺相比，湿地处理系统能更有效地去除难降解有机化合物，如苯、酚、萘酸、杀虫剂、除草剂、氯化物和芳香族的碳氢化合物。土壤是一个巨大的微生物资源库，它所能分解的有机化合物的数量远远大于单一的污水处理构筑物；湿地中也存在种类繁多、数量巨大的微生物群落和多种沼生植物群落，通过它们的共同作用，能够降解复杂有机化合物。有的研究甚至发现湿地植物如芦苇能直接吸收一些难降解的有机化合物。

6. 病原菌的去除与转化

病原菌是由水中的悬浮物带入湿地中的，因此，是通过沉淀、拦截等去除的。病原菌的去除与总悬浮物的去除和水力停留时间有关。

7. 金属的去除和转化

湿地中金属去除的机理主要有：植物的吸收和生物富集作用，土壤胶体颗粒的吸附（离子交换），成为不可溶的沉淀物，如硫酸盐、碳酸盐、氢氧化物等。金属被吸收的程度要视金属类型和湿地植物类型而定。

8. 其他有机化合物的去除和转化

这些有机物包括农药、肥料、化学药剂等，它们的去除是由化合物特性、湿地类型、植物种类和它们的环境因素决定的，去除机理主要包括挥发、沉淀、拦截、生物降解、吸附等。另外，还有一些有机化合物是通过植物吸收后，随植物降解又回到其他水体中，从而得以去除。

三、人工湿地的工艺设计

（一）工艺设计参数

1. 表流人工湿地设计参数

（1）有机负荷　表流人工湿地的有机负荷范围较宽，当有机负荷为 $18\sim116kgBOD_5/(10^4m^2\cdot d)$ 时，BOD_5 的去除率可达 93%，因此，一般建议采用 $110kgBOD_5/(10^4m^2\cdot d)$。

（2）水力停留时间　一般以 $7\sim14d$ 为宜。

（3）湿地的长宽比和水深　长宽比宜大于 10∶1；夏季水深宜小于 10cm，冬季宜大于 45cm。

（4）介质的孔隙度　一般采用 0.75。

（5）供微生物栖息活动的比表面积　一般采用 $15.7m^2/m^3$。

2. 潜流人工湿地设计参数

（1）有机负荷　潜流人工湿地的有机负荷范围取决于水生植物的输供氧的值。一般建议采用 $166\sim200kgBOD_5/(10^4m^2\cdot d)$。

（2）水力负荷　一般在 $20\sim280m^3/(m^2\cdot d)$ 之间。

（3）湿地床深度　处理城市污水或生活污水时，湿地床深度一般为 $0.6\sim0.7m$。

（4）湿地的长宽比　长宽比不宜小于 3∶1，池长不应小于 20m。

（二）工艺设计

1. 人工湿地工艺系统组合

在实际应用中，人工湿地处理工艺系统有多种组合形式，具体见图 6-8。

① 单池系统，见图 6-8(a)。

② 串联系统，见图 6-8(b) 和 (d)。

③ 并联系统，见图 6-8(c)。并联系统中单元数越多，运行管理越灵活，清理和维护管理越方便。

④ 串联-并联系统，见图 6-8(g)。

⑤ 湿地与稳定塘的组合系统，见图 6-8(e) 和 (f)。

另外，还有湿地与地表漫流或农田（稻田）的组合系统。

2. 人工湿地的布水形式

湿地的布水形式，决定湿地的水流形式。湿地的布水形式主要有：推流式、分级进水

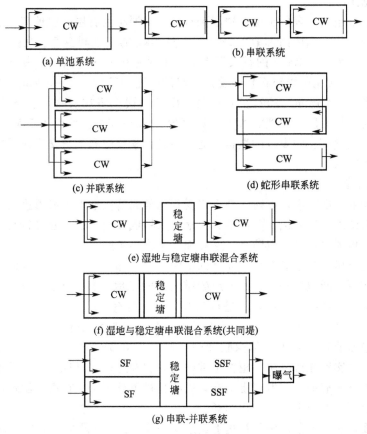

图 6-8 人工湿地处理工艺系统的组合形式

式、回流式及"雪糕"式分级进水-回流型布水 4 种类型。推流式布水最为简单,动力省,输水管渠少,便于进行操作和管理。分级进水式有利于均匀分布有机负荷,提高 SS 和 BOD 的去除率,也可为后续的脱氮过程提供更多的碳源。回流式可以稀释透水浓度,减少臭气产生,增加溶解氧和延长水力停留时间,有助硝化过程的进行,这种形式增加基建和运行费用。"雪糕"式分级进水和回流型布水形式,将进水与出水并排布置,减少回流管长度,节能,进水管若采用可调节的穿孔管,有助于布水均匀。

四、有关人工湿地的其他问题

1. 场地选择

人工湿地处理工艺所需的占地面积与传统的二级生物处理法相比要大些。因此,采用人工湿地工艺处理污水时,应因地制宜确定场地,尽量选择有一定自然坡度的洼地或经济价值不高的荒地,减少土方工程量、利于排水、降低投资。

2. 栽种植物的类型

湿地中栽种的水生植物,应考虑尽可能地增加湿地系统的生物多样性。选择时可根据耐污性、生长能力、根系的发达程度以及经济价值和美观要求等因素来确定,同时也要考虑当地的气候、水文、土壤及污水性质等条件。一般选用水生维管束植物中的挺水植物,如芦苇、灯芯草、水葱、宽叶香蒲等,目前最常用的是芦苇。芦苇的根系较为发达,是具有巨大比表面积的活性物质,其生长可深入到地下 0.6～0.7m,且具有良好的输氧能力。采用芦苇作为湿地植物时,应注意取当地的芦苇种,以保证其对当地气候环境的适应性。

3. 填料的使用

湿地床由三层组成，表层土层、中层砾石层和下层小豆石层。湿地床表层土壤可就近采用当地的表层土，如能利用钙含量在 2～2.5kg/100kg 的土壤则更好。在铺设表层土时，要将地表土壤与粒径为 5～10mm 的石灰石掺合，厚度为 0.15～0.25m。表层以下采用粒径在 0.5～5cm 的砾石（或花岗岩碎石）铺设，其铺设厚度一般为 0.4～0.7m，有时也采用粒径为 5～10mm（或 12～25mm）的石灰石填料。由于表层土壤在浸水后会产生一定的沉降作用，因而设计时填料上层的厚度宜大于设计值的 10%～15%。填料本身对生物处理效果的影响不大，但采用含钙、铁成分的填料，能够通过化学反应和离子交换作用提高废水磷和重金属离子的去除效果。

4. 湿地床防渗

人工湿地需要考虑防渗，以防止地下水受到污染或防止地下水渗透进入湿地。提供污水深度处理的表流湿地处理系统，一般不会对地下水构成威胁，也不必进行衬里。提供二级处理的潜流湿地一般需要衬里，以防止污水和地下水直接接触。

如果现场的土壤和黏土能够提供充足的防渗能力，那么压实这些土壤做湿地的衬里已经足够。含有石灰石、断裂的基岩、碎石或砂质土壤的场地，必须用其他方法进行防渗处理。在选择防渗方法前，需要对建筑材料进行实验分析。含有 15% 以上黏土的土壤一般比较合适，膨润土和其他黏土提供了吸附/反应的场所，并能够产生碱度。

人工衬里包括沥青、合成丁基橡胶和塑料膜（如 0.5～10.0mm 厚的高密度聚乙烯）。衬里必须坚固、密实和光滑以防止植物根部的附着和穿透；如果现场的土壤中含有棱角的石块，那么在衬里下面需铺一层沙或土工布，以防止衬里被刺穿；在潜流湿地系统中，合成衬里的下面一般也要铺上土工布以防止刺穿。

如果有必要，在表流湿地中的衬里上面应覆盖 15～30cm 厚的土壤，以防止植被的根系刺穿衬里。

5. 进水系统

表流湿地的进水通常很简单，一般采用末端开口的管道、渠道或带有闸门的管道，将水直接排入湿地中。潜流湿地的进水结构包括铺设在地面和地下的多头导管（如管径为 150mm 的穿孔管）、与水流方向垂直的敞开沟渠以及简单的单点溢流装置。地下的多头导管可避免藻类的黏附生长及可能发生的堵塞，但调整和维护比较困难。设置在地表面、可调节出口的多头导管，能够为调整和维护带来方便。在寒冷地区必须采用地下进、配水装置，并应在冰冻线以下，防止被冻。地表面多头导管要高出湿地水面12～24cm。

6. 出水系统和水位控制

在表流型湿地中，水位由出口结构如溢流装置、溢水口或可调管道控制。一个高度可变的堰，如一个带有可移动叠梁闸门的箱，能简单地调整水位。在较大系统中可能需要更复杂的结构，需要设置隔浮渣板/除浮渣器和截留/清除漂浮碎叶的格栅，以避免悬浮物堵塞出口。考虑到在出现较大降雨时，在湿地处理系统中可能出现较短时间的大的排水流量，因此，溢流装置和溢洪道必须设计成能够通过最大可能的水流量。

在潜流湿地中，出水包括多种地下的多头导管、溢流堰箱或类似的带有闸门的结构。多头导管应放置在刚刚高出湿地床底面的位置以便能完全控制水位，包括排水。建议使用可调节水位的出水口以便在湿地床中维持一个足够的水力坡度，同时对湿地的运行和维护都有很大的好处。

第七章 膜生物反应器

第一节 膜生物反应器的分类与特征

膜生物反应器（MBR）是将废水生物处理技术和膜分离技术相结合而形成的一种新型、高效的污水处理技术。膜生物反应器主要由膜组件和膜生物反应器两部分构成。大量的微生物（活性污泥）在生物反应器内与基质（废水中的可降解有机物等）充分接触，通过氧化分解作用进行新陈代谢以维持自身生长、繁殖，同时使有机污染物降解。膜组件通过机械筛分、截留等作用对废水和污泥混合液进行固液分离，大分子物质等被浓缩后返回生物反应器，从而避免了微生物的流失。生物处理系统和膜分离组件的有机组合，不仅提高了系统的出水水质和运行的稳定程度，还延长了难降解大分子物质在生物反应器中的水力停留时间，加强了系统对难降解物质的去除效果。

一、膜生物反应器的分类

根据膜组件和生物反应器的组合位置不同可笼统地将膜生物反应器分为一体式、分置式和复合式三大类。

1. 一体式 MBR 反应器

一体式 MBR 反应器是将膜组件直接安置在生物反应器内部，有时又称为淹没式 MBR（SMBR），它依靠重力或水泵抽吸产生的负压作为出水动力。一体式 MBR 工艺流程如图 7-1 所示。

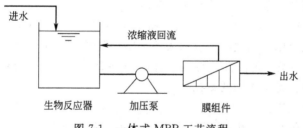

图 7-1 一体式 MBR 工艺流程

一体式膜生物反应器利用曝气产生的气液向上剪切力实现膜面的错流效应，也有在膜组件附近进行叶轮搅拌或通过膜组件自身旋转来实现错流效应。一体式膜生物反应器的主要特点如下。

① 膜组件置于生物反应器之中，减少了处理系统的占地面积。

② 用抽吸泵或真空泵抽吸出水，动力消耗费用远远低于分置式 MBR，资料表明，一体式 MBR 每吨出水的动力消耗为 0.2~0.4kW·h，约是分置式 MBR 的 1/10。如果采用重力出水，则可完全节省这部分费用。

③ 一体式 MBR 不使用加压泵，因此，可避免微生物菌体受到剪切而失活。

④ 膜组件浸没在生物反应器的混合液中，污染较快，而且清洗起来较为麻烦，需要将膜组件从反应器中取出。

⑤ 一体式 MBR 的膜通量低于分置式。

为了有效防止一体式 MBR 的膜污染问题，人们研究了许多方法：在膜组件下方进行高强度的曝气，靠空气和水流的搅动来延缓膜污染；有时在反应器内设置中空轴，通过它的旋转带动轴上的膜也随之转动，在膜表面形成错流，防止其污染。

2. 分置式 MBR 反应器

分置式 MBR 反应器的膜组件和生物反应器分开设置，通过泵与管路将两者连接在一起，如图 7-2 所示。反应器中的混合液由泵加压后进入膜组件，在压力的作用下过滤液成为系统的处理水，活性污泥、大分子等物质被膜截留，回流至生物反应器。分置式 MBR，有时也称为错流式 MBR，还有的资料称为横向流 MBR。分置式膜生物反应器具有如下特点。

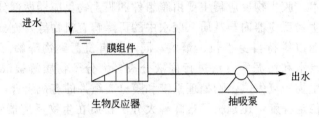

图 7-2　分置式 MBR 工艺流程

① 膜组件和生物反应器各自分开，独立运行，因而相互干扰较小，易于调节控制。

② 膜组件置于生物反应器之外，更易于清洗更换。

③ 膜组件在有压条件下工作，膜通量较大，且加压泵产生的工作压力在膜组件承受压力范围内可以进行调节，从而可根据需要增加膜的透水率。

④ 分置式膜生物反应器的动力消耗较大，加压泵提供较高的压力，造成膜表面高速错流，延缓膜污染，这是其动力费用大的原因。

⑤ 生物反应器中的活性污泥始终都在加压泵的作用下进行循环，由于叶轮的高速旋转而产生的剪切力会使某些微生物菌体产生失活现象。

⑥ 分置式膜生物反应器和另外两种膜生物反应器相比，结构稍复杂，占地面积也稍大。

目前，已经规模应用的膜生物反应器大多采用分置式，但其动力费用过高，每吨出水的能耗为 2.1kW·h，约是传统活性污泥法能耗的 10～20 倍，因此，能耗较低的一体式膜生物反应器的研究逐渐得到了人们的重视。

3. 复合式 MBR 反应器

复合式 MBR 在形式上仍属于一体式 MBR，也是将膜组件置于生物反应器之中，通过重力或负压出水，所不同的是复合式 MBR 是在生物反应器中安装填料，形成复合式处理系统，其工艺流程如图 7-3 所示。

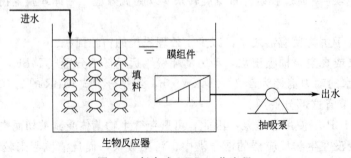

图 7-3　复合式 MBR 工艺流程

在复合式 MBR 中安装填料的目的有两个：一是提高处理系统的抗冲击负荷，保证系统的处理效果；二是降低反应器中悬浮性活性污泥浓度，减小膜污染的程度，保证较高的膜通量。

二、膜生物反应器的特点

MBR 反应器作为一种新兴的高效废水生物处理技术，特别是它在废水资源化及回用方面有着诱人的潜力，受到了世界各国环保工程师和材料科学家们的普遍关注。MBR 工艺与其他生物处理工艺相比具有无法比拟的明显优势，主要有以下几点。

① 能够高效地进行固液分离，分离效果远好于各种沉淀池；出水水质好，出水中的悬浮物和浊度几乎为零，可以直接回用；将二级处理与深度处理合并为一个工艺；实现了污水的资源化。

② 由于膜的高效截留作用，可以将微生物完全截留在反应器内；将反应器的水力停留时间（HRT）和污泥龄（STR）完全分开，使运行控制更加灵活。

③ 反应器内微生物浓度高，耐冲击负荷。

④ 反应器在高容积负荷、低污泥负荷、长污泥龄的条件下运行，可以实现基本无剩余污泥排放。

⑤ 由于采用膜法进行固液分离，使污水中的大分子难降解成分在体积有限的生物反应器中有足够的停留时间，极大地提高了难降解有机物的降解效率，同时不必担心产生污泥膨胀的问题。

⑥ 由于污泥龄长，有利于增殖缓慢的硝化菌的截留、生长和繁殖，系统硝化作用得以加强。通过运行方式的适当调整亦可具有脱氮和除磷的功能。

⑦ 系统采用 PLC 控制，可实现全程自动化控制。

⑧ MBR 工艺设备集中，占地面积小。

MBR 工艺具有许多其他污水处理方法所没有的优点，但也存在着膜污染、膜清洗、膜更换和能耗高的问题，有待进一步研究解决。

第二节　膜生物反应器的工艺流程

膜生物反应器在短短的几十年中得到了很快的发展，为达到不同的处理目的而产生出很多处理工艺流程。

一、单池一体式 MBR 工艺

单池一体式膜生物反应器（图 7-1）将膜组件直接置于生物反应器中，反应器相当于活性污泥系统的曝气池，以膜组件代替二沉池，利用真空泵或其他类型的泵进行抽吸，得到过滤液，成为系统的处理水。这种工艺流程简单、能耗少、占地小，适合于城市污水和含碳有机废水的处理。

二、分置式 MBR 工艺

在分置式膜生物反应器中，膜组件设在反应器外，反应器中的混合液由泵加压后进入膜组件，在压力的作用下过滤液成为系统的处理水，活性污泥、大分子等物质被膜截留，回流到生物反应器（图 7-2）。分置式 MBR 采用的膜组件一般为平板式和管式。部分学者认为，分置式 MBR 工艺运行稳定，在操作管理和膜清洗更换方面优于一体式 MBR 工艺。表 7-1 给出了好氧 MBR 对含碳有机物的处理效果。

表 7-1 好氧 MBR 对含碳有机物的处理效果

类型	流量 /(m³/d)	HRT /h	SRT /d	COD(BOD₅)/(mg/L)			COD(BOD)负荷	
				进水	出水	去除率/%	/[kg/(m²·d)]	/[kg/(kg·d)]
一体式	38.4~69.6	2.7~4.9	20~30	100~270	10~30			
	33.6~62.4	3.1~5.6	20~30	100~270	10~30	90~95		0.03~0.1
	5.3	14.2	75	(135)	(1.3)	90~95	0.156~0.372	0.03~0.1
	39	13	125	(133)	(1)	(99)		(0.018)
	3306	6.2	15~20	(205)	<5	(99)	0.2~0.7	(0.013~0.046)
	(小试)	6	膜法	152~433	<30		0.061~0.173	
分置式	33.6~62.4	3.1~5.6	20~30	100~270	10~30	90~95		0.03~0.1
	(小试)	5	5~30	286~565	<30	96~98		0.19~0.55
	(小试)	4~7.5	膜法	95~652	5~15	>95	0.7~3.4	
	0.191	6	30	300	3.1	99		0.129(VSS)

三、MBR 两级脱氮工艺

采用两个生物反应器，其中一个为硝化池；另一个为反硝化池（图 7-4）。膜组件浸没于硝化池反应器中，两池之间通过泵输送混合液，硝化液可通过重力实现回流。反硝化反应器作为缺氧区，硝化反应器作为好氧区，实现硝化-反硝化生物脱氮。表 7-2、表 7-3 给出了某双池一体式 MBR 实验装置的设计运行参数和脱氮处理结果。

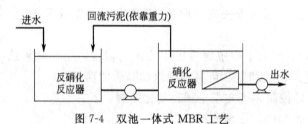

图 7-4 双池一体式 MBR 工艺

表 7-2 某双池一体式 MBR 实验装置设计运行参数

污泥负荷 /[kgCOD/(kgMLSS·d)]	系统回流比/%	DO/(mg/L)	缺氧池/m³	好氧池/m³	膜面积/m²	截留相对分子质量
0.08	300	0.5~1.5	0.35	0.65	12	200000

表 7-3 某双池一体式 MBR 实验装置脱氮处理结果

项 目	进水平均值	出 水					
		MLSS=25mg/L		MLSS=20mg/L		MLSS=15mg/L	
		平均值	去除率	平均值	去除率	平均值	去除率
总氮/(mgN/L)	55.1	17.3	68.8%	14	74.6%	11.1	79.9%

四、序批式 MBR 工艺

序批式膜生物反应器是 MBR 技术与 SBR 技术的结合，既具有 MBR 的优点，又发挥了 SBR 运行灵活的优势，通过好氧-厌氧交替运行，单池可实现生物脱氮和除磷的目的，如图 7-5 所示。

序批式 MBR 工艺具有以下特点。

① 在进水阶段反应器内的氧被迅速降低，避免了传统前置反硝化膜生物反应器氧可以连续进入反硝化区的弊端。

② 在传统 SBR 系统中，沉淀和排水阶段占用整个循环周期的大部分时间，利用膜分离可以在反应阶段排水，可以完全省去沉淀和排水所需的时间。因此序批式 MBR 工艺可以缩

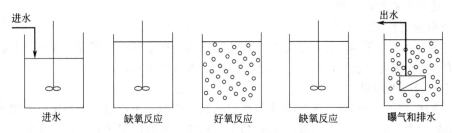

图 7-5　序批式 MBR 工艺示意图

短传统 SBR 工艺的循环周期，提高设备的利用率，见表 7-4。

表 7-4　序批式 MBR 工艺循环时间

阶　段	进水期	反应期（曝气）	排水期（间歇曝气）
时间/h	0.5	2.0	3.5

第三节　MBR 反应器中膜污染及防治

　　膜生物反应器作为一种新型、高效的水处理技术已受到各国水处理工作者的重视，实际应用前景广阔。但在 MBR 运行过程中，膜污染会造成膜渗透速率的下降，直接影响膜组件的效率和使用寿命，阻碍了其在实际中的广泛应用。

一、膜污染

　　造成膜污染堵塞的主要原因有膜表面的浓差极化现象、污染物在膜表面和膜孔内的吸附沉积，具体形成的原因概括起来可分为以下几种。

　　1. 膜的性质

　　膜的性质主要是指膜材料的物化性能，如由膜材料的分子结构决定的膜表面的电荷性、憎水性、膜孔径大小、粗糙度等。

　　与膜表面有相同电荷的料液能改善膜表面的污染，提高膜通透量。憎水性膜对蛋白质的吸附小于亲水性膜，因此，能获得相对较高的通透量。

　　膜孔径对膜通量和过滤过程的影响，一般认为存在一个合适的范围。相对分子质量小于300000 时，随截留相对分子质量增大，即膜孔径的增加，膜通量增加；大于该截留相对分子质量时，膜通量变化不大。而膜孔径增加至微滤范围时，膜通量反而减少。膜表面粗糙度的增加使膜表面吸附污染物的可能性增加，但同时另一方面也由于增加了膜表面的搅动程度，阻碍了污染物在膜表面的形成，因而粗糙度对膜通量的影响是两方面效果的综合表现。

　　2. 料液性质

　　料液性质主要包括料液固形物及其性质、溶解性有机物及其组成成分，此外，料液的pH 值等亦影响膜的污染。在活性污泥的条件下污泥浓度过高对膜分离会产生不利影响。

　　3. 膜分离的操作条件

　　当操作压力低于临界压力时，膜通量随压力增加而增加，而高于此值时会引起膜表面污染的加剧，膜通量随压力的变化不大。

　　膜面流速的增加可以增大膜表面水流搅动程度，改善污染物在膜表面的积累，提高膜通量。但膜面流速的增加使得膜表面污染层变薄，有可能会造成不可逆的污染。

　　升高温度会有利于膜的过滤分离过程。

二、膜污染的控制措施

1. 对料液进行有效处理

对料液（原水）采取有效的预处理，以达到膜组件进水的水质指标，如预絮凝、预过滤或改变溶液 pH 值等方法，以脱除一些能与膜相互作用的溶质。

2. 选择合适的膜材料

膜的亲疏水性、荷电性会影响到膜与溶质间相互作用大小，通常认为亲水性膜及膜材料电荷与溶质电荷相同的膜较耐污染。有时为了改进疏水性膜的耐污染性，可用对膜分离特性不产生影响的小分子化合物对膜进行预处理，如采用表面活性剂，在膜表面覆盖一层保护层，这样就可以减少膜的吸附。但由于表面活性剂是水溶性的，且靠分子间弱作用力与膜黏结，所以很容易脱落。为了获得永久性耐污染特性，人们常用膜表面改性方法引入亲水基团，或用复合膜手段复合一层亲水性分离层，或采用阴极喷镀法在膜表面镀一层碳。

3. 选择合适的膜结构

膜结构的选择对于防止膜污染的产生也很重要，对称结构的膜比不对称结构的膜更容易污染。

4. 改善膜面流体力学条件

改善膜面附近料液侧的流体力学条件，如提高进水流速或采用错流等方法，减少浓度差极化，使被截留的溶质及时地被水流带走。

5. 采用间歇操作的运行方式

一体式 MBR 膜组件连续工作时间不能超过一定的范围，否则会造成膜的快速污染。缩短工作时间，延长空曝气时间并适当增大曝气量有利于减缓悬浮固体和溶解性有机物在膜面的沉积和污染。因此，膜组件在工作一定时间后，应停止出水，进行空曝气，以减小膜的污染。

6. 投加吸附剂改善料液特性

向生物反应器内投加某种吸附剂，如粉末活性炭（PAC），有助于改善污泥混合液的特性，减小过滤的阻力，提高膜的渗透速率，并能提高 MBR 的处理效率。PAC 投入反应器中，可有效地吸附水中的低相对分子质量的溶解性有机物，将其转移至活性污泥絮体中，再利用膜截留去除污泥颗粒的特性，将低相对分子质量的有机物从水中去除，这不但提高了有机物的去除效率，而且减少了有机物在膜表面和膜孔内的吸附沉积造成膜污染的可能性。PAC 吸附在膜表面，形成一层多孔膜，这层膜较为松软，容易被去除，减轻了膜清洗的难度。因此，在生物反应器内投加吸附剂、改善料液特性对于防止膜污染、提高反应器处理效率是有利的。

7. 其他事项

减少设备结构中的死角和死空间间隙，可以防止滞留物在此变质，扩大膜污染。使用消毒剂可防止微生物、细菌及有机物的污染。如果膜长期停用（5d 以上），长期保养时，在设备中需用体积分数为 0.5% 的甲醛溶液浸泡。膜的清洗保养中的最佳原则是不能让膜变干。膜的保存也要针对不同的膜采取不同的方法，如聚砜中空纤维膜需在湿态下保存，并以防腐剂浸泡。另外，根据水质和水处理要求，应注意选择膜材料。

三、膜污染后的清洗

即便采取各种措施维护和预防，膜污染还是不同程度地客观存在。因此，必须不断及时进行对膜污染的处理，才能保证过滤工作正常进行，取得预期效果。

1. 物理方法

（1）反冲洗　定期采用清水进行反冲洗，可以减轻膜污染。反冲洗周期和反冲洗时间应根据实验确定。

（2）采用水和空气混合流体　混合流体在低压下冲洗膜表面 15min，对初期受有机物污染的膜是有效的。

（3）去除污染物　对内压管膜的清洗可以采用海绵球。海绵球的直径比膜管的直径大一些，在管内通过水力控制海绵球流经膜表面，对膜表面的污染物进行强制性去除。但去除硬质垢时，易损伤膜表面。

（4）其他方法　近年来，电场过滤、脉冲清洗、脉冲电解及电渗透反冲洗等方法也相继出现，取得了较好效果。

2. 化学方法

化学清洗通常是用化学清洗剂，如稀酸、稀碱、酯、表面活性剂、络合剂和氧化剂等，对于不同种膜，选择化学剂要慎重，以防止化学清洗剂对膜的损害。选用酸类清洗剂，可以溶解除去矿物质，而采用 NaOH 水溶液可有效地脱除蛋白质污染，对于蛋白质污染严重的膜，用含质量分数为 0.5％蛋白酶的 0.01mol/L NaOH 溶液清洗 30min 可有效地恢复透水量。在某些应用中，如多糖等，可用湿水浸泡清洗，即可基本恢复初始透水量。

第八章　污泥的处理与处置

第一节　污泥的分类和性质指标

一、污泥处理的目的及处理方案

1. 污泥处理的目的

在污水处理过程中，会产生大量污泥。城市二级生物污水处理厂的污泥产量约占处水量的 $0.3\% \sim 0.5\%$（以含水率为 97% 计）。污泥中含有有害、有毒物质以及有用物质。污泥处理的目的是：①使污水处理厂能够正常运行，确保污水处理效果；②使有害、有毒物质得到妥善处理或利用；③使容易腐化发臭的有机物得到稳定处理；④使有用物质能够得到综合利用。总之，污泥处理的目的是使污泥减量、稳定、无害化及综合利用。

2. 污泥处理方案

污泥处理可供选择的方案大致有：

① 生污泥→浓缩→消化→自然干化→最终处置

② 生污泥→浓缩→消化→机械脱水→最终处置

③ 生污泥→浓缩→自然干化→堆肥→最终处置

④ 生污泥→浓缩→机械脱水→干燥焚烧→最终处置

⑤ 生污泥→湿污泥池→最终处置

⑥ 生污泥→浓缩→消化→最终处置

污泥处理方案的选择，应根据污泥的性质与数量、投资情况与运行管理费用、环境保护要求及有关法律与法规、城市农业发展情况及当地气候条件等情况综合考虑后选定。

二、污泥的分类

1. 按成分分类

（1）污泥　以有机物为主要成分的称为污泥。污泥的性质是易于腐化发臭，颗粒较细，相对密度较小（为 $1.02 \sim 1.006$），含水率高且不易脱水，属于胶状结构的亲水性物质。

（2）沉渣　以无机物为主要成分的称为沉渣。沉渣的主要性质是颗粒较粗，相对密度较大（约为 4），含水率较低且易于脱水，流动性差。

2. 按来源分类

（1）初次沉淀污泥　来自初次沉淀池。

（2）剩余活性污泥　来自活性污泥法后的二次沉淀池。

（3）腐殖污泥　来自生物膜法后的二次沉淀池。

以上 3 种污泥统称为生污泥或新鲜污泥。

（4）消化污泥　生污泥经厌氧消化或好氧消化处理后，称为消化污泥或熟污泥。

（5）化学污泥　用化学沉淀法处理污水后产生的沉淀物称为化学污泥或化学沉渣：如用混凝沉淀法去除污水中的磷；投加硫化物去除污水中的重金属离子；投加石灰中和酸性水产生的沉渣以及酸、碱污水中和处理产生的沉渣均称为化学污泥或化学沉渣。

三、污泥的性质指标

1. 污泥含水率

污泥中所含水分的质量与污泥总质量之比的百分数称为污泥含水率。初次沉淀池污泥含水率介于 95%～97%，剩余活性污泥达 99% 以上。污泥的体积、质量及所含固体物浓度之间的关系如下：

$$\frac{V_1}{V_2}=\frac{W_1}{W_2}=\frac{100-P_1}{100-P_2}=\frac{C_2}{C_1} \tag{8-1}$$

式中 V_1，W_1，C_1——污泥含水率为 P_1 时污泥体积、质量与固体浓度；

V_2，W_2，C_2——污泥含水率为 P_2 时污泥体积、质量与固体浓度。

2. 挥发性固体和灰分

挥发性固体（或称灼烧减重）近似地等于有机物含量，用 VSS 表示，常用单位 mg/L，有时也用质量分数表示。VSS 也反映污泥的稳定化程度，灰分（或称灼烧残渣）表示无机物含量。

3. 湿污泥相对密度与干污泥相对密度

湿污泥重量等于污泥所含水分与干固体重量之和。湿污泥相对密度等于湿污泥重量与同体积的水重量之比。

干污泥的相对密度可按下式计算：

$$\gamma_s=\frac{250}{100+1.5P_V} \tag{8-2}$$

式中 P_V——有机物所占的百分比，%。

湿污泥的相对密度可按下式计算：

$$\gamma=\frac{25000}{250P+(100-P)(100+1.5P_V)} \tag{8-3}$$

式中 P——含水率，%。

4. 污泥肥分

污泥的肥分是指其中含有的植物营养素、有机物及腐殖质等。营养素主要指氮、磷、钾等植物营养成分，污泥中主要成分的比例大约为 N（2%～3%）、P（1%～3%）、K（0.1%～0.5%）、有机物（50%～60%）。

5. 污泥中重金属离子含量

污水经二级处理后，污水中重金属离子约有 50% 以上转移到污泥中。将污泥用作农肥时，需注意控制其中的金属离子含量。

第二节 污 泥 浓 缩

污泥浓缩的目的是去除污泥中的水分，减少污泥的体积，进而降低运输费用和后续处理费用。剩余污泥含水率一般为 99.2%～99.8%，浓缩后含水率可降为 95%～97%，体积可以减少为原来的 1/4。

污泥浓缩常用的方法有重力浓缩法、气浮浓缩法和离心浓缩法三种。

一、重力浓缩法

重力浓缩本质上是一种沉淀工艺，属于压缩沉淀。重力浓缩池按其运转方式可以分为连续式和间歇式两种。连续式主要用于大、中型污水处理厂，间歇式主要用于小型污水处理厂或工业企业的污水处理厂。重力浓缩池一般采用水密性钢筋混凝土建造，设有进泥管、排泥管和排上清液管，平面形式有圆形和矩形两种，一般多采用圆形。

间歇式重力浓缩池的进泥与出水都是间歇的，因此，在浓缩池不同高度上应设多个上清液排出管。间歇式操作管理麻烦，且单位处理污泥所需的池容积比连续式的大。图8-1为间歇式重力浓缩池示意图。

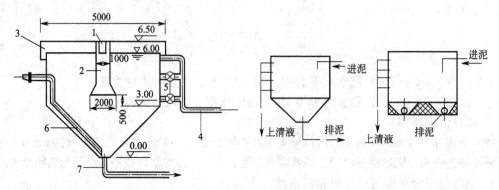

图 8-1　间歇式重力浓缩池示意图（单位：mm）
1—污泥入流槽；2—中心管；3—出水堰；4—上清液排出管；5—闸门；6—吸泥管；7—排泥管

　　连续式重力浓缩池的进泥与出水都是连续的，排泥可以是连续的，也可以是间歇的。当池子较大时采用辐流式浓缩池；当池子较小时采用竖流式浓缩池。竖流式浓缩池采用重力排泥，辐流式浓缩池多采用刮泥机机械排泥，有时也可以采用重力排泥，但池底应做成多斗。图8-2为有刮泥机与搅拌装置的连续式重力浓缩池。对于土地紧缺的地区，可以考虑采用多层辐射式浓缩池，见图8-3。

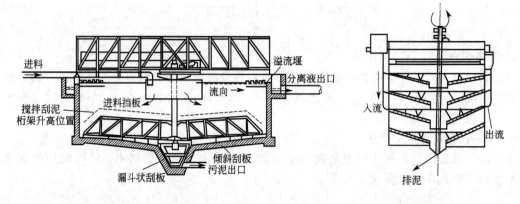

图 8-2　连续式重力浓缩池　　　　图 8-3　多层辐射式浓缩池

二、气浮浓缩法

　　气浮浓缩法多用于浓缩污泥颗粒较轻（相对密度接近于1）的污泥，如剩余活性污泥、生物滤池污泥等，近几年在混合污泥（初沉污泥＋剩余污泥）浓缩方面也得到了推广应用。

　　气浮浓缩有部分回流气浮浓缩系统和无回流气浮浓缩系统两种，其中部分回流气浮浓缩系统应用较多。图8-4为部分回流气浮浓缩系统。

　　气浮浓缩池有圆形和矩形两种，小型气浮装置（处理能力小于100m³/h）多采用矩形气浮浓缩池，大中型气浮装置（处理能力大于100m³/h）多采用辐流式气浮浓缩池。气浮浓缩池一般采用水密性钢筋混凝土建造，小水量也有的采用钢板焊制或者其他非金属材料制作。图8-5为气浮浓缩池的两种形式。

三、离心浓缩法

　　离心浓缩工艺是利用离心力使污泥得到浓缩，主要用于浓缩剩余活性污泥等难脱水污泥

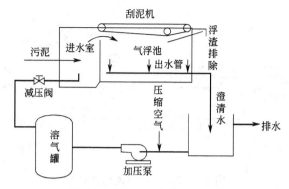

图 8-4 部分回流气浮浓缩系统

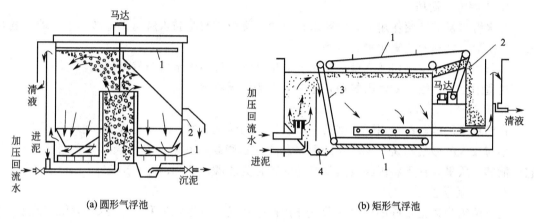

(a) 圆形气浮池　　　　　　　　(b) 矩形气浮池

图 8-5 气浮浓缩池

1—刮板；2—浮泥；3—传动链带；4—排沉泥

或场地狭小的场合。由于离心力是重力的 $500\sim3000$ 倍，因而在很大的重力浓缩池内要经十几小时才能达到的浓缩效果，在很小的离心机内就可以完成，且只需几分钟。含水率为99.5%的活性污泥，经离心浓缩后，含水率可降低到94%。对于富磷污泥，用离心浓缩可避免磷的二次释放，提高污水处理系统总的除磷率。

出泥含固率和固体回收率是衡量离心浓缩效果的主要指标，固体回收率是浓缩后污泥中的固体总量与入流污泥中的固体总量之比，因此固体回收率越高，分离液中的 SS 浓度越低，即泥水分离效果和浓缩效果越好。在浓缩剩余活性污泥时，为取得较高的出泥含固率（>4%）和固体回收率（>90%），一般需要投加聚合硫酸铁 PFS 或聚丙烯酰胺 PAM 等助凝剂。

第三节　污泥厌氧消化

一、污泥厌氧消化机理及影响因素

污泥厌氧消化是指在无氧的条件下，由兼性菌和专性厌氧细菌降解污泥中的有机物，最终产物是二氧化碳和甲烷气（或称污泥气、生物气、消化气），使污泥得到稳定。

（一）厌氧消化机理

污泥厌氧消化是一个非常复杂的过程，目前较为公认的厌氧消化机理的理论模式是三阶段厌氧消化理论，其模式见图 8-6。

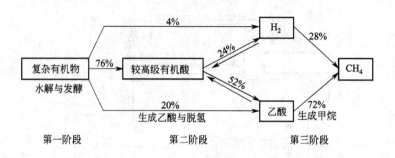

图 8-6　有机物厌氧消化模式图

1. 水解酸化阶段

在水解与发酵细菌作用下，使碳水化合物、蛋白质与脂肪水解与发酵转化成单糖、氨基酸、脂肪酸、甘油及二氧化碳、氢等。

参与反应的微生物包括细菌、真菌和原生动物，统称为水解与发酵细菌。

这些细菌大多数为专性厌氧菌，也有不少兼性厌氧菌。

2. 产氢产乙酸阶段

在产氢产乙酸菌的作用下，把第一阶段的产物转化成氢、二氧化碳和乙酸。

参与反应的微生物是产氢产乙酸菌以及同型乙酸菌，其中有专性厌氧菌和兼性厌氧菌，它们能够在厌氧条件下将丙酸及其他脂肪酸转化为乙酸、CO_2，并放出 H_2。

3. 产甲烷阶段

通过两组生理上不同的产甲烷菌的作用产生甲烷，一组把氢和二氧化碳转化成甲烷，另一组对乙酸脱羧产生甲烷。

参与反应的菌种是甲烷菌或称为产甲烷菌。常见的甲烷菌有四类：①甲烷杆菌；②甲烷球菌；③甲烷八叠球菌；④甲烷螺旋菌。

甲烷菌是绝对厌氧细菌，其特点是：①对 pH 值的适应性较弱，适宜的范围是 6.8～7.8，最佳 pH 值为 6.8～7.2。②对温度的适应性比较弱，根据对温度的适应范围，甲烷细菌可分为中温（30～35℃）及高温（50～60℃）两类。当甲烷细菌在一定温度内被驯化后，温度增减 2℃就可能破坏消化作用，特别是高温甲烷细菌，温度增减 1℃，就有可能使消化过程遭到破坏。因此甲烷细菌要求保持温度恒定。③甲烷细菌的世代都较长，一般为 4～6 天繁殖一代。④甲烷细菌的专一性很强，每种甲烷细菌只能代谢特定的底物，因此，在厌氧条件下，有机物分解往往是不完全的。⑤所有的甲烷细菌都能氧化分子状态的氢，并利用 CO_2 作为电子接受体：

$$4H_2 + CO_2 \longrightarrow CH_4 + 2H_2O$$

由于甲烷细菌具有上述特点，因此，碱性消化阶段控制着厌氧消化的整个过程，所以消化时间长，处理构筑物容积大，并且必须密闭与空气隔绝并控制消化温度。

一般说，厌氧消化所产生的气体中，甲烷占 50%～75%，二氧化碳占 20%～30%，其余是氨、氢、硫化氢等气体，是一种很好的燃料，发热量一般为 21～25MJ/m³。

由于酸性腐化细菌与甲烷细菌对温度、pH 值的适应性不同，世代长短相差悬殊。如果酸性消化的速度超过碱性消化的速度时，有机酸就会积累，使 pH 值下降，不利于碱性消化，甚至破坏碱性消化。由于消化池中的消化液（污泥水）具有缓冲作用，能维持消化正常进行。为了不使消化液的缓冲能力下降甚至丧失，消化池中的碱度要求保持在 2000mg/L 以上，最高为 3000mg/L。

消化后的污泥称熟污泥或消化污泥，这种污泥易于脱水，固体物数量减少，不会腐化，氨氮浓度提高。污泥经过消化，其中的致病菌和寄生虫卵大大减少，高温消化基本上能消灭病原菌及虫卵。消化后污泥量减少，一般体积可减少 60%～70%，质量可减少 40%左右。消化污泥可进一步干化或直接用作肥料。

厌氧消化的处理构筑物有消化池、化粪池与双层沉淀池等。

（二）厌氧消化的影响因素

1. 温度

温度是影响消化的主要因素。温度适宜时，细菌发育正常，有机物分解完全，产气量高。细菌对温度的适应性可分为低温、中温及高温三个区。低温消化不控制消化温度；中温消化 30～35℃；高温消化 50～56℃。在 0～56℃的范围内，甲烷细菌并没有特定的温度限制，然而在一定的温度范围内被驯化以后，温度的变化就会妨碍甲烷细菌的活动，尤其是高温消化对温度的变化更为敏感。因此在消化过程中要保持一个相对稳定的消化温度。一般认为，提高消化温度可以加快消化速度。

2. 污泥投配率

新鲜污泥独自进行消化，需要的时间很长。为了缩短消化时间，采取每日定量地将新鲜污泥投配到消化池内的熟污泥中，进行混合消化，这样既能使甲烷细菌迅速接种，又能利用消化液的缓冲能力，可以保证消化池处于碱性消化阶段，使甲烷细菌在最佳的条件下发挥其分解功能。

污泥投配率有两种表示方式。

① 每日投加新鲜污泥的体积占消化池有效容积的百分数，可见投配率即为消化时间的倒数。

② 单位消化池有效容积每日接纳的有机物质量，单位为 $kg/(m^3 \cdot d)$。我国习惯上都采用前一种方式。

投配率是消化池运行管理的重要指标。投配率过高，消化池内有机酸可能积累，pH 值下降，污泥消化不完全，即有机物分解程度减少，产气率下降；投配率过低，污泥消化较为完全，即污泥中有机物分解程度提高，产气率也较高，但消化池的利用率降低。因此，应予以综合考虑，经验表明，中温消化的新鲜污泥投配率以 6%～8%为宜。

3. 搅拌

新鲜污泥投入消化池后，应该及时加以搅拌，使新、熟污泥充分接触，整个消化池内的温度、底物、甲烷细菌均匀分布，打碎消化池液面上的浮渣层，加速污泥气的释放。最早的消化池没有搅拌设备，称标准消化池，消化时间长，需 30～60d。有搅拌设备的消化池消化时间 10～15d，搅拌比不搅拌产气量约增加 30%。

4. 碳氮比（C/N）

污泥中有机物的碳氮比对消化过程有很大影响。碳氮比过高，含氮量下降，则组成细菌的氮量不足，消化液的缓冲能力降低，pH 值下降。如果碳氮比太低，则含氮量过高，胺盐过度积累，pH 值可能上升到 8.0 以上，也会抑制甲烷细菌的繁殖。一般碳氮比为（10～20）∶1 时，消化效果较好。初次沉淀污泥的碳氮比约为 10∶1，剩余活性污泥的碳氮比约为 5∶1，所以剩余活性污泥不宜单独进行消化处理。

5. 酸碱度

甲烷细菌的适宜 pH 值为 6.6～7.8，最佳 pH 值在 6.8～7.2 之间。pH 下降至 5 以下，对甲烷细菌有毒害作用。如果有一段时间 pH 值较低，甲烷细菌会大量死亡，即使 pH 值恢复至中性，厌氧消化效率也不易恢复。而在高 pH 值时（如高于 7.8），只要恢复到中性，甲烷消化效率就能很快恢复。

酸碱度影响消化系统的 pH 值和消化液的缓冲能力。碱度降低，即预示 pH 值将要下降，所以测定碱度可以预知消化进行的情况如何。

6. 有毒物质

主要的有毒物质是重金属离子和某些阴离子。低于毒阈浓度下限，对甲烷细菌生长有促进作用；在毒阈浓度范围内，有中等抑制作用，如果浓度是逐渐增加，甲烷细菌可被驯化；超过毒阈浓度上限，对甲烷细菌有强烈的抑制作用。

重金属离子对甲烷消化所起的抑制作用有两个方面：①与酶结合，产生变性物质，使酶系统失去作用；②重金属离子及其氢氧化物的凝聚作用使酶沉淀。

阴离子的抑制作用以硫化物为主，当其浓度超过 1000mg/L 时，对甲烷菌就有抑制作用。硫化物是硫酸根在硫酸还原菌的作用下还原而成，因此，消化池中硫酸根浓度不应超过 5000mg/L。

二、消化池的构造与运行方式

（一）消化池的池形

厌氧消化池按几何形状分为圆柱形和蛋形两种，见图 8-7。

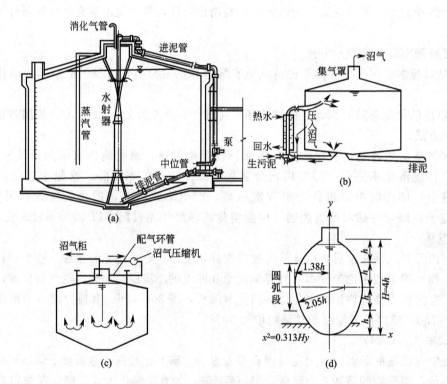

图 8-7   消化池的基本池形

蛋形消化池有如下优点：①搅拌充分、均匀，无死角，污泥不会在池底固结；②池内污泥的表面积小，即使生成浮渣，也容易清除；③蛋形的结构与受力条件最好，如采用钢筋混凝土结构，可节省材料；④在池容相等的条件下，池子总表面积比圆柱形小，故散热面积小，易于保温；⑤防渗水性能好，聚集沼气效果好。

消化池还可以分为固定盖式和浮动盖式两种，如图 8-8 和图 8-9 所示。固定盖式亦称定容式，即消化池的容积是一定的。这样消化池由于构造简单，造价低，运行管理比较简便，因此，得到非常广泛的应用。浮动盖式亦称动容式，即消化池的容积是可变的，这种消化池的池盖用钢板焊制，可随着消化池内沼气压力的增减或污泥面的升降而升降，运行较安全，但其构造复杂，造价高，运行管理麻烦，尚未得到普遍应用。

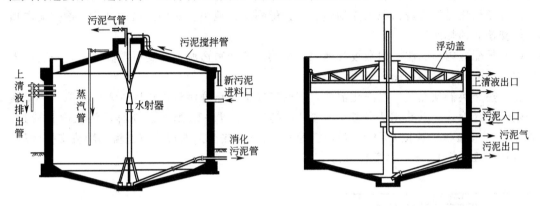

图 8-8　固定盖式消化池　　　　　　　　　　图 8-9　浮动盖式消化池

（二）消化池的构造

消化池由集气罩、池盖、池体与下锥体四部分组成，并附有进泥管、排泥管、污泥气管（沼气管）、上清液（泥水）排放管及搅拌与加温设备等。新鲜污泥用污泥泵，经进泥管、水射器进入消化池，同时起搅拌作用。根据运行的需要或搅拌方法的不同，也可通过中位管进泥。排泥管用于排放熟污泥或作为搅拌污泥的吸泥管。这些管子的直径一般是 150～200mm。污泥加热和搅拌设备由于施工方法不同而有许多种。

1. 投配、排泥与溢流系统

（1）投配与排泥　生污泥一般先排入污泥投配池，再由污泥泵提升送入消化池内。消化池的进泥与排泥形式有多种，包括上部进泥下部直排、上部进泥下部溢流排泥、下部进泥上部溢流排泥等形式，分别如图 8-10 所示。

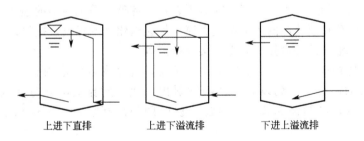

上进下直排　　　　　　上进下溢流排　　　　　下进上溢流排

图 8-10　消化池的进泥与排泥形式

污泥投配泵可选用离心式污水泵或螺杆泵。进泥和排泥可以连续，也可以间歇进行，进泥和排泥管的直径不应小于 200mm。

（2）溢流装置　消化池的投配过量、排泥不及时或沼气产量与用气量不平衡等情况发生时，沼气室内的沼气受压缩，气压增加甚至可能压破池顶盖。因此消化池必须设置溢流装置，及时溢流，以保持沼气室压力恒定。溢流装置必须绝对避免集气罩与大气相通。溢流装置常用形式有倒虹管式、大气压式及水封式 3 种。

2. 污泥加热

污泥加热方法有池内蒸汽直接加热和池外预热两种。

池内蒸汽直接加热法是利用插在消化池内的蒸汽竖管直接向消化池内送入蒸汽，加热污泥。这种加热方法比较简单，热效率高，但竖管周围的污泥易被过热，影响甲烷细菌的正常活动，消化污泥的含水率稍有提高。

池外预热法是把新鲜污泥预先加热后，投配到消化池中。池外预热法可分为投配池内预热与热交换器预热两种。

(1) 投配池内预热法　即在投配池内，用蒸汽把新鲜污泥预热到所需温度后，一次投入消化池。投配池内预热如图 8-11 所示。

(2) 热交换器预热法　在消化池外，用热交换器将新鲜污泥预热后送入消化池。热交换器一般采用套管式，以热水为热媒。交换器预热法如图 8-12 所示。新鲜污泥从内管通过，流速 1.2～1.5m/s，热水从套管通过，流速 0.6m/s。热交换的形式有逆流和顺流交换两种。内管直径一般为 100mm，套管直径为 150mm。

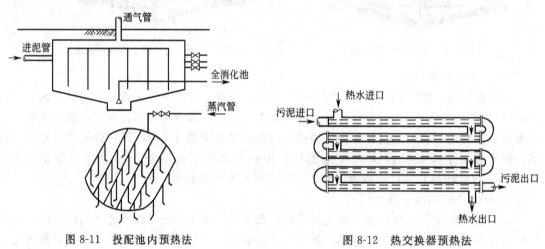

图 8-11　投配池内预热法　　　　　　　　图 8-12　热交换器预热法

3. 消化池的搅拌

消化池搅拌的目的：①细菌与污泥充分混合；②使整个消化池内的温度、底物、甲烷细菌分布均匀；③避免在消化池的表面结成泥壳，加速消化气的释放。搅拌的方法一般有：泵加水射器搅拌法、沼气循环搅拌法和螺旋桨搅拌法等。

(1) 泵加水射器搅拌法　泵加水射器搅拌装置由污泥泵和水射器（亦称射流泵）组成。通过污泥泵的抽送，污泥以高速从喷嘴射出，使水射器的吸入室形成负压，将消化池内的熟污泥吸入，与污泥混合，在经过一段时间的运行后，即可达到消化池内污泥搅拌的目的。

(2) 螺旋桨搅拌法　在消化池顶安装电机，带动池内的螺旋桨转动，形成负压，通过导流筒将污泥抽升上来，又从导流筒上端溢出，如此反复循环，达到搅拌混合目的。穿过池盖的轴设有气密装置，防止空气进入消化池内。螺旋桨搅拌装置如图 8-13 所示。

(3) 沼气循环搅拌法　所谓沼气循环搅拌，即利用消化池产生的沼气，用空压机压回消化池中，进行气体搅拌。搅拌系统由沼气管、贮气柜、空压机、稳压罐、竖管、堵头及消化池组成，如图 8-14 所示。沼气通过插入消化池的竖管进入消化池。

4. 沼气的贮存

由于产气量和用气量经常不平衡，因此，一般都设置贮气柜，用来调节沼气量。贮气柜有低压浮盖式和高压球形罐两种。如图 8-15 所示为普遍采用的低压浮盖式湿式贮气柜，其主体由水封柜和浮盖两部分组成，并附有导气管、滑轮、外轨等。浮盖重量取决于柜内气压，柜内气压一般为 1177～1961Pa，最高可达 3432～4904Pa，气压的大小可用盖顶加减铸铁块的数量进行调节。浮盖的直径与高度比一般采用 1.5：1，浮盖插入水封柜以免沼气外泄。当需要长距离输送沼气时，可采用图 8-16 所示的高压球形罐贮气柜。

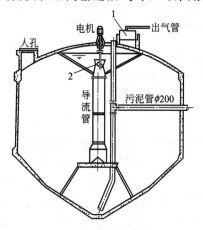

图 8-13　螺旋桨搅拌
1—集气罩；2—螺旋桨

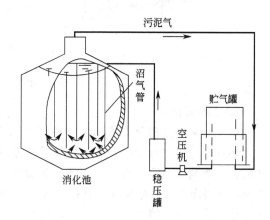

图 8-14　沼气循环搅拌

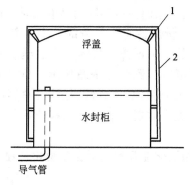

图 8-15　低压浮盖式湿式贮气柜
1—滑轮；2—外轨

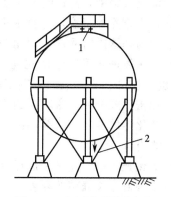

图 8-16　高压球形罐贮气柜
1—安全阀；2—进，出气管

贮气柜的容积一般按平均日产气量的 25％～40％，即 6～10h 的平均产气量计算。

（三）污泥厌氧消化工艺

污泥厌氧消化工艺主要有一级消化、二级消化、两相厌氧消化和厌氧接触消化等。

1. 一级消化工艺

一级污泥消化工艺就是在单级（单个）消化池内进行搅拌和加热，完成消化过程。一级消化较完整的工艺流程如图 8-17 所示。

一级污泥消化工艺具有以下特点。

① 污泥加热采用新鲜污泥在投配池内预热和消化池内蒸汽直接加热相结合的方法，其中以池外预热为主。

② 消化池搅拌采用沼气循环搅拌方式。

③ 消化池产生的沼气供锅炉燃烧，锅炉产生的蒸汽除供消化池加热外，并入车间热网供生活用气。

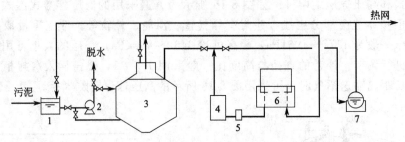

图 8-17　污泥消化流程图
1—投配污泥池；2—污泥泵；3—消化池；4—稳压罐；
5—沼气压缩机；6—贮气柜；7—锅炉

2. 二级消化

由于污泥中温消化有机物分解程度为 45％～55％，消化后的污泥还不够稳定，在排入干化场或进行机械脱水时，有机物将继续分解，使污泥气逸入大气，既污染了大气又损失了热量，如将消化池污泥排入干化场，泥温从 33℃降到 16℃，损失热量为 71.128×10³ kJ/m³。此外，熟污泥的含水率将高于新鲜污泥，从而增加了干化场或脱水机械设备的负荷。为了解决上述问题，可将消化一分为二，污泥先在第一消化池中消化到一定程度后，再转入第二消化池，以便利用余热进一步分解有机物，这种运行方式叫作二级消化。

二级消化过程中，污泥的消化在两个池子中完成，其中第一级消化池有集气罩、加热、搅拌设备，不排除上清液，与前述的固定盖式消化池完全相同。所不同的是消化时间短，为 7～10d。因为在这段时间内，消化进程最为活跃，产气量约占总产气量的 80％。第一级消化池排出的污泥进入第二消化池。第二消化池不加热、不搅拌，仅利用余热继续进行消化，消化温度 20～26℃。第二消化池由于不搅拌，还可以起到污泥浓缩作用。第二消化池有敞开式和密闭式两种。密闭式的可回收沼气 2～3m³/m³ 污泥。二级消化池的总容积大致等于一级消化池的容积，两级各占 1/2，所需加热的热量及搅拌设备、电耗都较省。

3. 两相厌氧消化

两相消化是根据消化机理进行设计，目的是使各相消化池具有更适合于消化过程三个阶段各自的菌种群生长繁殖的环境。

前已述及，厌氧消化可分为三个阶段即水解与发酵阶段、产氢产乙酸阶段及产甲烷阶段。各阶段的菌种、消化速度对环境的要求及消化产物等都不相同，造成运行管理方面的诸多不便。如采用两相消化法，即把第一、第二阶段与第三阶段分别在两个消化池中进行，使各自都有最佳环境条件，故两相消化具有池容积小、加温与搅拌能耗少、运行管理方便、消化更彻底的优点。

两相消化的设计：第一相消化池的容积用投配率为 100％，即停留时间为 1d，第二相消化池容积采用投配率为 15％～17％，即停留时间 6～6.5d，池形与构造同前。第二相消化池有加温、搅拌设备及集气装置，产气量为 1.0～1.3m³/m³ 污泥，每去除 1kg 有机物的产气量为 0.9～1.1m³/kg。

4. 厌氧接触消化

由于消化时间受甲烷细菌分解消化速度的控制，因此，如采用回流熟污泥的方法，可以增加消化池中甲烷细菌的数量与停留时间，相对降低挥发物与细菌数的比值，从而加快分解速度。这种运行方式叫作厌氧接触消化，其工艺流程如图 8-18 所示。

厌氧接触消化系统中设有污泥均衡池、真空脱气器与熟污泥的回流设备，新鲜污泥经均

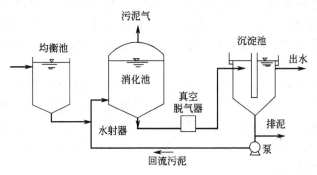

图 8-18　厌氧接触消化池

衡池后连续投配到消化池。消化污泥连续地从池底排出经脱气池进入沉淀池，沉淀池的上清液不断排出，沉淀污泥用泵连续地回流到消化池进行搅拌，多余污泥排掉，回流量为投配污泥量的 1～3 倍。采用这种方式运行，由于消化池中甲烷细菌数量增多，从而加速了有机物的分解速度，消化时间可缩短到 12～24h。

第四节　污泥的脱水与干化

浓缩消化后的污泥仍具有较高的含水率（一般在 94% 以上），体积仍较大。因此，应进一步采取措施脱除污泥中的水分，降低污泥的含水率。污泥脱水后不仅体积减小，而且呈泥饼状，便于运输和后续处理。污泥脱水去除的主要是污泥中的吸附水和毛细水，一般可使污泥含水率从 96% 左右降低至 60%～85%，污泥体积减少至原来的 1/10～1/5，大大降低了后续污泥处置的难度。污泥脱水的方法主要有自然干化和机械脱水。

一、机械脱水前的预处理

1. 污泥预处理的目的

预处理的目的是改善污泥脱水性能，提高机械脱水效果与机械脱水设备的生产能力。

2. 表示污泥脱水性能的指标

污泥比阻是衡量污泥脱水难易程度的指标，比阻大，脱水性能差。一般认为进行机械脱水的污泥，比阻值在 $(0.1～0.4)×10^9 s^2/g$ 之间为宜，但一般各种污泥的比阻值均大大地超过该范围，因此，污泥在进行机械脱水前应进行预处理。

3. 预处理方法

污泥预处理的方法有化学调理法、加热调理法和冷冻调法、淘洗法。

（1）化学调理法　向污泥中投加混凝剂、助凝剂等化学药剂，以改变污泥脱水性能。化学调理法功效可靠、设备简单、操作方便，被广泛采用。

（2）加热调理法　通过加热污泥使有机物分解，破坏胶体颗粒的稳定性，改善污泥的脱水性能。加热调理法分高温加热（170～200℃）和低温加热（小于 150℃）两种。

（3）冷冻调理法　通过冷冻-融解使污泥的结构被彻底破坏，大大改善脱水性能。

（4）淘洗法　以污水厂的出水或自来水、河水把消化污泥中的碱度洗掉，节省混凝剂的用量。淘洗法只适用于消化污泥的预处理。

二、机械脱水的主要方法与脱水机械

目前进行污泥脱水的机械种类很多，按原理可分为真空过滤脱水、压滤脱水和离心脱水三大类。

真空过滤脱水是将污泥置于多孔性过滤介质上,在介质另一侧造成真空,将污泥中的水分强行吸入,使之与污泥分离,从而实现脱水,常用的设备有各种形式的真空转鼓过滤脱水机。由于真空过滤脱水产生的噪声大,泥饼含水率较高、操作麻烦,占地面积大,所以很少采用。

压滤脱水是将污泥置于过滤介质上,在污泥一侧对污泥施加压力,强行使水分通过介质,使之与污泥分离,从而实现脱水,常用的设备有各种形式的带式压滤脱水机和板框压滤机。板框压滤脱水机泥饼含水率最低,但这种脱水机为间断运行,效率低,操作麻烦,维护量很大,所以也较少采用,而带式压滤脱水机具有出泥含水率较低且稳定、能耗少、管理控制简单等特点被广泛使用。

离心脱水是通过水分与污泥颗粒的离心力之差使之相互分离,从而实现脱水,常用的设备有卧螺式等各种形式的离心脱水机。由于离心脱水机能自动、连续长期封闭运转,结构紧凑,噪声低,处理量大,占地面积小,尤其是有机高分子絮凝剂的普遍使用,使污泥脱水效率大大提高,是当前较为先进而逐渐被广泛应用的污泥处理方法。

(一)带式压滤脱水机

1. 带式脱水机的构造及脱水过程

带式压滤脱水机是由上下两条张紧的滤带夹带着污泥层,从一连串按规律排列的辊压筒中呈 S 弯曲经过,靠滤带本身的张力形成对污泥层的压榨力和剪切力,把污泥层中的毛细水挤压出来,获得含固量较高的泥饼,从而实现污泥脱水。带式脱水机不需要真空或加压设备,动力消耗少,可以连续生产,因此应用广泛。

带式压滤机是由许多不同规格的辊排列起来,相邻辊之间有滤布穿过而组成的,此外还有污泥混合筒、驱动装置、滤带张紧装置、滤带调偏装置、滤带冲洗装置、滤饼剥离及排水设备等。带式压滤机基本构造见图 8-19。

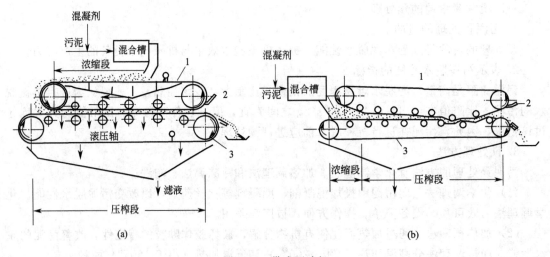

图 8-19 带式压滤机
1—金属丝网;2—刮刀;3—滤布

带式压滤机的特点是把压力施加在滤布上,用滤布的压力或张力使污泥脱水,而不需要真空或加压设备。进行污泥脱水时,首先将投加混凝剂的污泥送入污泥混合筒,进行充分地混合反应,促其絮凝,然后流入上滤带的重力脱水段,依靠重力脱掉污泥中的游离水,使污泥失去流动性,便于后面的挤压。加长重力脱水段长度,可以提高重力脱水效率,所以,污泥经上滤带的重力脱水后，经翻转机构将污泥落入下滤带的重力脱水段继续重力脱水，然后，上、下滤带合并，将污泥夹在中间进入压榨脱水段，施加压力进行脱水，污泥水穿过滤带进入排水系统流走。最后，上、下滤带分开，滤饼经刮刀剥离落下，沾在滤带上的污泥经冲洗滤带后随滤液排走，滤带冲洗干净后又转入下一个循环，带式压滤机就这样周而复始地进行工作。

滚压的方式有两种，一种是滚压轴上下相对，压榨的时间几乎是瞬时，但压力大，见图 8-19(a)；另一种是滚压轴上下错开，见图 8-19(b)，依靠滚压轴施于滤布的张力压榨污泥，压榨的压力受张力限制，压力较小，压榨时间较长，但在滚压的过程中对污泥有一种剪切力的作用，可促进泥饼脱水。

2. 带式压滤脱水运行管理

① 注意时常观测滤带的损坏情况，并及时更换新滤带。滤带的使用寿命一般在 3000～10000h 之间，如果滤带过早被损坏，应分析原因。滤带的损坏常表现为撕裂、腐蚀或老化。以下情况会导致滤带被损坏，应予以排除：滤带的材质或尺寸不合理；滤带的接缝不合理；辊压筒不整齐，张力不均匀，纠偏系统不灵敏；由于冲洗水不均匀，污泥分布不均匀，使滤带受力不均匀。

② 每天应保证足够的滤布冲洗时间。脱水机停止工作后，必须立即冲洗滤带，不能过后冲洗。一般来说，处理 1000kg 的干污泥约需冲洗水 15～20m^3，在冲洗期间，每米滤带的冲洗水量需 10m^3/h 左右，每天应保证 6h 以上的冲洗时间，冲洗水压力一般应不低于 586kPa。另外，还应定期对脱水机周身及内部进行彻底清洗，以保证清洁，降低恶臭。

③ 按照脱水机的要求，定期进行机械检修维护，例如按时加润滑油、及时更换易损件等等。

④ 脱水机房内的恶臭气体，除影响身体健康外，还腐蚀设备，因此脱水机易腐蚀部分应定期进行防腐处理。加强室内通风，增大换气次数，也能有效地降低腐蚀程度，如有条件应对恶臭气体封闭收集，并进行处理。

⑤ 应定期分析滤液的水质。有时通过滤液水质的变化，能判断出脱水效果是否降低。正常情况下，滤液水质应在以下范围：SS＝200～1000mg/L，BOD_5＝200～800mg/L。如果水质恶化，则说明脱水效果降低，应分析原因。当脱水效果不佳时，滤液 SS 会达到数千毫克每升。冲洗水的水质一般在以下范围：SS＝1000～2000mg/L，BOD_5＝100～500mg/L。如果水质太脏，说明冲洗次数和冲洗历时不够；如果水质低于上述范围，则说明冲洗水量过大，冲洗过频。

⑥ 及时发现脱水机进泥中砂粒对滤带、转鼓或螺旋输送器的影响或破坏情况，损坏严重时应及时更换。

⑦ 由于污泥脱水机的泥水分离效果受污泥温度的影响，尤其是离心机冬季泥饼含固量一般可比夏季低 2%～3%，因此在冬季应加强保温或增加污泥投药量。

⑧ 做好分析测量与记录。污泥脱水岗位每班应检测的项目：进泥的流量及含固量、泥饼的产量及含固量、滤液的 SS、絮凝剂的投加量、冲洗介质或水的使用量、冲洗次数和冲洗历时。污泥脱水机房每天应测试的项目：滤液的产量、滤液的水质（BOD_5 或 COD_{Cr}、TN、TP）、电能消耗。污泥脱水机房应定期测试或计算的项目：转速或转速差、滤带张力、固体回收率、干污泥投药量、进泥固体负荷或最大入流固体流量。

（二）离心脱水机

1. 转筒式离心机的构造与脱水过程

在污泥脱水中，常用的是中、低速转筒式离心机。

转筒式离心机的构造如图 8-20 所示。它主要由转筒、螺旋输送器及空心轴所组成。螺旋输送器与转筒由驱动装置传动，向同一个方向转动，但两者之间有一个小的速差，依靠这个速差的作用，使输送器能够缓缓地输送浓缩的泥饼。污泥由空心轴送入转筒后，在高速旋转产生的离心力作用下，相对密度较大的污泥颗粒浓集于转筒的内壁，相对密度较小的液体汇集在浓集污泥的面层，形成一个液相层，进行固液分离。分离液从筒体的末端流出，浓集的污泥在螺旋输送器的缓慢推动下，刮向锥体的末端排出，并在刮向出口的过程中，继续进行固液分离和压实固体。

离心脱水可以连续生产，操作方便，可自动控制，卫生条件好，但污泥的预处理要求较高，必须使用高分子聚合电解质作为混凝剂，通常都使用有机高分子混凝剂聚丙烯酰胺（PAM）。

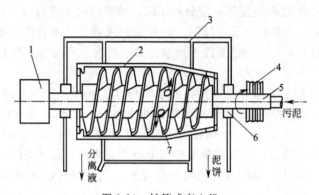

图 8-20　转筒式离心机

1—变速箱；2—转筒；3—罩盖；4—驱动轮；
5—空心轴；6—轴承；7—螺旋输送器

2. 离心脱水机运行与管理

（1）开车前检查要点　一般情况下离心机可以遥控启动，但如果该设备是因为过载而停车的，在设备重新启动前必须进行如下检查：上、下罩壳中是否有固体沉积物；排料口是否打开；用手转动转鼓是否容易；所有保护是否正确就位。

如果离心机已经放置数月，轴承的油脂有可能变硬，使设备难以达到全速运转，可手动慢慢转动转鼓，同时注入新的油脂。

（2）离心机启动　松开"紧急停车"按钮；启动离心机的电机，在转换角形连接之前，等待 2～4min，使离心机在星形连接下达到全速运行；启动污泥输送机或其他污泥输送设备；启动絮凝剂投加系统；开启进泥泵。

（3）离心脱水机的停车　关闭絮凝剂投加泵，关闭进泥泵，关闭进料阀（如果安装了）。

（4）设备清洗　有直接清洗和分步清洗两种方法。

① 直接清洗。脱水机停机前其以不同的速度将残存物甩出；关闭电机继续清洗，转速降到 300r/min 以下时停止冲洗直到清洗水变得清洁；检查冲洗是否达到了预期的效果，例如使中心齿轮轴保持不动，用手转动转鼓是否灵活，否则使转鼓转速高于 300r/min 旋转并彻底用水冲洗干净。每次停车应立即进行冲洗，因为清除潮湿和松软的沉淀物比清除长时间硬化的沉淀物要容易。如果离心机在启动时的振动比正常的振动要大，则冲洗时间应延长，如果没有异常振动，可按正常清洗。如果按上述方法清洗不成功，则转鼓必须拆卸清洗。

② 分步清洗。脱水机的分步清洗分两步进行；高速清洗，首先以最高转鼓转速进

行高速清洗，将管道系统、入口部分、转鼓的外侧和脱水机清洗干净；低速清洗，高速清洗后转鼓中遗留的污泥在低速清洗过程中被清洗掉，相应的转速在 $50\sim150r/min$ 的范围内。在特殊情况下，仅仅用水不能清除污垢和沉淀物，水的清除能力有限，为了达到清洗的目的，必须加入氢氧化钠溶液（5%）作补充措施，碱洗后，还可进行酸洗，用 0.5% 硝酸溶液比较合适，当转鼓得到彻底清洗后停运离心脱水机的主电机。

（5）离心脱水机运行最佳化　调整下列参数来改变离心脱水机的性能以满足运行的需要。

① 调整转鼓的转速。改变转鼓的转速，可调节离心脱水机适合某种物料的要求，转鼓转速越高，分离效果越好。

② 调整脱水机出水堰口的高度。调节液面高度可使液体澄清度与固体干度之间取得最佳平衡，方法可选择不同的堰板。一般来说液面越高，液相越清，泥饼越湿，反之亦然。

③ 调整速差。转速差是指转鼓与螺旋的转速之差，即两者之间的相对转速。当速差小时，污泥在机内停留时间加长，泥饼的干度可能会增加，扭矩则要增加，使处理能力降低，速差太小，由于污泥在机内积累，使固环层厚度大于液环层的厚度，导致污泥随分离液大量流失，液相变得不清澈，反之亦然。最好的办法是通过扭矩的设定，实现速差的自动调整。

④ 进料速度。进料速度越低分离效果越好，但处理量低。最好的办法是在脱水机的额定工况条件下，通过进泥含固率的测定来确定进泥负荷。最大限度地提高处理量，防止设备超负荷运行造成设备的损坏。

⑤ 扭矩的控制。实现扭矩的控制是离心式最佳运行的最好途径，当进泥含固率一定的情况下，确定进泥负荷，实现速差的自动调整，确保处泥含固率和固体回收率达到要求。

（6）离心脱水机日常维护管理　经常检查和观测油箱的油位、设备的振动情况、电流读数等，如有异常，立即停车检查；离心脱水机正常停车时先停止进泥和进药，并将转鼓内的污泥推净，及时清洗脱水机，确保机内冲刷彻底；离心机的进泥一般不允许大于 0.5cm 的浮渣进入，也不允许 65 目以上的砂粒进入，应加强预处理系统对砂渣的去除；应定期检查离心脱水机的磨损情况，及时更换磨损部件；离心脱水机效果受温度影响很大。北方地区冬季泥含固率可比夏季低 2%～3%，因此冬季应注意增加污泥投药量。

（三）浓缩、脱水一体机

不经重力浓缩（或气浮浓缩），污泥经化学调节以后直接进入浓缩、脱水一体机，达到浓缩、脱水的目的。在我国多家城市污水厂应用，已取得了良好的效果。对于小城镇污水处理厂污泥产量较低，采用厌氧消化不经济，因此，更适宜采用浓缩、脱水一体机。

离心浓缩、脱水一体机构造见图 8-21。构造与工作原理同离心脱水机。化学调节后的污泥从空心的螺旋输送器轴进入离心浓缩、脱水一体机，于转鼓的圆锥体与圆柱体交接处注入，液体与固体所受的离心力不同，固体泥饼依靠螺旋输送器的转速 ω_s 与离心机筒壳转速 ω_b 之间的速差，输送至泥饼出口处排出，而分离液则从圆筒端部排出。转筒端部设有可灵活调节的堰板。

浓缩、脱水一体机的主要特点是：所需停留时间很短，不必使用重力浓缩池，占地面积

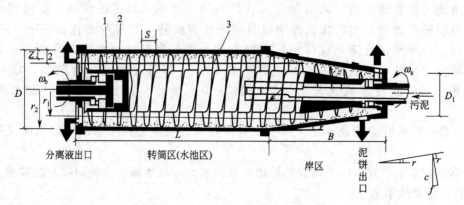

图 8-21   离心浓缩、脱水一体机构造
1—水池；2—泥饼；3—螺旋输送器

小；避免了剩余活性污泥在重力浓缩池中厌氧放磷的现象，因此特别适用于脱氮除磷工艺的剩余活性污泥的浓缩与脱水；浓缩与脱水的效果好，可将剩余活性污泥的含水率从 99.4％～99.6％降低到 75％～80％；能耗、水耗（用浓缩上清液回用冲洗滤布）、化学调节剂耗、造价与处理成本都较低。

浓缩、脱水一体机基本有两种类型：转筒浓缩-滚压带式压滤一体机；离心浓缩脱水一体机。

转筒浓缩-滚压带式压滤一体机构造及工艺流程见图 8-22。

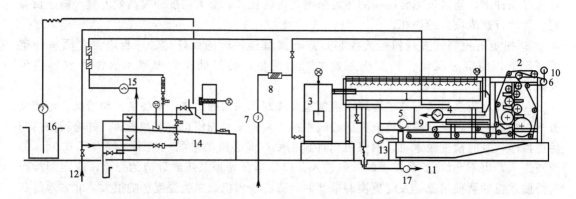

图 8-22   转筒浓缩-滚压带式压滤一体机
1—转筒浓缩装置；2—滚压带式压滤装置；3—絮凝反应罐；4—浓缩污泥泵；5—浓缩上清液回用清泵；
6—滤饼输送皮带；7—原污泥泵；8—污泥与混凝剂混合管；9—浓缩污泥管；10—脱水滤饼；11—脱水液管；
12—自来水或处理水供给管；13—气动滤布拉紧装置；14—混凝剂配制与投加系统；15—混凝剂泵；
16—混凝剂储槽；17—滤液再循环泵

实际运行时可以实现 3 种运行方式。

① 浓缩运行。污泥经化学调节后，在转筒浓缩装置 1 浓缩，用浓缩污泥泵 4 抽出。

② 脱水运行。经化学调节后的污泥直接进入滚压带式压滤机 2，进行压滤脱水。

③ 浓缩、脱水运行。

三、污泥的干化

污泥的自然干化是一种简便经济的脱水方法，但容易形成二次污染，它适合于有条件的中小规模污水处理厂。污泥自然干化的主要构筑物是干化场。干化场可分为自然滤层干化场与人工滤层干化场两种。前者适用于自然土质渗透性能好、地下水位低的地区。人工滤层干化场的滤层是人工铺设的，又可分为敞开式干化场和有盖式干化场两种。图 8-23 为人工滤层干化场。

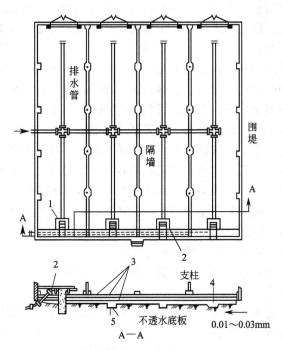

图 8-23　人工滤层干化场

1—溅泥箱；2—输泥管与切门；3—滤水层；4—排水管；5—砾石层

干化场脱水主要依靠渗透、蒸发与撇除。

影响干化场脱水的因素有：

① 气候条件。如当地的降雨量、蒸发量、相对湿度、风速和年冰冻期。

② 污泥性质。如消化污泥中产生的沼气泡、污泥比阻等。

第五节　污泥的最终处置与利用

污泥的最终处置和利用是目前污泥处理与处置的一个难题。目前国内污水处理厂污泥大都采用卫生填埋方式处置，国外许多国家对污泥处置采用较多的方法是焚烧、卫生填埋、堆肥、干化造粒和投海等。

（1）农肥利用与土地处理　污泥可以作为肥料直接施用，也可以直接用于改造土壤，如用污泥投放于废弃的露天矿场、尾矿场、采石场、戈壁滩与沙漠等地。

（2）污泥堆肥　污泥堆肥就是通过堆肥技术，使污泥成为含有大量腐殖质能改善土壤结构的堆肥产品。污泥堆肥分为厌氧堆肥和好氧堆肥。厌氧堆肥是在缺氧的条件下，利用厌氧微生物代谢有机物。好氧堆肥是好氧条件下，利用嗜温菌、嗜热菌的作用分解泥中有机物质并杀死污泥中大量存在的病原微生物，并且使水分蒸发、污泥含水率下降、体积缩小。

（3）卫生填埋　卫生填埋是把脱水污泥运到卫生填埋场与城市垃圾一起按卫生填埋操作进行处置的工艺，常见的有厌氧和兼氧卫生填埋两种。卫生填埋法处置具有处理量大、投资省、运行费低、操作简单、管理方便、对污泥适应能力强等优点，但亦有占地面积大、渗滤液及臭气污染较重等缺点。卫生填埋法适宜于填埋场选地容易、运距较近、有覆盖土的地方。迄今为止，卫生填埋法是国内外处理城市污水厂脱水污泥最常用的方法。

（4）干化　污泥干化造粒工艺是近年来比较引人注目的动向。一般说来，污泥干化造粒工艺是污泥直接土地利用技术普及前的一种过渡，干化造粒后的泥球可以作为肥料、土壤改良剂和燃料，用途广泛。国内的污泥复合肥研究生产，也是走的干化造粒的道路，只是在其中添加了化肥以提高肥效。

（5）焚烧　焚烧既是一种污泥处理方法，也是一种污泥处置方法，利用污泥中丰富的生物能发热，使污泥达到最大程度的减容。焚烧过程中，所有的病菌病原体被彻底杀灭，有毒有害的有机残余物被热氧化分解。焚烧灰可用作生产水泥的原料，使重金属被固定在混凝土中，避免其重新进入环境。污泥焚烧的优点是适应性较强、反应时间短、占地面积小、残渣量少，达到了完全灭菌的目的。该法的缺点是工艺复杂，一次性投资大；设备数量多，操作管理复杂，能耗高，运行管理费亦高，焚烧过程存在"二噁英"污染的潜在危险。

（6）投海　污泥投海曾经是沿海城市污水处理厂污泥处置最常见的方式，但近年来出于对海洋环境保护的考虑和越来越严格的环保条例的执行，已经越来越少。

污泥的最终处置可以采用以下几个处理方案。

方案 1：湿污泥→干化→干化污泥填埋场填埋

此工艺方案是将污水处理厂所产生的机械脱水后的污泥集中在一起进行热干化处理，干化后污泥送至垃圾填埋场处置。

该工艺特点是污泥量显著减少，灭菌彻底，污泥稳定。建议小城镇污水处理厂污泥近期采用此方案，以便降低成本和投资。

方案 2：湿污泥→干化→干化污泥焚烧→焚烧灰填埋

此工艺方案是将机械脱水污泥进行热干化处理，干化后污泥送垃圾焚烧厂进行焚烧，焚烧灰由垃圾焚烧厂处置。

该工艺特点是污泥量显著减少，灭菌彻底，污泥稳定。干化污泥含有一定的热值，可节省垃圾焚烧厂的燃料消耗。建议小城镇污水处理厂污泥中期采用此方案，以便利用干化污泥中的热能。

方案 3：湿污泥→高温消化→干化→干化污泥填埋场填埋

此方案是将脱水污泥进行高温厌氧消化，消化后的污泥再进行热干化处理，干化后的污泥送往垃圾填埋场处置。热干化所需热能由高温厌氧消化过程中产生的沼气提供，不足部分由天然气提供。

该工艺特点是污泥量显著减少，有机物降解率高，灭菌彻底，污泥稳定。污泥消化产生的沼气作为干化的补充热源，节省天然气消耗，但其工艺流程长、设备较多，管理复杂，工程投资高，占地大，且由于有沼气产生，有一定的安全隐患。

方案 4：湿污泥→干化→土地利用

此方案是将脱水污泥进行热干化处理，干化后污泥用于农用，污泥农用实现了有机物的土壤→农作物→城市→污水→污泥→土壤的良性大循环。

该工艺需要严格控制污泥中的重金属含量，对重金属含量超标的污水宜单独处理达标后排放，对重金属含量超标的污泥宜脱水后采取填埋等其他处理方式。建议小城镇污水处理厂污泥远期采用此方案，能够实现良性循环，符合污泥处置的发展趋势。

第二篇
废水处理系统运行管理

第九章 废水处理系统的试运行

第一节 废水处理系统的试运行的内容及目的

废水处理系统的调试也称为试运行，包括单机试运行与联动试车两个环节，也是正式运行前必须进行前的一项工作。通过试运行可以及时修改和处理工程设计和施工带来的缺陷与错误，确保污水厂达到设计功能。在调试处理工艺系统过程中，需要机电、自控仪表、化验分析等相关专业的配合，因此系统调试实际是设备、自控、处理工艺联动试车过程。

一、试运行的内容

（1）单机试运行。包括各种设备安装后的单机运转和处理单元构筑物的试水。在未进水和已进水两种情况下对污水处理设备进行试运行，同时检查水工构筑物的水位和高程是否满足设计和使用要求。

（2）联动试车。对整个工艺系统进行设计水量的清水联动试车，打通工艺流程。考核设备在清水流动的条件下，检验部分、自控仪表和连接各工艺单元的管道、阀门等是否满足设计和使用要求。

（3）对各处理单元分别进入污水，检查各处理单元运行效果，为正式运行做好准备工作。

（4）整个工艺流程全部打通后，开始进行活性污泥的培养与驯化，直至出水水质达标，在此阶段进一步检验设备运转的稳定性，同时实现自控系统的连续稳定运行。

二、试运行目的

废水处理系统的试运行包括复杂的生物化学反应过程的启动和调试。过程缓慢，受环境条件和水质水量的影响很大。污水处理厂的试运行的目的如下。

（1）进一步检验土建、设备和安装工程质量，建立相关的档案质料，对机械、设备、仪表的设计合理性及运行操作注意事项提出建议。

（2）通过污水处理设备的带负荷运行，测试其能力是否达到铭牌或设计值。

（3）检验各处理单元构筑物是否达到设计值，尤其二级处理构筑物采用生化法处理污水时，一定要根据进水水质选择合适的方法培养和驯化活性污泥。

（4）在单项处理设施带负荷试运行的基础上，连续进水打通整个工艺流程，在参照同类污水厂运行经验的基础上，经调整各工艺单元工艺参数，使污水处理尽早达标，并摸索整个系统及各处理单元构筑物转入正常运行后的最佳工艺参数。

第二节 废水处理系统水质与水量监测

一、进水水质、水量监测

进入废水处理系统的水量与水质总是随时间不断变化的。水量和水质的变化，必然导致污水处理系统的水量负荷、无机污染负荷、有机污染负荷的变化，污泥处理系统泥量负荷和有机质负荷的变化。因此，应对废水处理系统进水的水量水质以及各处理单元的水质水量进行监测，以便各处理单元能够以此采取措施适应水量水质的变化，保证污水厂的正常运行。

二、废水处理系统运行监测项目

1. 感官指标

在废水处理系统的运行过程中，操作管理人员通过对处理过程中的现象观测可以直接感觉到进水是否正常，各构筑物运转是否正常，处理效果是否稳定。这些感官指标主要如下。

（1）颜色　以生活污水为主的废水处理系统，进水颜色通常为粪黄色，这种污水比较新鲜。如果进水呈黑色且臭味特别严重，则污水比较陈腐，可能在管道内存积太久。如果进水中混有明显可辨的其他颜色如红、绿、黄等，则说明有工业废水进入。对一个已建成的废水处理系统来说，只要它的服务范围与服务对象不发生大的变化，则进厂的污水颜色一般变化不大。

活性污泥正常的颜色应为黄褐色，正常气味应为土腥味，运行人员在现场巡视中应有意识地观察与嗅闻。如果颜色变黑或闻到腐败性气味，则说明供氧不足，或污泥已发生腐败。

（2）气味　废水处理系统的进水除了正常的粪臭外，有时在集水井附近有臭鸡蛋味，这是管道内因污水腐化而产生的少量硫化氢气体所致。活性污泥混合液也有一定的气味，当操作工人在曝气池旁嗅到一股霉香味或土腥味时，就能断定曝气池运转良好，处理效果达到标准。

（3）泡沫与气泡　曝气池内往往出现少量的泡沫，类似肥皂泡，较轻，一吹即散。一般这时曝气池供气充足，溶解氧足够，污水处理效果好。但如果曝气池内有大量白色泡沫翻滚，且有黏性不易自然破碎，常常飘到池子走道上，这种情况则表示曝气池内活性污泥异常。

对曝气池表面应经常观察气泡的均匀性及气泡尺寸的变化，如果局部气泡变少，则说明曝气不均匀，如果气泡变大或结群，则说明扩散器堵塞。应及时采取相应的对策。

当污泥在二沉池泥斗中停留过久，产生厌氧分解而析出气体时，二沉池也会有气泡产生。此时有黑色污泥颗粒随之而上升。另外，当活性污泥在二沉池泥斗中反硝化析出氮气时，氮气泡也带着灰黄色污泥小颗粒上升到水面。

（4）水温　水温对曝气池工作有着很大的关系。一个废水处理系统的水温是随季节逐渐缓慢变化的，一天内几乎没有变化。如果发现一天内变化很大，则要进行检查是否有工业冷却水进入。曝气池在水温8℃以下运行时，处理效率有所下降，BOD_5去除率常低于80%。

（5）水流状态　在曝气池内有个别流水段翻动缓慢，则要检查曝气器有否堵塞。如果曝气池入流污水和回流污泥以明渠方式流入曝气池，则要观察交汇处的水流状态，观察污水回流是否被顶托。

在表面曝气池中如果近池壁处水流翻动不剧烈，近叶轮处溅花高度及范围很小，则说明叶轮浸没深度不够，应予以调整。如果在沉砂池或沉淀池周角处有成团污泥或浮渣上浮时，应检查排泥或渣是否及时、通畅，排泥量是否合适。

（6）出水观测　正常废水处理系统处理后出水透明度很高，悬浮颗粒很少，颜色略带黄色，无气味。在夏季，二沉池内往往有大量的水蚤，此时水质甚好。有经验的操作管理者，往往能用肉眼粗略地判断出水BOD的数值，如果出水透明度突然变差，出水中又有较多的悬浮固体时，则应马上检查排泥是否及时，排泥管是否被堵塞或者是否由于高峰流量对二沉池的冲击太大。

（7）排泥观测　首先要观测二沉池污泥出流井中的活性污泥是否连续不断地流出，且有一定的浓度。如果在排泥时发现有污水流出，则要通过闸阀的开启程度和排泥时间的控制来调节。对污泥浓缩池要经常观测撇水中是否有大量污泥带出。

（8）各类流量的观测　充分利用计量设备或水位与流量的关系，牢牢掌握观测时段中的进水量、回流量、排泥量、空气压力的大小与变化。

（9）泵、风机等设备的直观观测　泵、风机等设备的听、嗅、看、摸的直观观测。

2．理化分析指标

理化分析指标多少及分析频率取决于废水处理系统规模大小及化验人员和仪器设备的配备情况。主要的监测项目如下。

（1）反映效果的项目　进出水总的和溶解性的 BOD、COD，进出水总的 SS 和挥发性的 SS，进出水的有毒物质（对应工业废水所占比例很大时）。

（2）反映污泥情况的项目　污泥沉降比（SV％）、MLSS、MLVSS、SVI、微生物相观察等。

（3）反映污泥营养和环境条件的项目　氮、磷、pH 值、溶解氧、水温等。

第三节　废水处理系统的试运转

一、处理构筑物或设备的试通水

污水与污泥处理工程竣工后，应对处理构筑物（或设备）、机械设备等进行试运转，检验其工艺性能是否满足设计要求。钢筋混凝土水池或钢结构设备在竣工验收（满水试验）后，其结构性能已达到设计要求，但还应对全部污水或污泥处理流程进行试通水试验，检验在重力流条件下污水或污泥流程的顺畅性，比较实际水位变化与设计水位；检验各处理单元间及全系统连通管渠水流的通畅性，附属设施是否能正常操作；检验各处理单元进出口水流流量与水位控制装置是否有效。

二、处理机械设备的试运转

废水处理系统污水、污泥处理专用机械设备在安装工程验收后，查阅安装质量记录，当各技术指标符合安装质量要求，其机械与电气性能已得到初步检验，为检验机械设备的工艺性能，在处理构筑物或设备已通水后，可进行机械设备的带负荷试验，在额定负荷或超负荷10％的情况下，机械设备的机械、电气、工艺性能应满足设备技术文件或相关标准的要求，具体参见如下几条。

（1）机械设备各部件之间的联接处螺栓不松动、牢固可靠，无渗漏；密封处松紧适当，升温不应过高；转动部件或机构应可用手盘动或人工转动。

（2）启动运转要平稳，运转中无振动和异常声响，启动时注意依照有标箭头方向旋转。

（3）各运转啮合与差动机构运转要依照规定同步运行，并且没有阻塞碰撞现象。

（4）在运转中保持动态所有的间隙，无抖动晃摆现象。

（5）各传动件运行灵活（包括链条与钢丝绳等柔质机件不碰、不卡、不缠、不跳槽），并保持良好张紧状态。

（6）滚动轮与导向槽轨各自啮合运转，无卡齿、发热现象。

（7）各限位开关或制动器，在运转中动作及时，安全可靠。

（8）在试运转之前或后，手动或自动操作，全程动作各 5 次以上，动作准确无误，不卡、不碰、不抖。

（9）电动机运转中温升在允许范围内。

（10）各部轴承注加规定润滑油，应不漏、不发热，升温小于规定要求（如：滑动轴承小于 60℃，滚动轴承小于 70℃）。

（11）试运转时一般空车运转 2h（且不少于 2 个运行循环周期），带 75％负荷、100％负荷与 115％负荷分别运转 4h，各部分应运转正常、性能符合要求。

（12）带负荷运转中要测定转速、电压电流、功率、工艺性能（如：流量、泥饼含水率、充氧量、提升高度等），并应符合设备技术要求或设计规定，填写记录表格，建档备查。

第四节　好氧活性污泥的培养与驯化

一、好氧活性污泥的培养与驯化

所谓活性污泥的培养，就是为活性污泥的微生物提供一定的生长繁殖条件，包括营养物质、溶解氧、适宜的温度和酸碱度等，在这种情况下，经过一段时间，就会有活性污泥形成，并在数量上逐渐增长，并最后达到处理废水所需的污泥浓度。活性污泥的培养方法有接种培养法和自然培养法。

1. 接种培养

将曝气池注满污水，然后大量投入接种污泥，再根据投入接种污泥的量，按正常运行负荷或略低进行连续培养。接种污泥一般为城市污水处理厂的干污泥，也可以用化粪池底泥或河道底泥。这种方法污泥培养时间较短，但受接种污泥来源的限制，一般只适合于小型污泥处理厂，或污水厂扩建时采用。对于大型污水处理厂，在冬季由于微生物代谢速率降低，当不受污泥培养时间限制时，可选择污水处理厂的小型处理构筑物（如曝气沉砂池、污泥浓缩池）进行接种培养，然后将培养好的活性污泥转移至曝气池中。

2. 自然培养

自然培养是指不投入接种污泥，利用污水现有的少量微生物，逐渐繁殖的过程。这种方法适合于污水浓度较高、有机物浓度较高、气候比较温和的条件下采用。必要时，可在培养初期投入少量的河道或化粪池底泥。自然培养又可以有以下几种具体方法。

（1）间歇培养　将曝气池注满水，然后停止进水，开始曝气。只曝气不进水的过程，称为“闷曝”。闷曝 2~3d 后，停止曝气，静沉 1h，然后排出部分污水并进入部分新鲜污水，这部分污水约占池容的 1/5 左右。以后循环进行闷曝、静沉和进水三个过程，但每次进水量比上次有所增加，每次闷曝时间应比上次缩短，即进水次数增加。在污水的温度为 15~20℃时，采用这种方法，经过 15d 左右即可使曝气池中的 MLSS 超过 1000mg/L。此时可停止闷曝，连续进水连续曝气，并开始污泥回流。最初的回流比不要太大，可取 25％，随着 MLSS 的升高，逐渐将回流比增至设计值。

（2）连续培养　将曝气池注满污水，停止进水，闷曝 1d，然后连续进水连续曝气，当曝气池中形成污泥絮体，二沉池中有污泥沉淀时，可以开始回流污泥，逐渐培养直至 MLSS 达到设计值。在连续培养时，由于初期形成的污泥量少污泥代谢性能不强，应该控制污泥负荷低于设计值，并随着时间的推移逐渐提高负荷。培养过程污泥回流比，在初期也较低（一般为 25％左右），然后随 MLSS 浓度提高逐渐增加污泥回流比，直至设计值。

对于工业废水或以工业废水为主的城市污水，由于其中缺乏专性菌种和足够的营养，因此在投产时除用一般菌种和所需要营养培养足量的活性污泥外，还应对所培养的活性污泥进行驯化，使活性污泥微生物群体逐渐形成具有代谢特定工业废水的酶系统，具有某种专性。

实际上活性污泥的培养和驯化可以同步进行，也可以同步进行。活性污泥的培养和驯化可归纳为异步培养法、同步培养法和接种培养法三种。异步培法即先培养后驯化；同步培养法则培养和驯化同时进行或交替进行；接种法利用其他污水处理厂的剩余污泥，再进行适当培养和驯化。

二、好氧活性污泥培养与驯化成功标志

活性污泥培养驯化成功的标志是：

（1）培养出的污泥及 MLSS 达到设计标准；

（2）稳定运行的出水水质达到设计要求；

（3）生物处理系统的各项指标达到设计要求；

（4）曝气池微生物镜检生物相要丰富，有原生动物出现。

三、好氧活性污泥培养时应注意的问题

（1）温度　春秋季节污水温度一般在 15～20℃之间，适合进行好氧活性污泥的培养。冬季污水温度较低，不适合微生物生长，因此，污水处理厂一般应避免在冬季培养污泥。若一定要在冬季进行培养，应采用接种培养法，并控制较低的运行负荷。一般而言，冬季培养污泥时，培养时间会增加 30%～50%。

（2）污水水质　城市污水的营养成分基本都能满足微生物生长所需的平衡平衡，但我国城市污水有机质浓度大多较低，培养速度较慢。因此，当污水有机质浓度低时，为缩短培养时间，可在进水中增加有机质营养，如小型污水厂可投入一定量的粪便，大型污水厂可让污水超越初沉池，直接进水曝气池。

（3）曝气量　污泥培养初期，曝气量一定不能太大，一般控制在设计正常值的 1/2 左右。否则，絮状污泥不易形成。因为在培养初期污泥尚未大量形成，产生的污泥絮凝性能不太好，还处于离散状态，加之污泥浓度较低，微生物易处于内源呼吸状态，因此，曝气量不能太大。

（4）观测　污泥培养过程中，不仅要测量曝气池混合液的 SV 与 MLSS，还应随时观察污泥的生物相，了解菌胶团及指示微生物的生长情况，以便根据情况对培养过程进行必要的调整。

第五节　生物膜的培养与驯化

生物膜的培养常称为挂膜。挂膜菌种大多数采用生活粪便污水或活性污泥混合液。由于生物膜中微生物固着生长，适宜特殊菌种的生存，所以，挂膜有时也可采用纯培养的特异菌种菌液。特异菌种可单独使用，也可以同活性污泥混合使用，由于所用的特异菌种比一般自然筛选的微生物更适宜于废水环境，因此，在与活性污泥混合使用时，仍可保持特异菌种在生物相中的优势。

挂膜过程必须使微生物吸附在固体支撑物上，同时，还应不断供给营养物，使附着的微生物能在载体上繁殖，不被水流冲走。单纯的菌液或活性污泥混合液接种，即使固相支撑物上吸附有微生物，但还是不牢固，因此，在挂膜时应将菌液和营养液同时投加。

挂膜方法一般有两种。一种是闭路循环法，即将菌液和营养液从设备的一端流入，从另一端流出，将流出液收集在水槽内，槽内不断曝气，使菌与污泥处于悬浮状态，曝气一段时间后，进入分离池进行沉淀（0.5～1.0h），去掉上清液，适当添加营养液或菌液，再回流入生物膜反应设备，如此形成一个闭路系统。直到发现载体上长有黏状泥，即开始连续进入废水。这种挂膜方法需要菌种及污泥数量大，而且由于营养物缺乏，代谢产物积累，因而成膜时间较长，一般需要 10d。另一种挂膜法是连续法，即菌液和污泥循环 1～2 次后即连续进水，并使进

水量逐步增大。这种挂膜法由于营养物供应良好，只要控制挂膜液的流速（在转盘中控制转速），以保证微生物的吸附。在塔式滤池中挂膜时的水力负荷可采用 $4\sim7\mathrm{m^3/(m^2 \cdot d)}$，约为正常运行的 $50\%\sim70\%$，待挂膜后再逐步提高水力负荷至满负荷。

在各种形式的生物膜处理设施中，生物接触氧化池和塔式生物滤池由于具有曝气系统，而且填料量和填料空隙均较大，可以使用连续挂膜法，而普通生物滤池和生物转盘等设施适于使用闭路循环法。挂膜过程中回流沉淀池出水和池底污泥可促进挂膜早日完成。

对于生活污水、城市污水或混有较大比例生活污水的工业废水可以采用连续法。对于不易生物降解的工业废水，尤其使用普通生物滤池和生物转盘等设施处理时，为了保证挂膜的顺利进行，可以通过预先培养和驯化相应的活性污泥，然后再投加到生物膜处理系统中进行挂膜，也就是分步挂膜。通常的做法是先将生活污水或其与工业废水的混合污水培养出活性污泥，然后将该污泥与工业废水一起放入一个循环池内，再用泵投入生物膜反应器中，出水和沉淀污泥均回流到循环池。循环运行形成生物膜后，通水运行，并加入要处理的工业废水。可先投配 20% 的工业废水，分析进出水的水质，生物膜具有一定处理效果后，再逐步加大工业废水的比例，直到全部都是工业废水为止。也可以用掺有少量（20%）工业废水的生活污水直接培养生物膜，挂膜成功后再逐步加大工业废水的比例，直到全部都是工业废水为止。

为了能尽量缩短挂膜时间，应保证挂膜营养液及污泥量具有适宜细菌生长的 pH 值、温度、营养比等，尤其是氮磷等营养元素的数量必须充足（可按进水 $\mathrm{COD_{Cr}}$：N：$\mathrm{P}=100$：5：1 估算）。

在挂膜过程中，应经常采样进行显微镜检验，观察生物相的变化。挂膜驯化后，系统即可进入试运转，测定生物膜反应设备的最佳工作运行条件，并在最佳条件下转入正常运行。

在生物膜培养挂膜期间，由于刚长成的生物膜适应能力较差，往往会出现膜状污泥大量脱落的现象，这可以说是正常的，尤其是采用工业废水进行驯化时，脱落现象会更严重。在正常运行阶段，膜大量脱落是不正常的。产生大量脱膜的主要原因是进水水质发生了变化，如抑制性或有毒污染物的含量突然升高或 pH 值发生突变等，解决办法是改善进水水质。

第六节　厌氧消化的污泥培养

厌氧消化系统试运行的一个主要任务是培养厌氧活性污泥，即消化污泥。厌氧活性污泥培养的主要目标是厌氧消化三个阶段所需的细菌，即甲烷细菌、产酸菌、水解酸化菌等。厌氧消化系统的启动，就是完成厌氧活性污泥的培养。当厌氧消化池经过满水试验和气密性试验后，便可开始甲烷菌的培养。厌氧活性污泥的培养有接种培养法和逐步培养法。

一、培养方法

1. 接种培养法

（1）接种培养法　向厌氧消化装置中投入容积为总容积的 $10\%\sim30\%$ 厌氧菌种污泥，接种污泥一般为含固率为 $3\%\sim5\%$ 的湿污泥。

（2）接种污泥　一般取自正在运行的厌氧处理装置，尤其是城市污水处理厂的消化污泥，当液态消化污泥运输不便时，可用污水厂经机械脱水后的干污泥。在厌氧消化污泥来源缺乏的地方，可从废坑塘中取腐化的有机底泥，或以人粪、牛粪、猪粪、酒糟或初沉池污泥代替。大型污水水厂若同时启动所需接种量太大，可分组分别启动。

2. 逐步培养法

逐步培养法就是向厌氧消化池内逐步投入生泥，使生污泥自行逐渐转化为厌氧活性污泥。该方法要使活性污泥经历一个由好氧向厌氧的转变过程，加之厌氧微生物的生长速率比好氧微生物低很多，因此培养过程很慢，一般需历时 6～10 月左右，才能完成甲烷菌的培养。

二、注意事项

（1）产甲烷细菌对温度很敏感，厌氧消化系统的启动要注意温度的控制。

（2）厌氧消化污泥培养，初期生污泥投加量与接种污泥的数量及培养时间有关，早期可按设计污泥量的 30％～50％ 投加，到培养经历了 60d 左右，可逐渐增加投泥量。若从监测结果发现消化不正常时，应减少投泥量。

（3）厌氧消化系统处理城市污水处理厂的活性污泥，碳、氮、磷等营养成分能够适应厌氧微生物生长繁殖的需要。因此，厌氧消化污泥培养不需要投加营养物质。

（4）为防止发生沼气爆炸事故，投泥前应使用不活泼的气体（氮气）将输气管路系统中的空气置换出去后再投泥，产生沼气后，再逐渐把氮气置换出去。

第十章　物理处理工艺单元的运行管理

第一节　格栅间的运行管理

一、格栅的运行管理

1. 过栅流速的控制

合理控制过栅流速，最大程度发挥拦截作用，保持最高拦污效率。栅前渠道流速一般应控制 0.4~0.8m/s。过栅流速应控制在 0.6~1.0m/s，具体情况应视实际污物的组成、含砂量的多少及格栅距等具体情况而定。在实际运行中，可通过开、停格栅的工作台数，控制过栅流速，当发现过栅流速超过本厂要求的最高值时，应增加投入工作的格栅数量，使过栅流速控制在要求范围内，反之，当过栅流速低于本厂所要求的最低值时，应减少投入工作的格栅数量，使过栅流速控制在所要求的范围内。

2. 栅渣的清除

及时清除栅渣是控制过栅流速在合理范围内的重要措施。投运清污机台数太少，栅渣在格栅滞留时间长，使污水过栅断面减少，造成过栅流速增大，拦污效率下降，如果栅格清除不及时，由于阻力增大，会造成流量在格栅上分配不均匀，同样会降低拦渣的效果，软垃圾会被带入系统。单纯从清渣来看，利用栅前、栅后液位差，即采用栅前、栅后水位差来实现自动清渣是最好的办法。还可根据时间的设定，实现自动运行，但必须掌握不同季节的栅渣量变化规律，不断总结经验，确保参数设置合理。但在特殊的情况下，也会造成清污的不及时，可采取手动开、停方式，虽然操作量较大，但只要精心操作，也能够保证及时清污。不管哪种方式，值班人员都应按时到现场巡检。

3. 格栅除污机的维护保养

格栅除污机是污水处理厂内最容易发生故障的设备之一。巡检时应注意有无异常声音，观察栅条是否变形，应定期加油保养。

二、卫生安全

污水在长途输送过程中腐化，产生硫化氢和甲硫醇等恶臭毒气，将在格栅间大量释放出来，因此，要加强格栅间通风设施管理，使通风设备处于通风状态。另外，清除的栅渣应及时运走，防止腐败产生恶臭；栅渣堆放处应经常冲洗，很少的一点栅渣腐败后，也能在较大的空间内产生强烈的恶臭。栅渣压榨机排出的压榨液中恶臭物含量也非常高，应及时将其排入污水渠中，严禁明沟流入或在地面漫流。

三、常见故障原因分析及对策

（1）格栅流速太高或太低　这是由于进入各个渠道的流量分配不均匀引起的，流量大的渠道，对应的格栅流速必然高，反之，流量小的渠道，格栅流速则较低。应经常检查并调节栅前的流量调节阀门或闸阀，保证格栅流速的均匀分配。

（2）格栅前后水位差增大　当栅渣截留量增加时，水位差增加，因此，格栅前后的水位差能反映截留栅渣量的多少，定时开停的除污方式比较稳定。手动开停方式虽然工作量比较大，但只要工作人员精心操作，能保证及时清污，有些城市污水厂采用超声波测定水位差的方法控制格栅自动除渣。但是，无论采用何种清污方式，工作人员都应该到现场巡察，观察格栅运行和栅渣积累情况，及时合理地清渣，保证格栅正常高效运行。

第二节 沉砂池运行管理

砂是指城市污水中相对密度较大，易沉淀分离的一些颗粒物质。主要包括无机性的砂粒，砾石和有机性的颗粒，如核皮、骨条、种子。在上述颗粒表面还附着有机黏性物质。污水中的砂如果不加以去除，进入后续处理单元和渠道内或构筑物内沉积，将影响后续处理单元的运行，也会使剩余污泥泵、污泥输送泵以及污泥脱水设备的过度磨损。

沉砂池是采用物理原理，将砂从污水中分离出的构筑物，按物理原理分：平流式沉砂池，竖流式沉砂池，曝气沉砂池和涡流沉砂池等。沉砂池的运行管理主要分以下几个方面。

一、配水与配气

沉砂池一般都设置水调节闸门，曝气沉砂池还要设置空气调节阀门，应经常巡查沉砂池的运行状况，及时调整入流污水量和空气量，使每一格（池）沉砂池的工作状况（液位、水量、气量、排砂次数）相同。

二、排砂与洗砂

在沉砂池沉积下来的沉砂需要及时清除，排砂操作要点是根据沉砂量的多少及变化规律，合理安排排砂次数，保证及时排砂。排砂次数太多，可能会使排砂含水率太大（除抓斗提砂以外）或因不必要操作增加运行费用；排砂次数太少，就会造成积砂，增加排砂难度，甚至破坏排砂设备。应在定期排砂时，密切注意排砂量、排砂含水率、设备运行状况，及时调整排砂次数。除砂设备较多，小型污水厂采用重力排砂，采用阀门控制；大型水厂采用机械除砂。

沉砂中的有机物较多需要进行有效的清洗，并进行砂水分离。目前有些污水厂采用气提方式排砂，洗砂采用旋流砂水分离器和螺旋洗砂器，经清洗分离出来的沉砂含有机成分较低，且基本变成固态，可直接装车外运。

有机物对排砂设备有一定影响。当除砂机抽取的砂浆含有的有机物太多时，部分无机砂粒会被黏稠的有机物裹挟，而从水力旋流器的上部的溢流口排出，使除砂率降低；进入螺旋洗砂机的有机物过多，在螺旋的搅拌下砂子、有机物和水会形成胶状物，使砂子无法沉入砂斗底部，螺旋提升机无法将砂子分离出来，如果操作者发现螺旋洗砂机长时间不除砂，而系统设备运行都正常，就可能是上述情况。

对于采用平流式曝气沉砂池或平流式沉砂池，一般排砂机的砂水排入集砂井，集砂井的砂泵也会出现埋泵的情况，应采取措施避免这种情况的发生，运行时应积累经验，砂井内不要积砂过多。如果集砂过多，可打开下部的排污口，将砂排出一部分，或放入另一台潜水砂泵排出过多的积砂。

另外，值得注意的是，无论是行车带泵排砂或链条式刮砂机，由于故障或其他原因停止排砂一段时间后，都不能直接启动。应认真检查池底积砂槽内砂量的多少，如沉砂太多，应排空沉砂池人工清砂，以免由于过载而损坏设备。

三、清除浮渣

沉砂池上的浮渣应定期以机械或人工方式清除，否则会产生臭味影响环境卫生，或浮渣缠绕造成堵塞设备或管道。应经常巡视浮渣刮渣出渣设施的运行状况、池面浮渣的多少。

四、做好测量与运行记录

（1）每日测量或记录的项目 除砂量、曝气量。

（2）定期测量的项目　湿砂中的含砂量、有机成分含量。

（3）可测量的项目　干砂中砂粒级配，一般应按 0.1mm、0.15mm、0.2mm 和 0.3mm 四级进行筛分测试。

五、旋流沉砂池的运行管理

旋流沉砂池具有占地小，除砂效果好等特点，近几年应用较多。旋流沉砂池的主要控制参数是：进水渠道流速、圆池的水力表面负荷、停留时间和提砂的时间。进水渠道内的流速以控制在 0.6~0.9m/s 为宜，水力表面负荷一般为 200m³/(m²·h)，停留时间为 20~30s。根据进水负荷确定涡流沉砂池运行台数，确保各项参数在合理范围，还可以合理调节浆板的转数，可以有效去除在低负荷时难去除的细砂。目前新建污水厂采用的钟式沉砂池很多，因此，对这种沉砂池的管理显得尤其重要，特别是污水厂的上游管网采用合流制管网，应根据季节变化，污水含砂量的不同，调整运行参数，使集砂斗中的沉砂不能埋没提砂泵或气提管，否则容易堵塞沉砂池。如果此情况发生，应立即停运检修，否则沉砂可能进入下一个处理单元，尤其在没设初次沉淀池的工艺系统中，沉砂可能进入生化系统，贻害无穷。

第三节　初次沉淀池运行管理

一、工艺控制

污水厂入流污水量、水温及 SS 的负荷总是处于变化之中，因而初沉池的 SS 的去除效率也在变化。应采取措施应对入流污水的这种变化，使初沉池 SS 的去除率基本保持稳定。工艺措施主要是改变投运池数。大部分污水厂初沉池都有一部分余量，对污水参数的短期变化，也可以采用控制入池的方法，将污水在上游管网内进行短期贮存，有的污水厂初沉池的后续处理单元允许入流的 SS 有一定的波动，此时可不对初沉池进行调节。在没有其他措施的情况下，向初沉池的配水渠道内投加一定量的化学絮凝剂，但前提是在配水渠道内要有搅拌或混合措施。工艺控制的目标是将工艺参数控制在要求的范围内。运行管理人员在运转实践中可以摸索出本厂各种季节的污水特征以及要达到要求的 SS 去除率。水力负荷要控制在最佳范围，因为水力负荷太高，SS 的去除率将会下降，水力负荷过低，不但造成浪费，还会因污水停留过长使污水腐败，运行过程中应控制水力停留时间、堰板水力负荷和水平流速在合理的范围内，水力停留时间不应大于 1.5h，堰板溢流负荷一般不应大于 10m³/(m·h)，水平流速不能大于冲刷流速 50mm/s，如发现上述任何一个参数超出范围，应对工艺进行调整。

二、刮泥操作

污泥在排出初沉池之前首先被收集到污泥斗中。刮泥有两种操作方式：连续刮泥和间歇刮泥。采用那种操作方式，取决于初沉池的结构形式，平流沉淀池采用行车刮泥机只能间歇刮泥，辐流式初沉池采用连续刮泥方式，运行中应特别注意周边刮泥机的线速度不能太高，一定不能超过 3m/min，否则会使周边污泥泛起，直接从堰板溢流走。

三、排泥操作

（1）操作　排泥是初沉池运行中最重要也是最难控制的一项操作，有连续和间歇排泥两种操作方式。平流沉淀池采用行车刮泥机只能间歇排泥，因为在一个刮泥周期内只有污泥刮至泥斗后才能排泥，否则将是污水。此时刮泥周期与排泥必须一致，刮泥与排泥必须协同操作。每次排泥持续时间取决于污泥量、排泥泵的容量和浓缩池要求的进泥浓度。一般来说既要把污泥干净地排走，又要得到较高的含固量，操作起来非常困难，如果浓缩池有足够的面积，不一定追求较高的排泥浓度。

（2）排泥时间的确定　对于一定的排泥浓度可以估算排泥量，然后根据排泥泵的容量确定排泥时间。排泥时间的确定：当排泥开始时，从排泥管取样口连续取样分析其含固量的变化，从排泥开始到含固量降至基本为零即为排泥时间。排泥的控制方式有很多种，小型污水厂可以人工控制排泥泵的开停，大型污水处理厂一般采用自动控制，最常用的控制方式是时间程序控制，即定时排泥、定时停泵，这种排泥方式要达到准确排泥，需要经常对污泥浓度进行测定，同时调整泥泵的运行时间。

四、初沉池运行管理的注意事项

（1）根据初沉池的形式和刮泥机的形式，确定刮泥方式、刮泥周期的长短，避免沉积污泥停留时间过长造成浮泥，或刮泥过于频繁或刮泥过快扰动已沉下的污泥。

（2）初沉池一般采用间歇排泥，最好实现自动控制。无法实现自动控制时，要总结经验，人工掌握好排泥次数和排泥时间。当初沉池采用连续排泥时，应注意观察排泥的流量和排泥的颜色，使排泥浓度符合工艺的要求。

（3）巡检时注意观察各池出水量是否均匀，还要观察出水堰口的出水是否均匀，堰口是否被堵塞，并及时调整和清理。

（4）巡检时注意观察浮渣斗上的浮渣是否能顺利排除，浮渣刮板与浮渣斗是否配合得当，并应及时调整，如果刮板橡胶板变形应及时更换。

（5）巡检时注意辨听刮泥机、刮渣、排泥设备是否有异常声音，同时检查是否有部件松动等，并及时调整或检修。

（6）按规定对初沉池的常规的检测项目进行化验分析，尤其是 SS 等重要项目要及时比较，确定 SS 的去除率是否正常，如果下降应采取整改措施。

五、常见故障原因分析及对策

（1）污泥上浮　有时在初沉池可出现浮渣异常增多的现象，这是由于本可下沉的污泥解体而浮至表面，废水在进入初沉池前停留时间过长发生腐败时也会导致污泥上浮，这时应加强去除浮渣的撇渣器工作，使它及时和彻底地去除浮渣。在二沉池污泥回流至初沉池的处理系统中，有时二沉池污泥中硝酸盐含量较高，进入初沉池后缺氧时可使硝酸盐反硝化，还原成氮气附着于污泥中，使之上浮。这时可控制生化处理系统，减少污泥的污泥龄。

（2）黑色或恶臭污泥　产生原因是污水水质腐败或进入初沉池的消化池污泥及其上清液浓度过高。解决办法：切断已发生腐败的污水管道；减少或暂时停止高浓度工业废水（牛奶加工、啤酒、制革、造纸等）的进入；对高浓度工业废水进行预曝气；改进污水管道系统的水力条件，以减少易腐败固体物的淤积；必要时可在污水管道中加氯，以减少或延迟废水的腐败，这种做法在污水管道不长或温度高时尤其有效。

（3）受纳过浓的消化池上清液　解决办法：改进消化池的运行，以提高效率；减少受纳上清液的数量直至消化池运行改善；将上清液导入氧化塘、曝气池或污泥干化床；上清液预处理。

（4）浮渣溢流　产生原是浮渣去除装置位置不当或不及时。改进措施：加快除渣频率；更改出渣口位置，浮渣收集离出水堰更远；严格控制工业废水进入（特别是含油脂、含高浓度碳水化合物等的工业废水）。

（5）悬浮物去除率低　原因是水力负荷过高、短流、活性污泥或消化污泥回流量过大，存在工业废水。解决方法：设调节堰均衡水量和水质负荷；投加絮凝剂，改善沉淀条件，提高沉淀效果；多个初沉池的处理系统中，若仅一个池超负荷则说明进水口堵塞或堰口不平导致污水流量分布不均匀；工业废水或雨水流量不均匀，出水堰板安装不均匀，进水流速过高等易产生集中流，为证实短流的存在与否，可使用染料进行示踪实验；准确控制二沉池污泥回流和消化污泥投加量；减少高浓度的油脂和碳水化合物废水的进入量。

（6）排泥故障　排泥故障分沉淀池结构、管道状况以及操作不当等情况。①沉淀池结构。检查初沉池结构是否合理，如排泥斗倾角是否大于60°，泥斗表面是否平滑，排泥管是否伸到了泥斗底，刮泥板距离池底是否太高，池中是否存在刮泥设施触及不到的死角等。集渣斗、泥斗以及污泥聚集死角排不出浮渣、污泥时应采取水冲，或设置斜板引导污泥向泥斗汇集，必要时进行人工清除。②管道状况。排泥管堵塞是重力排泥初沉池的常见故障之一。发生排泥管堵塞的原因有管道结构缺陷如排泥管直径太大、管道太长、弯头太多、排泥水头不足等。③操作不当。如排泥间隔时间过长，沉淀池前面的细格栅管理不当，使得纱头、布屑等进入池中，造成堵塞。堵塞后的排泥管有多种清除方法，如将压缩空气管伸入排泥管中进行空气冲动，将沉淀池放空后采取水力反冲洗，堵塞特别严重时需要人工下池清掏。当斜板沉淀池中斜板上集泥太多时，可以通过降低水位使得斜板部分露出，然后使用高压水进行冲洗。

第十一章 活性污泥处理系统及消毒设施的运行管理

第一节 曝气池的运行与管理

一、运行工况指标

工艺运行过程中除了按设计给定的参数运行外，还要根据实际的进水条件（如进水水质、水量）和实际出水水质的需要进行工艺调整，使工艺运行处于最佳状态。部分活性污泥法工艺参数见表 11-1。

表 11-1 部分活性污泥法工艺参数

工艺类型	污泥龄 /d	污泥负荷 /(kgBOD$_5$ /kgMLVSS)	容积负荷 /[kgBOD$_5$ /(m^3·d)]	MLSS /(mg/L)	水力停留 时间/d	回流比 /%	BOD 去除率 /%
传统活性污泥法	5~15	0.2~0.4	0.3~0.8	1500~3000	4~8	0.211~0.75	85~95
完全混合	5~15	0.2~0.6	0.6~2.4	2500~4000	3~5	0.211~1.0	85~95
阶段进水	5~15	0.2~0.4	0.4~1.4	2000~3500	3~5	0.211~0.75	85~95
改良曝气	0.2~0.5	1.5~5.0	0.2~2.4	200~1000 (1000~3000)	1.5~3 (0.5~1.0)	0.011~0.25	60~75
接触稳定	5~15	0.2~0.6	0.9~1.2	(4000~10000)	(3~6)	0.11~1.50	80~90
延时曝气	20~30	0.05~0.15	0.15~0.25	3000~6000	18~36	0.11~1.5	75~95
高负荷法	5~10	0.4~1.5	1.6~16	4000~10000	2~4	1.0~5.0	75~90
纯氧曝气	3~10	0.25~1.0	1.6~3.2	2000~5000	1~3	0.211~0.5	85~95
氧化沟	10~30	0.05~0.3	0.1~0.2	3000~6000	8~36	0.75~1.5	75~95
SBR 法	10~20	0.05~0.3	0.1~0.24	1500~5000	12~50	—	85~95
深井曝气	—	0.5~5.0	—	—	0.5~5	—	85~95
合并硝化工艺	15~20	0.10~0.25	0.1~0.32	2000~3500	6~15	0.111~1.5	85~95
单独硝化工艺	10~15	0.05~0.16	0.05~0.16	2000~3500	3~6	0.11~2.00	85~95

二、污泥的甄别

1. 膨胀污泥

通过测定污泥体积指数（SVI）可以了解活性污泥沉降絮凝的性能，一般规定污泥体积指数（SVI）在 200mL/g 以上，量筒内污泥层的浓度从 5g/L 起变为压密相的污泥称为膨胀污泥。膨胀污泥一种由丝状菌形成的，另一种是由非丝状菌形成的。如果将膨胀污泥置于显微镜下观察就可见到断线条状的丝状微生物互相缠绕着。

2. 上升污泥

在 30min 沉降实验的测定时间内，污泥沉降良好但数小时内又上升，如果用棒进行搅拌，对上升污泥加以破坏则立即再次沉淀。这种现象是由于已进行硝化作用的污泥混合液进入沉淀池后产生了反硝化作用，并在反硝化过程中产生的氮气附着在污泥上而使其上浮引起的。发生这种现象时，只要降低溶解氧的浓度，控制硝化过程的发生即可。

3. 腐化污泥

有时候虽然没有发生硝化与反硝化过程，但沉淀下去的污泥再次上浮。这种现象是因为已经沉淀的污泥变成厌氧状态，并产生硫化氢、二氧化碳、甲烷和氢气等气体，结果这些气体将污泥推向表层而发生的，防止的方法是设计沉淀池时不要有"死角区"，万一产生浮渣时，必须设置撇渣板，消灭"死角区"，改进刮泥机。排泥后在"死角区"用压缩空气冲洗或清洗。

4. 解絮污泥

对混合液进行沉淀时，虽然大部分污泥容易沉淀下去，但在上清液中仍然有一种能使水浑浊的物质。这时的指示性生物为变形虫属和简便虫属等肉足类，这种现象可以认为是由于毒物的混入、温度急剧变化、废水 pH 值突变等的冲击造成的，使污泥絮体解絮。通过减少污泥回流量能使解絮现象得到某种程度的控制。

5. 污泥发黑

查看曝气池在线 DO 测定仪会发现 DO 过低，有机物厌氧分解释放 H_2S，其与 Fe 作用生成 FeS，可以采用增加供氧或加大回流污泥量进行控制。

6. 污泥变白

生物镜检会发现丝状菌或固着型纤毛虫大量繁殖，如果是进水 pH 值过低，曝气池 pH 小于 6 引起丝状霉菌大量生成，只要提高进水 pH 值就能改善；如果是污泥膨胀，请参照相关对策加以解决。

7. 过度曝气污泥

由于曝气使细小的气泡黏附于活性污泥絮体上而出现的一种现象。经过几分钟后上浮的污泥与气泡分离而再次沉淀下来，在沉淀池中，有可能在再次沉淀之前越过出水堰而随出水流失。

8. 微细絮体

对活性污泥混合液进行沉淀时，分散在上清液中的一些肉眼可以看到的小颗粒称为微细絮体。当有微细絮体存在时，沉淀污泥的污泥体积指数非常小。这一类微细絮体有两种，一种是由普通污泥颗粒变小形成的，具有很高的 BOD 值，另一种是白色的不定型微细颗粒，BOD 值很低。

9. 云雾状污泥

污泥在沉淀池中呈云雾状而得名，这是污泥的一种存在状态，是由沉淀池内的水流、密度流和污泥搅拌机的搅拌而引起的。如果沉淀下去的污泥变成这种状态时，则应该降低沉淀池内的污泥面，减少进水流量。

三、曝气池供氧与控制

1. 活性污泥系统中的溶解氧水平

就好氧生物而言，环境溶解氧大约 0.3mg/L 时，对其正常代谢活动已经足够。而活性污泥以絮体形式存在曝气池中，经测定直径 0.1～0.5mm 的活性污泥絮粒，当周围的混合液 DO 为 2.0mg/L 时，絮粒中心的溶解氧降至 0.1mg/L，已处于微氧和缺氧状态，溶解氧过低必然会影响生化池进水端或絮粒内部细菌的代谢速率，因此一般溶解氧应控制 2～3mg/L 左右；溶解氧过低，抑制了菌胶团细菌胞外多聚物的产生，从而导致污泥解体；其次当溶解氧低时会使吞噬游离细菌的微生物数量减少；溶解氧过大，除了增加能耗外，强烈的空气搅拌会使絮粒打碎，易使污泥老化，传统活性污泥法曝气池出口 DO 应控制在 2mg/L 左右。

2. 生物处理系统中溶解氧的调节

在鼓风系统中，可控制进气量的大小来调节溶解氧的高低。在生化池溶解氧长期偏低时，可能有两种原因：一是活性污泥负荷过高，若检测活性污泥的好氧速率，往往大于 $20mgO_2/(gMLSS \cdot h)$，这时应增加曝气池中活性污泥的浓度；二是供氧设施功率过小，应设法改善，可采用氧转移效率高的微孔曝气器；有时还可以增加机械搅拌打碎气泡，提高氧转移效率。

3. 除磷脱氮工艺溶解氧的控制

在污水生物除磷脱氮工艺中 DO 的多少将影响整个工艺的除磷和脱氮效率。在硝化阶段，由于硝化反应必须在好氧条件下进行，因此 DO 应维持在 $2\sim3mg/L$，当低于 $0.5\sim0.7mg/L$ 时，氨转化为亚硝酸盐和硝酸盐的硝化反应将受到抑制，较低的 DO 将影响硝化菌的生物代谢。DO 对反硝化的过程有很大的影响。当反硝化过程中的 DO 上升时，将会使反硝化菌的竞争受到抑制作用，也就是说，反硝化菌首先利用水中的 DO，而不是利用硝氮中化合态的氧，不利于脱氮。在反硝化过程中 DO 应控制在 $0.5mg/L$ 以下，对于采用序批式活性污泥法 ICEAS 脱氮工艺，按时序运行时，缺氧段时间应要保证在 $0.5h$ 以上。如果 DO 大于 $1.0mg/L$，反硝化几乎不能进行，如果缺氧时间小于 $0.5h$，反硝化将进行得不彻底。

4. 曝气系统的运行维护

(1) 微孔扩散器的堵塞问题及判断　扩散器的堵塞是指一些颗粒物质干扰气体穿过扩散器而造成的氧转移性能的下降。按照堵塞原因，堵塞可分为两类：内堵和外堵。内堵也称为气相堵塞，堵塞物主要来源于过滤空气中遗留的砂尘、鼓风机泄漏的油污、空气干管的锈蚀物、池内空气支管破裂后进入的固体物质。外堵也称为液相堵塞，堵塞物主要来源于污水中悬浮固体在扩散器上沉积，微生物附着在扩散器表面生长形成生物垢，以及微生物生长过程中包埋的一些无机物质。

大多数堵塞是日积月累形成的，因此应经常观察，观察与判断堵塞的方法如下。

① 定期核算能耗并测量混合液的 DO 值。若设有 DO 控制系统，在 DO 恒定的条件下，能耗升高，则说明扩散器已堵塞。若没有 DO 控制系统，在曝气量不变的条件下，DO 降低，说明扩散器已堵塞。

② 定期观测曝气池表面逸出的气泡的大小。如果发现逸出气泡尺寸增大或气泡结群，说明扩散器已经堵塞。

③ 在曝气池最易发生扩散器堵塞的位置设置可移动式扩散器，使其工况与正常扩散器完全一致，定期取出检查测试是否堵塞。

④ 在现场最易堵塞的扩散器上设压力计，在线测试扩散器本身的压力损失，也称为湿式压力 DWP。DWP 增大，说明扩散器已经堵塞。

(2) 微孔扩散器的清洗方法　扩散器堵塞以后，应及时安排清洗计划，根据堵塞程度确定清洗方法。清洗方法如下。

① 在清洗车间进行清洗。包括回炉火化、磷硅酸盐冲洗、酸洗、洗涤剂冲洗、高压水冲洗等方法。

② 停止运行，在池内清洗。包括酸洗、碱洗、水冲、气冲、氯冲、汽油冲、超声波清洗等方法。

③ 不拆扩散器，也不停止运行，在工作状态下清洗。包括向供气管道内注入酸气或酸液、增压冲吹等方法。

(3) 空气管道的维护　压缩空气管道的常见故障有以下两类。

① 管道系统漏气。产生漏气的原因往往是选用材料质量或安装质量不好，或管路破

裂等。

② 管道堵塞。管道堵塞表现在送气压力、风量不足，压降太大，引起原因一般是管道内的杂质或填料脱落，阀门损坏，管内有水冻结。

排除办法是：修补或更换损坏管段及管件，清除管内杂质，检修阀门，排除管道内积水。在运行中应特别注意及时排水。空气管路系统内的积水主要是鼓风机送出的热空气遇到冷形成的凝水，因此不同季节形成的冷凝水量是不同的。冬季的水量较多，应增加排放次数。排除的冷凝水应是清洁的，如发现有油花，应立即检查鼓风机是否漏油；如发现有污浊，应立即检查池内管线是否破裂导致混合液进入管路系统。

四、生物相镜检

为了随时了解活性污泥中微生物种类的变化和数量的消长，曝气池运行过程中要经常检测活性污泥中的生物相。生物相的镜检只能作为水质总体状况的估测，是一种定性的检测，其主要目的是判断活性污泥的生长情况，为工艺运行提供参考。

生物相镜检可采用低倍镜或高倍镜两种方法进行。低倍镜是为了观察生物相的全貌，要观察污泥颗粒大小、松散程度，菌胶团和丝状菌的比例和生长状况。用高倍镜观察，可以进一步看清微生物的结构特征，观察时要注意微生物的外形、内部结构和纤毛摆动情况；观察菌胶团时，应注意胶质的厚薄和色泽，新生胶团的比例；观察丝状菌时，要注意其体内是否有类脂物质出现，同时注意丝的排列、形态和运动特征。

生物相镜检的注意事项：

（1）微生物种类的变化　微生物的种类会随水质的变化而变化，随运行阶段而变化。

（2）微生物活动状态的变化　当水质发生变化时，微生物的活动状态也发生变化，甚至微生物的形体也会随污水水质的变化而变化。

（3）微生物数量的变化　活性污泥中微生物种类很多，但某些微生物的数量的变化也能反映出水水质的变化。

因此，在日常观察时要注意总结微生物的种类、数量以及活动状态的变化与水质的关系，要真正使镜检起到辅助作用。

五、曝气池运行管理应注意的问题

（1）经常检查与调整曝气池配水系统和回流污泥的分配系统，确保进入各系列或各池之间的污水和污泥均匀。

（2）经常观测曝气池混合液的静沉速度、SV 及 SVI，若活性污泥发生污泥膨胀，判断是否存在下列原因：入流污水有机质太少，曝气池内 F/M 负荷太低；入流污水氮磷营养不足；pH 值偏低不利于菌胶团细菌生长；混合液 DO 偏低；污水水温偏高等，并及时采取针对性措施控制污泥膨胀。

（3）经常观测曝气池的泡沫发生状况，判断泡沫异常增多原因，并及时采取处理措施。

（4）及时清除曝气池边角处飘浮的部分浮渣。

（5）定期检查空气扩散器的充氧效率，判断空气扩散器是否堵塞，并及时清洗。

（6）注意观察曝气池液面翻腾状况，检查是否有空气扩散器堵塞或脱落情况，并及时更换。

（7）每班测定曝气池混合液的 DO，并及时调节曝气系统的充氧量，或设置空气供应量自动调节系统。

（8）注意曝气池护栏的损坏情况并及时更换或修复。

（9）做好分析测量与记录每班应测试项目：曝气混合液的 SV 及 DO（有条件时每小时

检测一次或在线检测 DO)。

每日应测定项目：进出污水流量 Q、曝气量或曝气机运行台数与状况、回流污泥量、排放污泥量；进出水水质指标：COD_{Cr}、BOD_5、SS、pH 值，污水水温，活性污泥的 MLSS、MLVSS，混合液 SVI，回流污泥的 MLSS、MLVSS，活性污泥生物相。

每日或每周应计算确定的指标：污泥负荷 F/M，污泥回流比 R，水力停留时间和污泥停留时间。

第二节　二沉池的运行管理

二沉池的作用是泥水分离，使经过生物处理的混合液澄清，同时对混合液进行浓缩，并为生化池提供浓缩后的活性污泥回流。

一、二沉池运行管理的注意事项

(1) 经常检查并调整二沉池的配水设备，确保进入各池的混合液流量均匀。

(2) 检查积渣斗的积渣情况并及时排除，还要经常用水冲洗浮渣斗，注意浮渣刮板与浮渣斗挡板配合是否得当，并及时调整和修复。

(3) 经常检查并调整出水堰口的平整度，防止出水不均匀和短流现象的发生，及时清除挂在堰板上的浮渣和挂在出水堰口的生物膜和藻类。

(4) 巡检时注意辨听刮泥、刮渣、排泥设备是否有异常声音，同时检查其是否有部件松动，并及时调整或检修。

(5) 由于二沉池埋深较大，当地下水位较高而需要将二沉池放空时，为防止出现漂池现象，要事先确认地下水位，必要时可先降低地下水位再排空。

(6) 经常检测出水是否带走微小污泥絮粒造成污泥异常流失。判断污泥异常流失是否有以下原因：污泥负荷偏低且曝气过度、入流污水中有毒物浓度突然升高使细菌中毒、污泥活性降低而解絮，并采取针对措施及时解决。

(7) 经常观察二沉池液面是否有污泥上浮现象。若局部污泥大块上浮且污泥发黑带臭味，则二沉池存在死区；若许多污泥块状上浮又不同上述情况，则为曝气池混合液 DO 偏低，二沉池中污泥反硝化，应及时采取针对措施避免影响出水水质。

(8) 一般每年应将二沉池放空检修一次，检查水下设备、管道、池底与设备的配合等是否出现异常，并及时修复。

(9) 按规定对二沉池常规检测的项目进行及时的分析化验。

二、二沉池常规检测项目

1. pH 值

pH 值与污水水质有关，一般略低于进水值，正常值为 6～9，如果偏离此值，可以从进水的 pH 值的变化和曝气池充氧效果找原因。

2. 悬浮物

活性污泥系统运转正常时，其出水 SS 应当在 30mg/L 以下，最大不应当超过 50mg/L。

3. 溶解氧（DO）

因为活性污泥中的微生物在二沉池继续消耗溶解氧，出水的溶解氧略低于生化池。

4. COD 和 BOD

这两项指标应达到国家标准，不允许超标准运行，数值过低会增加处理成本，应综合两者因素，用较低的处理成本达到最好的处理效果。

5. 氨氮和硝酸盐

这两项指标应达到国家有关排放标准，如果长期超标，而且是进水的氮和磷含量过高引起的，就应当加强除磷脱氮措施的管理。

6. 泥面

泥面的高低可以反映活性污泥在二沉池的沉降性能，是控制剩余污泥排放的关键参数。正常运行时二沉池的上清液的厚度应不少于 0.5～0.7m，如果泥面上升，在生物系统运行正常时，二沉池出水中的悬浮物都应该是可沉降的片状，此时无论悬浮物多少，二沉池出水的外观应该是透明的，否则出水呈乳灰色或黄色，其中夹带大量的非沉淀的悬浮物。

三、二沉池污泥回流的控制

好氧活性污泥法的基本原理是利用活性污泥中的微生物在曝气池内对污水中的有机物进行氧化分解，由于连续流活性污泥法的进水是连续进行的，微生物在曝气池内的增长速度远远跟不上随混合液从曝气池中的流出速度，生物处理过程就难以维持。污泥回流就是将从曝气池中流失的、在二沉池进行泥水分离的污泥的大部分重新引回曝气池的进水端与进水充分混合，发挥回流污泥中微生物的作用，继续对进水中的有机物进行氧化分解。污泥回流的作用就是补充曝气池混合液带走的活性污泥，保持曝气池内的 MLSS 相对稳定。

污泥回流比是污泥回流量与曝气池进水量的比值，当曝气池进水量的进水水质、进水量发生变化时，最好能调整回流比。但回流比进行调整后其效果不能马上显现出来，需要一段时间，因此，通过调节回流比，很难适应污水水质的变化，一般情况下应保持回流比的稳定。但在污水厂的运行管理中，把通过调整回流比作为应付突发情况的一种有效手段。

1. 污泥回流比的调整方法

（1）根据二沉池的泥位调整　这种方法可避免出现因二沉池泥位过高而造成污泥流失的现象，出水较稳定，缺点是使回流污泥浓度不稳定。

（2）根据污泥沉降比确定回流比　计算公式为：

$$R = \frac{SV}{100 - SV} \tag{11-1}$$

式中　R——回流比，%；

SV——污泥沉降比，%。

沉降比的测定比较简单、迅速，具有较强的操作性，缺点是当活性污泥沉降性较差时，即污泥沉降比较高时，需要提高回流量，造成回流污泥浓度的下降。

（3）根据回流污泥浓度和混合液污泥浓度确定回流比　计算公式为：

$$R = \frac{MLSS}{RSS - MLSS} \tag{11-2}$$

式中　$MLSS$——悬浮固体浓度，mg/L；

RSS——回流污泥浓度，mg/L。

分析回流污泥和曝气池混合液的污泥浓度使用烘干法，需要较长的时间，一般只做回流比的校核。该法能够比较准确地反映真实的回流比。

（4）根据污泥沉降曲线，确定最佳的沉降比　通过测定混合液最佳沉降比 SV_m，调整回流量使污泥在二沉池时间恰好等于淤泥通过沉降达到最大浓度的时间，可获得较大的污泥浓度，而回流量最小，使污泥在二沉池的停留时间最小，此法特别适合除磷和脱氮工艺，计算公式为：

$$R = \frac{SV_m}{100 - SV_m} \tag{11-3}$$

2. 控制污泥回流的方式

（1）保持回流量恒定　该方式适用于进水量恒定或进水波动不大，否则会造成污泥在二沉池和曝气池的重新分配。

（2）保持剩余污泥排放量的恒定　在回流量不变的条件下，保持剩余污泥排放量的相对稳定，即可保持相对稳定的处理效果。此方式的缺点是当进水水量、进水有机物降低时，曝气池的污泥增长量有可能少于剩余污泥的排放量，导致系统污泥量的下降，影响处理效果。

（3）回流比和剩余污泥排放量随时调整　根据进水量和进水有机负荷的变化，随时调整剩余污泥的排放量和回流污泥量，尽可能地保持回流污泥浓度和曝气池混合液的浓度的稳定。这种方式效果最好，但操作频繁、工作量较大。

第三节　活性污泥法运行中的异常现象与对策

一、污泥膨胀

污泥膨胀是活性污泥法系统常见的一种异常现象，是由于某种因素的改变，使活性污泥质量变轻、膨胀、沉降性能变差，SVI 值不断生高，混合液不能在沉淀阶段进行正常的泥水分离，沉淀阶段泥面不断上升，导致污泥流失，出水的水质变差，生化池中的 MLSS 浓度过度降低，从而破坏活性污泥工艺的正常运行，这一现象称为污泥膨胀。

1. 污泥膨胀的表现

污泥膨胀时 SVI 值异常升高，二沉池出水的 SS 值将大幅度增加，甚至超过排放标准，也导致出水的 COD 和 BOD_5 的超标。严重时造成污泥的大量流失，生化池微生物数量锐减，导致生化系统的性能下降甚至系统的崩溃。

2. 污泥膨胀的原因

污泥膨胀的原因是活性污泥所处的环境条件发生了不利的变化，丝状菌的过度繁殖，引起环境条件发生了不利的变化。正常的活性污泥中都含有一定丝状菌，它是形成活性污泥絮体的骨架材料。活性污泥中丝状菌数量太少或没有，则不能形成大的絮体，沉降性能不好；丝状菌过度繁殖，则形成丝状菌污泥膨胀。在正常情况下，菌胶团的生长速率大于丝状菌的生长速率，不会出现丝状菌的过度繁殖；但在恶劣的环境中，由于丝状菌表面积较大，抵抗"恶劣"环境的能力比菌胶团细菌强，其数量会超过菌胶团细菌，从而过度繁殖导致丝状菌污泥膨胀。恶劣的环境是指水质、环境因素及运转条件的指标偏高或偏低。另一个原因是菌胶团生理活动异常，导致活性污泥沉降性能的恶化使进水中含有大量的溶解性有机物，使污泥负荷太高，缺乏 N、P 或 DO 不足，细菌会向体外分泌出过量的多聚糖类物质，这些物质含有很多氢氧基而具有亲水性，使活性污泥结合水高达 400%，呈黏性的凝胶状，使活性污泥在沉淀阶段不能有效进行泥水分离。这种膨胀也叫黏性膨胀。还有一种是非丝状菌膨胀，进水中含有毒性物质，导致活性污泥中毒，使细菌分泌出足够的黏性物质，不能形成絮体，使活性污泥在沉淀阶段不能有效地进行泥水分离。

3. 污泥膨胀控制措施

（1）临时措施

① 加入絮凝剂，增强活性污泥的凝聚性能，加速泥水分离，但投加量不能太多，否则可能破坏微生物的生物活性，降低处理效果。

② 向生化池投加杀菌剂，投加剂量应由小到大，并随时观察生物相和测定 SVI 值，当发现 SVI 值低于最大允许值时或观察丝状菌已溶解时，应当立即停止投加。

（2）调节工艺运行控制措施

① 在生化池的进口投加黏泥、消石灰、消化泥，提高活性污泥的沉降性能和密实性。

② 使进入生化池污水处于新鲜状态，采取须曝气措施，同时起到吹脱硫化氢等有害气体的作用，提高进水的 pH 值。

③ 加大曝气强度提高混合液 DO 浓度，防止混合液局部缺氧或厌氧。

④ 补充 N、P 等营养，保持系统的 C、N、P 等营养的平衡。

⑤ 高污泥回流比，减少污泥在二沉池的停留时间，避免污泥在二沉池出现厌氧状态。

⑥ 利用占线仪表等自控手段，强化和提高化验分析的实效性，力争早发现早解决。

（3）永久性控制措施　永久性控制措施是指对现有的生化池进行改造，在生化池前增设生物选择器。其作用是防止生化池内丝状菌过度繁殖，避免丝状菌在生化系统成为优势菌种，确保沉淀性能良好的菌胶团、非丝状菌占有优势。

二、生化池内活性污泥不增长或减少

（1）二沉池出水 SS 过高，污泥流失过多　可能是因为污泥膨胀或是二沉池水力负荷过大。

（2）进水有机负荷偏低　活性污泥繁殖增长所需的有机物相对不足，使活性污泥中的微生物处于维持状态，甚至微生物处于内源代谢阶段，造成活性污泥量减少，此时应减少曝气量或减少生化池运转个数，以减少水力停留时间。

（3）曝气量过大　使活性污泥过氧化，污泥总量不增加，对策：合理调整曝气量，减少供风量。

（4）营养物质不平衡　造成活性污泥微生物的凝聚性变差，对策：应补充足量的 N、P 等营养。

（5）剩余污泥量过大　使活性污泥的增长量小于剩余污泥的排放量，对策：应减少剩余污泥的排放量。

三、活性污泥解体

SV 和 SVI 值特别高，出水非常浑浊，处理效果急剧下降，往往是活性污泥解体的征兆。其原因如下。

（1）污泥中毒　进水中含有毒物质或有机物含量突然升高造成活性污泥代谢功能丧失，活性污泥失去净化活性和絮凝活性。

（2）有机负荷长时间偏低　进水浓度、水量长时间偏低，而曝气量却维持正常，出现过度曝气，污泥过度氧化造成菌胶团絮凝性下降，最终导致污泥解体，出水水质恶化。对策：减少鼓风量或减少生化池运行个数。

四、二沉池出水 SS 含量增大

（1）活性污泥膨胀使污泥沉降性能变差，泥水界面接近水面，造成出水大量带泥，对策：找出污泥膨胀原因加以解决。

（2）进水负荷突然增加，增加了二沉池水力负荷，流速增大，影响污泥颗粒的沉降，造成出水带泥，对策：均衡水量，合理调度。

（3）生化系统活性污泥浓度偏高，泥水界面接近水面，造成出水带泥，对策：加强剩余污泥的排放。

（4）活性污泥解体造成污泥絮凝性下降，造成出水带泥，对策：查找污泥解体原因，逐一排除和解决。

（5）刮（吸）泥机工作状况不好，造成二沉池污泥和水流出现短流，污泥不能及时回流，污泥缺氧腐化解体后随水流出。对策：及时检修刮（吸）泥机，使其恢复正常状态。

（6）活性污泥在二沉池停留时间太长，污泥因缺氧而解体，解决办法：增大回流比，缩短在二沉池的停留时间。

（7）水中硝酸盐浓度较高，水温在 15℃ 以上时，二沉池局部出现污泥反硝化现象，氮类气体裹挟泥块随水溢出，对策：加大污泥回流量，减少污泥停留时间。

五、二沉池溶解氧偏低或偏高

（1）活性污泥在二沉池停留时间太长，造成 DO 下降，污泥中好氧微生物继续好氧，对策：加大污泥回流量，减少污泥停留时间。

（2）刮（吸）泥机工作状况不好，污泥停留时间过长，污泥中好氧微生物继续好氧，造成 DO 下降，对策：及时检修刮（吸）泥机，使其恢复正常状态。

（3）生化池进水有机负荷偏低或曝气量过大，对策：可提高进水水力负荷或减少鼓风量，以便节能运行。

（4）二沉池出水水质浑浊，DO 却升高，可能活性污泥中毒所至，对策：查明有毒物质的来源并排除。

六、二沉池出水 BOD_5 和 COD 突然升高

（1）进入生化池的污水量突然增大，有机负荷突然升高或有毒、有害物质浓度突然升高，造成活性污泥活性的降低，对策：及时检修刮（吸）泥机，使其恢复正常状态，加强进厂水质检测，使进水均衡。

（2）生化池管理不善，活性污泥净化功能降低，对策：加强生化池运行管理，及时调整工艺参数。

（3）二沉池管理不善，使二沉池功能降低，对策：加强二沉池的管理，定期巡检，发现问题及时整改。

七、活性污泥法的泡沫现象

（1）泡沫分类

① 启动泡沫。在活性污泥工艺运行的初期，污水中的表面活性剂在活性污泥的净化功能尚未形成时，这些物质在曝气的作用下形成了泡沫，但随着活性污泥的成熟，表面活性剂逐渐被降解，泡沫会逐渐消失。

② 反硝化泡沫。一般水温 20℃ 时反硝化的进程加快，在生化池曝气不足的地方，序批式活性污泥法沉淀至滗水阶段后期，传统活性污泥法二沉池发生局部反硝化，产生氮类气体从而裹挟着污泥上浮，出现泡沫现象。

③ 生物泡沫。由于丝状微生物的增长，与气泡、絮体颗粒形成稳定的泡沫。

（2）生物泡沫的危害

① 泡沫的黏滞性在曝气池表面阻碍氧气进入曝气池。

② 混有泡沫混合液进入二沉池后，泡沫会裹挟污泥增加出水的 SS 浓度，并在二沉池表面形成浮渣层。

③ 泡沫蔓延走道板，会产生一系列卫生问题。

④ 回流污泥含有泡沫会引起类似浮选现象，损坏污泥的性能，生物泡沫随排泥进入泥区，干扰污泥浓缩和污泥消化。

（3）生物泡沫的控制对策

① 水力消泡是最简单的物理方法，但丝状菌依然存在，不能解决根本问题。

② 投加杀生剂或消泡剂，消泡剂仅仅能降低泡沫的增长，却不能消除泡沫的形成的内

在原因，而杀生剂普遍存在副作用，投加过量或投加位置不当，会降低生化池中絮凝体的数量及生物总量。

③ 降低污泥龄，减少污泥在生化池的停留时间，抑制生长周期较长的放线菌的生长。

④ 回流厌氧消化池上的上清液，厌氧消化池上的上清液能抑制丝状菌的生长，但有可能影响出水水质，慎重采用。

⑤ 向生化池投加填料，使容易产生污泥膨胀和泡沫的微生物固着在载体上生长，提高生化池的生物量和处理效果，又能减少或控制泡沫的产生。

⑥ 投加絮凝剂，使混合液表面的失稳，进而使丝状菌分散重新进入活性污泥絮体中。

第四节　生物脱氮除磷工艺（A/O）系统运行管理

一、缺氧-好氧活性污泥（A_1/O）系统运行管理应注意的问题

（1）污水碱度的控制　入流污水碱度不足或呈酸性，会造成硝化效率的下降，出水氨氮含量升高，硝化段 pH 值应大于 6.5，二沉池出水碱度应大于 20mg/L，否则，应在硝化段投加石灰等药剂来增加碱度和调整 pH 值。

（2）溶解氧 DO 的控制　曝气池供氧不足或系统排泥量太大，会造成硝化效率的下降，应调整曝气量和排泥量；但溶解氧过高，泥龄过长，易使污泥低负荷运行，出现过曝气现象，造成污泥解絮，应经常观测硝化效率及污泥形状，调整曝气量和排泥量，做到精心管理。

（3）进水有机负荷的调整　入流污水总氮太高或温度低于 15℃，生物脱氮效率会下降，此时应增加曝气池投运数量和混合液污泥浓度，保证良好的污泥运行负荷。

（4）混合液内回流比的控制　经常测定和计算系统的内回流比和缺氧池搅拌器的搅拌强度，防止缺氧段 DO 值超过 0.5mg/L。内回流太少又会使缺氧段硝酸含量不足，使出水总氮超标。

（5）BOD_5 和 TN 的比值的核算　经常检测进水 BOD_5 和 TN 的比值，一般应保持 5～7 左右，如果 BOD_5/TN 低于 5，应跨越初沉池或投加有机碳源来提高 BOD_5/TN 的比值。

（6）剩余污泥排放的控制　生物脱氮系统剩余污泥的排放，主要应满足生物脱氮的要求，传统活性污泥法排泥适用于生物脱氮系统，但采用泥龄控制排泥最佳，这主要是因为泥龄易于控制和掌握，更主要的是因为泥龄对硝化的影响最大。

（7）污泥负荷和泥龄的控制原则　生物硝化属于低负荷工艺，F/M 一般在 0.15kgBOD_5/（kgMLSS·d）以下。负荷越低，硝化越充分，亚硝酸盐转化硝酸盐的效率越高，与低负荷相对应，生物硝化系统的泥龄一般较长，主要是硝化细菌的增殖速率较慢，世代较长，如果没有足够的泥龄，硝化细菌就很难培养起来。一般要得到理想的硝化效果，泥龄必须在 8d 以上。

二、厌氧-好氧活性污泥（A_2/O）系统运行管理应注意的问题

（1）污泥负荷和泥龄的控制　A_2/O 生物除磷工艺是高负荷、低泥龄系统，磷的去除是通过排放剩余污泥来实现的，污泥负荷较高时，泥龄就小，剩余污泥排量越多，在污泥含磷量一定的条件下，除磷量越多。但泥龄不能太低，必须以保证 BOD_5 的去除为前提。

（2）回流比的控制　A_2/O 除磷系统的污泥回流比不宜太低，应保持足够的回流比，尽快将二沉池内的污泥排除，防止聚磷菌在二沉池厌氧的环境发生磷的释放。在保证快速排泥的前提下，应尽量降低回流比。

(3) 水力停留时间的控制   污水在厌氧段的水力时间一般为 $1.5\sim2.0h$。停留时间太短，一是不能保证磷的有效释放，二是污泥中的兼性菌不能充分地将水中的大分子有机物分解成脂肪酸以供聚磷酸菌摄取，影响磷的释放。

(4) 溶解氧 DO 的控制   厌氧段应尽量保持严格的缺氧状态，实际运行中应控制在 $0.2mg/L$ 以下，聚磷酸菌只有在严格的厌氧状态下，才能有效释放磷，好氧段 DO 应控制在 $2.0\sim3.0mg/L$，因为聚磷酸菌只有在好氧条件下才能大量吸收磷。

(5) BOD_5/TP 要保证除磷效果，应控制进入厌氧段的污水中 BOD_5/TP 大于 20，以保证聚磷酸菌对磷的有效释放，由于聚磷酸菌属不动菌属，其生理活动较弱，只能摄取有机物中极易分解的部分，因此，进水中应保证 BOD_5 的含量，确保聚磷酸菌正常的生理代谢。

三、厌氧-缺氧-好氧活性污泥（A^2/O）系统运行管理应注意的问题

(1) 污泥回流点的改进与泥量的分配   为了减少厌氧段的硝酸盐的含量，应控制加入到厌氧段的回流污泥量，在保证回流比不变的前提下，加入到厌氧段的回流污泥占整个回流量的 10%，其余回流到厌氧段以保证脱氮的需要。

(2) 减少磷释放的措施 A^2/O 工艺系统中剩余污泥含磷量较高，在其消化过程中重新释放和溶出，还由于经硝化工艺系统排出的剩余污泥，沉淀性能良好，可直接脱水，如果采用污泥浓缩，运行过程中要保证脱水的连续性，减少剩余污泥在浓缩池的滞留。

(3) 好氧段污泥负荷的确定   在硝化的好氧段，污泥负荷应小于 $0.15kgBOD_5/(kgMLSS\cdot d)$，而在除磷厌氧段，污泥的负荷应控制在 $0.1kgBOD_5/(kgMLSS\cdot d)$ 以上。

(4) 溶解氧 DO 的控制   在硝化的好氧段，DO 的控制应在 $2.0mg/L$ 以上，在反硝化的缺氧段，DO 应控制在 $0.5mg/L$ 以下，在除磷厌氧段，DO 的控制应在 $0.2mg/L$ 以下。

(5) 回流混合液系统的控制   内回流比对除磷的影响不大，因此回流比的调节与硝化工艺一致。

(6) 剩余污泥排放的控制   剩余污泥排放宜根据泥龄来控制，泥龄的大小决定系统是以脱氮为主还是以除磷为主。当泥龄控制在 $8\sim15d$ 时，脱氮效果较好，还有一定的除磷效果；如果泥龄小于 8d，硝化效果较差，脱氮效果不明显，而除磷效果较好；当泥龄大于 15d，脱氮效果良好，但除磷效果较差。

(7) BOD_5/TKN 与 BOD_5/TP 的校核   运行过程中应定期核算污水入流水质是否满足 BOD_5/TKN 大于 4.0，BOD_5/TP 大于 20 的要求，否则补充碳源。

(8) pH 值控制及碱度的核算   污水的混合液的 pH 值应控制在 7.0 以上，如果 pH 值小于 6.5，应投加石灰，补充碱源的不足。

第五节   序批式活性污泥法运行管理

一、DAT-IAT 系统运行应注意的问题

(1) 合理控制 DAT 池 IAT 池的 MLSS 尤其重要，必须合理控制回流比以及回流泵的延时启动时间与运行时间；DAT 池污泥回流系统的管道出口直径要合理，确保回流污泥呈喷射状态，防止出现短流，造成 IAT 池 MLSS 过高，影响出水水质。

(2) 由于 DAT-IAT 工艺保留了 SBR 工艺的主要特征，曝气-沉淀-出水工作过程在一个池内完成。要合理控制 IAT 池的浓度，尤其夏季水温在 20℃时，在沉淀和滗水阶段，底层污泥发生局部反硝化，尤其滗水后期，水位降低，污泥上浮加剧，影响出水水质，因此要加强污泥回流和剩余污泥的排放，MLSS 可控制在 $2000mg/L$ 左右。

（3）滗水器是生化池运行的关键设备，常见故障如下。

① 滗水时不下行。造成其他池水位抬高影响曝气，严重时可能发生鼓风机喘振；

② 滗水后期滗水器不上行，在曝气阶段跑泥。对此情况应在程序中增加保护措施；

③ 滗水器运行不同步。由于机械故障所致，应定期对滗水器进行维护和保养。

对于其他间歇活性污泥法，出水采用回转式滗水器的系统，加强滗水器的维护和保养非常重要。

二、间歇式循环延时曝气活性污泥法（ICEAS）工艺系统运行应注意的问题

（1）ICEAS 工艺系统生物选择器里的污泥要保持悬浮状态。如果采用曝气搅拌的系统，选择器内的 DO 浓度的控制是关键，应使其处于厌氧状态，曝气只是起到搅动污泥的作用。如果为防止出现好氧状态而不曝气，污泥将在选择器内沉积，而使选择器失去作用，系统易发生污泥膨胀，最好的办法是增大选择器内的污泥浓度，控制曝气量，使其处于缺氧或厌氧状态，真正发挥选择器的作用。

（2）在以强调除磷脱氮的 ICEAS 工艺系统初期运行时，其运行模式可灵活掌握，曝气时间要加长，搅拌时间要缩短，甚至可以取消某一时段搅拌过程来增加曝气时间，便于微生物的生长和硝化菌的世代生长，当硝化过程进展良好时，再进行搅拌时间的调整，从而实现除磷脱氮。

（3）在系统正常运行后，生化系统进行反复曝气-缺氧-厌氧的过程，搅拌时间应根据实际需要的 DO 浓度所要持续的时间进行确定，而曝气时间应根据氨氮转化率进行确定，也就是说曝气和搅拌时间要保证工艺的需要，可灵活控制。

三、循环式活性污泥法（CAST）工艺系统运行应注意的问题

CAST 工艺系统对控制要求较高，一是水力负荷的控制；二是溶解氧的控制。由于CAST 工艺系统是间歇运行方式，在控制上应保证进水的连续性，即进水和出水的连续性。应考虑三种工况：一是正常运行工况，即按系统正常周期运行；二是雨季工况（如果污水收集系统是合流制系统），降雨时，进水量要大于设计水量，运行时要缩短运行周期；三是事故工况，如某组生化池出现事故或处于检修状态，控制上可缩短运行周期。CAST 工艺要求在一个池内不仅完成 BOD 的去除，还要完成生物除磷、硝化和反硝化，其过程对溶解氧的要求是不同的，在同一个反应周期内，要求溶解氧也是变化的，合理控制系统污泥浓度和溶解氧的浓度是系统控制的关键。

第六节　AB 两段活性污泥法及氧化沟运行管理

一、AB 两段活性污泥法运行管理应注意的问题

对于没有除磷要求的 AB 法，其运行管理相对比较简单，与传统活性污泥区别不大，而对有除磷和脱氮要求的 AB 法，运行过程中对参数的控制要复杂得多。根据溶解氧浓度经常调节 A 段工艺的供风量是 A 段工艺的特点，当要求 A 段有较高 BOD_5 的去除率和除磷率，溶解氧控制在较高水平，一般不低于 $1.0mg/L$；当进水含有较多难降解的有机物时，可根据具体情况适当降低 DO 值，使 A 段处于缺氧状态，以提高 A 段出水的可生化性；另一方面，A 段在长期缺氧环境条件下运行，会导致絮凝作用的减弱，并产生有抑制作用的代谢产物；为保证 BOD_5/COD 的比值的提高和 A 段处理效率，A 段最好处于缺氧和好氧交替方式运行。A 段污泥的沉淀性能良好，A 段不存在污泥膨胀和反硝化导致的污泥上浮，因此不需要太大的回流比，A 段剩余污泥的排放量应根据 A 段的 MLSS 来控制，因为 A 段不是单纯的生物系统，合理地控制污泥浓度和 DO 值，其主要作用是完成生物的吸附。B 段的控制包括除磷和脱氮的控制，同传统活性污泥法一样，只是由于 A 段工艺的特殊性，应增加反映 A 段工艺特性的检测项目如：TSS、$TBOD_5$、$TCOD_{Cr}$ 等指标，以便准确评价 A 段的运行效果，使 A 段处于最佳状态。

二、氧化沟运行管理应注意的问题

1. 奥贝尔氧化沟的运行管理

奥贝尔氧化沟三个沟渠内溶解氧的浓度是有明显差别，第一沟渠溶解氧吸收率较高，溶解氧较低，混合液经转碟曝气后溶解氧可能接近于零，可进行调整，溶解氧最好控制在 0.5mg/L 以下，最后沟渠溶解氧吸收率较低，溶解氧会增高，溶解氧最好控制在 2mg/L 左右，当 DO 低于 1.5mg/L 时应进行调整。奥贝尔氧化沟的结构形式使得该工艺呈现出推流式的特征，因此在保证各沟渠溶解氧要求的前提下，也要注意转碟搅拌和推流的强度，防止污泥在沟渠内的沉淀。

2. 三沟式氧化沟的运行管理

阶段 A：污水进入第 1 沟，转刷低速运行，污泥在悬浮状态下环流，DO 应控制在 0.5mg/L 以下，确保微生物利用硝态中的氧，使其硝态氮还原成 N_2，同时自动调节出水堰上升；污水和活性污泥进入第 2 沟，第 2 沟内的转刷高速旋转，混合液在沟内保持环流，DO 应控制在 2mg/L 左右，确保供氧量使氨氮为硝态氮，处理后的水进入第 3 沟，第 3 沟的转刷处于闲置状态，此时只沉淀，实现泥水分离，处理后的水通过降低的堰口排出系统。

阶段 B：污水入流由第 1 沟转向第 2 沟，此时第 1 沟、第 2 沟的转刷高速运转，第 1 沟由缺氧状态逐渐变为好氧状态，第 2 沟内的混合液进入第 3 沟，第 3 沟仍作为沉淀池进行泥水分离，处理后的出水由第 3 沟排出系统。

阶段 C：进水仍然进入第 2 沟，此时第 1 沟转刷停运，进入沉淀分离状态，第 3 沟仍然处于排水阶段。

阶段 D：进水从第 2 沟转向第 3 沟，第 1 沟出水堰口降低，第 3 沟堰口升高，混合液第 3 沟流向第 2 沟，第 3 沟转刷开始低速运转，进行反硝化，出水从第 1 沟排出。

阶段 E：进水从第 3 沟转向第 2 沟，第 3 沟转刷高速运转，第 2 沟转刷低速运转实现脱氮，第 1 沟仍然作沉淀池，处理后的出水由第 1 沟排出系统。

阶段 F：进水仍进入第 2 沟，第 3 沟转刷停止运转，三沟由运转变为静止沉淀，进行泥水分离，处理后的出水仍由第 1 沟排出，排水结束后进入下一个循环周期。三沟式氧化沟生物脱氮运行方式见表 11-2。

表 11-2　　三沟式氧化沟生物脱氮运行方式

运行阶段	A			B			C			D			E			F		
	第1沟	第2沟	第3沟	第1沟	第2沟	第3沟	第1沟	第2沟	第3沟	第1沟	第2沟	第3沟	第1沟	第2沟	第3沟	第1沟	第2沟	第3沟
各沟状态	反硝化	硝化	沉淀	硝化	硝化	沉淀	沉淀	硝化	沉淀	沉淀	硝化	反硝化	沉淀	硝化	硝化	沉淀	硝化	沉淀
	进水		出水	进水		出水		进水	出水	出水	进水		出水		进水	出水	进水	
持续时间/h	2.5			0.5			1.0			2.5			0.5			1.0		

第七节　加氯间及消毒设施的运行管理

一、加氯间防护的措施

（1）经常接触氯气的工作人员对氯气的敏感程度会有所降低，即使在闻不到氯味的时候，可能已经受到伤害。值班室要与操作室严格分开，并在加氯间安装监测及报警装置，随时对氯的浓度跟踪监测。在设有漏氯自动回收装置的加氯间，当加氯系统工作时，加氯间氯瓶内装有氯气，自动漏氯吸收装置都应处在备用状态，一旦漏氯量达到规定值时，漏氯装置自动投入运行。维护人员定期对漏氯吸收系统进行维护，对碱液定期进行化验。

（2）加氯间外侧要有检修工具、防毒面具、抢救器具，照明和风机的开关要设在室外，在进加氯间之前，先进行通风，加氯间的压力水要保证不间断，保持压力稳定。如果加氯间未设置漏氯自动回收装置，加氯间要设置碱液池，定期检验碱液，保证其随时有效。当发现氯瓶有严重泄漏时，运行人员应戴好防毒面具，及时将氯瓶放入碱液池。

（3）加氯间建筑要防火、耐冻保温、通风良好，由于氯气的相对密度大于空气的相对密度，当氯气泄漏后，会将室内空气挤出，在室内下部积聚，并向上部扩散，加氯间要安装强制通风装置。设有自动漏氯回收装置的加氯间，当发生氯气泄漏时，轻微的漏氯可开启风机换气排风，漏氯量较大时自动漏氯回收装置启动，此时应关闭排风，以便于氯气的回收，同时防止大量氯气向大气扩散，污染环境。

（4）当现场有人中毒时，将中毒者移至有新鲜空气的地方，呼吸困难应吸氧，严禁进行人工呼吸。可用 2% 的碳酸氢钠溶液洗眼、鼻、口，还可使中毒者吸入雾化 5% 碳酸氢钠溶液。

二、使用液氯的注意事项

液氯通常在钢瓶中储存和运输，使用时将液氯转化氯气加入水中。

（1）氯瓶内压一般为 0.6～0.8MPa，不能在太阳下曝晒或接近热源，防止气化发生爆炸，液氯和干燥的氯气对金属没有腐蚀，但遇水或受潮腐蚀性能增强，所以氯瓶用后应保持 0.05～0.1MPa 的内压。

（2）液氯要变成氯气要吸收热量，在气温较低时，液氯的气化受到限制，要对氯瓶进行加热，但不能用明火、蒸汽、热水，加热时不应使氯瓶温升太高或太快，一般用 15～25℃ 温水连续喷淋。

（3）要经常用 10% 的氨水检查加氯机、汇流排与氯瓶连接处是否漏气。如果发现加氯机、氯气管有堵塞现象，严禁用水冲洗，应在切断气源后用钢丝疏通，再用压缩空气吹扫。

（4）开启氯瓶前，要检查氯瓶放置的位置是否正确，保证出口朝上，即放出的是氯气而不是液氯，开瓶时要缓慢开半圈，随后用 10% 氨水检查接口是否漏气，一切正常再逐渐打开，如果阀门难以开启，绝不能用锤子敲打，也不能用长扳手硬扳以防将阀杆拧断，如果不能开启应将氯瓶退回生产厂家。

三、加氯间安全操作规程

1. 加氯前的检查准备工作

（1）准备好长管呼吸器，放置在操作间外，并把呼吸器的风扇放置在上风口，备好电源。

（2）打开加氯间门窗进行通风，检查漏氯报警器及自动回收装置电源供电是否正常。

（3）打开离心加压泵，使水射器正常工作，打开加氯机出氯阀，检查加氯机上压力表能否达到 20~80kPa。

2. 加氯操作步骤

（1）用专用扳手打开氯瓶总阀后用 10％氨水检查接口是否泄漏（如有泄漏氨水瓶口会有白色烟雾）。如不泄漏依次打开角阀，汇流排阀并依次用氨水检验接口。如有氯气泄漏，需关闭氯瓶总阀，对泄漏处重新更换铅垫，重新接好再用氨水检查。

（2）查看汇流排上压力表是否正常，如正常，将自动切换开关调到手动挡（MANUL），选择将要加氯的汇流排 A 或 B，将此开关调到 OPEN 位置，打开加氯机的进气阀，将加氯机的控制面板上的按钮控制调到手动状态，根据计算好的加氯量调节流量计上部黑色手动旋钮，开始加氯，如加氯量达不到要求，可同时多开几个氯瓶。

（3）运行中定时检查流量计浮子位置和汇流排上的压力表，使氯瓶中保持一定的液氯量，如降到一定值时关闭总阀，如需要则打开另一组汇流排。

3. 加氯结束时操作步骤

（1）停止加氯时，先关闭氯瓶总阀。

（2）查看汇流排上的压力表并直至归零，确定加氯机流量计无氯气后，依次关阀氯瓶角阀、汇流排阀，将自动切换开关调到 CLOSE 位置。关闭加氯机进气阀，关闭加氯机手动旋钮，最后关闭水射器及离心加压泵。

4. 更换氯瓶时注意事项

（1）安装新氯瓶时，应使氯瓶两个总阀连线与地面垂直，并且出口端要略高于底部。

（2）注意氯瓶底部的安全阀不能受挤压，氯瓶不能靠近任何热源。

5. 加氯间的防范措施

（1）除必要的专用工具外，应备有氯瓶安全帽、大小木塞等用于氯瓶堵漏，应备有细铁丝用于管道清通。

（2）要备有自来水源，用于除霜。

（3）要备有灭火器，放置在加氯间的外侧。

（4）加氯间长期停置不用时，应将装满液氯的氯瓶退回厂家。

四、加氯量的控制

污水处理过程中有以下三种消毒方式：初级处理出水＋加氯消毒──→排放水体；二级处理水＋加氯消毒──→排放水体；深度处理出水＋加氯消毒──→进入污水回用系统。由于二级出水和深度处理污水中污染物浓度及种类和细菌数量不同，其加氯差别很大，这里着重介绍二级出水加氯的控制。

一般城市污水处理二级加氯消毒在夏季进行，传染病流行时期为减少疾病的流行必须启动消毒装置。通过严格控制加氯量，在保证消毒效果的前提下，使致癌物的产生及对水生物的影响降到最低限度，基于上述考虑，二级出水加氯消毒，可以在出水中保持余氯浓度，以实际消毒计量为加氯控制指标。二级出水加氯消毒之后，要保持一定余氯浓度，加氯控制在 10~15mg/L。当不需要保持余氯浓度时，二级出水加氯量一般控制在 5~10mg/L。

第十二章 生物膜处理系统的运行管理

第一节 生物滤池运行管理

（1）定期检查布水系统的喷嘴，清除喷口的污物，防止堵塞。冬天停水时，不可使水积存在布水管中以防管道冻裂。旋转式布水器的轴承需定期加油。

（2）定期检查排水系统，防止堵塞，堵塞处应冲洗。当滤料石块随水流冲下时，要将其冲净，不要排入二沉池，否则会引起管道堵塞或减少池子有效容积。

（3）滤池蝇防防治方法：①连续地向滤池投配水；②按照与减少积水相类似的方法减少过量的生物膜；③每周或每两周用废水淹没滤池24h；④冲洗滤池内部暴露的池墙表面，如可延长布水横管，使废水洒布于壁上，若池壁保持潮湿，则滤池蝇不能生存；⑤在进水中加氯，维持0.5～1.0mg/L的余氯量；加药周期为1～2周，以避免滤池蝇完成生命周期；⑥隔4～6周投加一次杀虫剂，以杀死欲进入滤池的成蝇。

（4）臭味问题。滤池是好氧的，一般不会有严重臭味，若有臭皮蛋味表明有厌氧条件存在。

解决办法：①维持所有的设备（包括沉淀池和废水废气系统）都保持在好氧状态；②降低污泥和生物膜的累积量；③在滤池进水且流量小时短期加氯；④采用滤池出水回流；⑤保持整个污水厂的清洁；⑥清洗出现堵塞的排水系统；⑦清洗所有通气口；⑧在排水系统中鼓风，以增加流通性；⑨降低特别大的有机负荷，以免引起污泥的积累；⑩在滤池上加盖并对排放气体除臭。

（5）由于某些原因，有时会在滤池表面形成一个个由污泥堆积成的坑，里面积水。泥坑的产生会影响布水的均匀程度，并因此而影响处理效果。

预防和解决方法：①耙松滤池表面的石质滤料；②用高压水流冲洗滤料表面；③停止在积水面积上布水器的运行，让连续的废水将滤料上的生物膜冲走；④在进水中投配游离氯（5mg/L），历时数小时，隔几周投配，最好在晚间流量小时投配以减少用氯量，1mg/L的氯即能抑制真菌的生长；⑤使滤池停止运行1d至数天，以便让积水滤干；⑥对于有水封墙和可以封住排水渠道的滤池用废水至少淹没24h以上；⑦若以上措施仍然无效时，就要考虑更换滤料了，这样做可能比清洗旧滤料更经济些。

（6）滤池表面结冻，不仅使处理效率低，有时还可使滤池完全失效。

预防和解决办法：①减少出水回流次数，可以停止回流直到气候温和为止；②在滤池的上风向处设挡风装置；③调节喷嘴和反射板使滤池布水均匀；④及时清除滤池表面出现的冰块。

（7）布水管及喷嘴的堵塞使废水在滤料上分配不均匀，水与滤料的接触面积减少，降低了效率，严重时大部分喷嘴堵塞，会使布水器内压力增高而爆裂。

解决方法：①清洗所有喷嘴及布水器孔口；②提高初沉池对油脂和悬浮物的去除效果；③维持适当的水力负荷；④按规定定期对布水器进行加油。

（8）防止孳生蜗牛、苔藓和蟑螂的办法：①在进水中加氯10mg/L，使滤池出水中的余氯量为0.5～1.0mg/L，并维持数小时；②用最大的回流量冲洗滤池。

(9) 保持进水的连续运行，避免出现生物膜的异常脱落。

一、曝气生物滤池运行管理

由于曝气生物滤池系统采用生物处理与过滤技术，加强预处理单元的管理显得格外重要，为了延长曝气生物滤池的运行周期，需投加药剂才能达到要求。药剂的使用降低了进水的碱度，进而影响反硝化，因此在药剂上，应避免选择对工艺运行产生不良影响的品种。曝气生物滤池系统与其他污水处理系统的最大的区别是曝气生物滤池要定期进行反冲洗。反冲洗不仅影响到处理效果，而且关系到系统运行的成败。反冲洗周期的确定是反冲洗的最重要的工艺参数。若反冲洗过频，不仅使单元设施停止运行，而且消耗大量的出水，增加处理负荷，微生物大量流失，会使处理效果下降。反冲洗周期与进水的 SS、容积负荷和水力负荷密切相关，反冲洗周期随容积负荷的增加而减少，当容积负荷趋于最大时，反冲洗周期趋于最小，滤池需要频繁的反冲洗。水力负荷对反冲洗周期的影响则相反，当进水的 SS 较高时，滤池容易发生堵塞，反冲洗周期就要缩短。所以在实际运行过程中要密切注意相关要素的变化，及时对运行参数做出必要的调整。

二、生物转盘运行管理

(1) 按设计要求控制转盘的转速。在一般情况下，处理城市污水的转盘圆周速度约为 18m/min。

(2) 通过日常监测，严格控制污水的 pH 值、温度、营养成分等指标，尽量不要发生剧烈变化。

(3) 反应槽中混合液的溶解氧值在不同级上有所变化，用来去除 BOD 的转盘，第一级 DO 为 $0.5\sim1.0$mg/L，后几级可增高至 $1.0\sim3.0$mg/L，常为 $2.0\sim3.0$mg/L，最后一级达 $4.0\sim8.0$mg/L。此外，混合液 DO 值随水质浓度和水力负荷而发生相应变化。

(4) 注意生物相的观察。生物转盘与生物滤池都属于生物膜法处理系统，因此，盘片上生物膜的特点与生物滤池上的生物膜完全相同，生物呈分级分布现象。第一级生物膜往往以菌胶团细菌为主，膜最厚；随着有机物浓度的下降，第一级以下的数级分别出现丝状菌、原生动物及后生动物，生物的种类不断增多，但生物量即膜的厚度减少，根据废水水质的不同，每级都有其特征的生物类群。当水质浓度或转盘负荷有所变化时，特征型生物层次随之前移或后移。

正常的生物膜较薄，厚度约为 1.5mm，外观粗糙、黏性，呈现灰褐色。盘片上过剩的生物膜不时脱落，这是正常的更替，随后就被新膜覆盖。用于硝化的转盘，其生物膜薄得多，外观较光滑，呈金黄色。

(5) 二沉池中污泥不回流，应定期排除二沉池中的污泥，通常每隔 4h 排一次，使之不发生腐化。排泥频率过多，污泥太稀，会加重后处置工艺的压力。

(6) 为了保证生物转盘正常运行，应对所有设备定期进行检查维修，如转轴的轴承、电动机是否发热，有无不正常的杂声，传动带或链条的松紧程度，减速器、轴承、链条的润滑情况、盘片的变形情况等，及时更换损坏的零部件。在生物转盘运行过程中，经常遇到检修或停电等原因需停止运行一天以上时，为防止因转盘上半部和下半部的生物膜干湿程度不同而破坏转盘的重量平衡时，要把反应槽中的污水全部放空或用人工营养液循环，保持膜的活性。

(7) 反应槽内 pH 值必须保持在 $6.5\sim8.5$ 范围内，进水 pH 值一般要求调整在 $6\sim9$ 范围内，经长期驯化后范围可略扩大，超过这一范围处理效率将明显下降。硝化转盘对 pH 值和碱度的要求比较严格，硝化时 pH 值应尽可能控制在 8.4 左右，进水碱度至少应为进水 NH_4^+-N 浓度的 7.1 倍，以使反应完全进行而不影响微生物的活性。

（8）沉砂池或初沉池中固体物质去除不佳，会使悬浮固体在反应槽内积累并堵塞进水通道，产生腐败，发出臭气，影响系统的运行，应用泵将它们抽出，并检验固体物的类型，针对产生的原因加以解决。

第二节　生物接触氧化法运行管理

（1）定时进行生物膜的镜检，观察接触氧化池内，尤其是生物膜中特征微生物的种类和数量，一旦发现异常要及时调整运行参数。

（2）尽量减少进水中的悬浮杂物，以防尺寸较大的杂物堵塞填料过水通道。避免进水负荷长期超过设计值造成生物膜异常生长，进而堵塞填料过水通道。一旦发生堵塞现象，可采取提高曝气强度，增强接触氧化池内水流紊动性的方法，或采用出水回流，以提高氧化池内水流速度的方法，加强对生物膜的冲刷作用，恢复填料的原有效果。

（3）防止生物膜过厚、结球。在生物接触氧化法工艺处理系统中，在进入正常运行阶段后的初期效果往往逐渐下降，究其原因是挂膜结束后的初期生物膜较薄，生物代谢旺盛，活性强，随着运行生物膜不断生长加厚，由于周围悬浮液中溶解氧被生物膜吸收后需从膜表面向内渗透转移，途中不断被生物膜上的好氧微生物所吸收利用，膜内层微生物活性低下，进而影响到处理效果。

当生物膜增长过多过厚、生物膜发黑发臭，引起填料堵塞，使处理效果不断下降时应采取"脱膜"措施，采取瞬时大流量、大气量的冲刷，使过厚的生物膜从填料上脱落下来，此外还可采取停止一段时间曝气，使内层厌养生物膜发酵，产生的 CO_2、CH_4。等气体使生物膜与填料间的"黏性"降低，此时再以大气量冲刷脱膜效果较好。某些工业废水中含有较多的黏性污染物，导致填料严重结球，大大降低了生物接触氧化法的处理效率，因此在设计中应选择空隙率较高的漂浮填料或弹性立体填料等，对已结球的填料应使用气或水进行高强度瞬时冲洗，必要时应立即更换填料。

（4）及时排出过多的积泥。在接触氧化池中悬浮生长的"活性污泥"主要来源于脱落的老化生物膜，相对密度较小的游离细菌可随水流出，而相对密度较大的大块絮体难以随水流出而沉积在池底，若不能及时排出，会逐渐自身氧化，同时释放出的代谢产物，会提高处理系统的负荷，使出水 COD 升高，而影响处理效果。另外，池底积泥过多使曝气器微孔堵塞。为了避免这种情况的发生，应定期检查氧化池底部是否积泥，一旦发现池底积有黑臭的污泥或悬浮物浓度过高时，应及时使用排泥系统，采取一面曝气一面排泥，这样会使出水恢复到原先的良好状态。

（5）在二沉池中沉积下来的污泥可定时排入污泥处理系统中进一步处理，也可以有一部分重新回流进入接触氧化池，视具体情况而定。例如在培菌挂膜充氧、生物膜较薄、生物膜活性较好时，将二沉池中沉积的污泥全部回流。在处理有毒有害的工业废水或污泥增长较慢的生物接触氧化法系统中，也可视生物膜及悬浮状污泥的数量多少，使二沉池中污泥全部或部分回流，以增加氧化池中污泥的数量，提高系统的耐冲击负荷能力。

二沉池排泥要间隔一定时间进行，间隔几小时甚至几十小时排一次泥，应视二沉池中的悬浮污泥数量多少而定。一般二沉池底部污泥数量越少，排泥时间间隔就越长，但不能无限制地延长排泥间隔时间，应使二沉池底部浓缩污泥不产生厌氧腐化或反硝化。

第十三章　污泥处理构筑物的运行管理

第一节　污泥浓缩的运行管理

一、进泥量的控制

对于某一确定的浓缩池和污泥种类来说，进泥量存在一个最佳控制范围。进泥量太大，超过了浓缩能力时，会导致上清液浓度太高，排泥浓度太低，起不到应有的浓缩效果；进泥量太低时，不但降低处理量，浪费池容，还可导致污泥上浮，从而使浓缩不能顺利进行下去。污泥在浓缩池发生厌气分解，降低浓缩效果；表现为两个不同的阶段：当污泥在池中停留时间较长时，首先发生水解酸化，使污泥颗粒粒径变小，相对密度减小，导致浓缩困难；如果停留时间继续延长，则可厌氧分解或反硝化，产生 CO_2、H_2S 或 N_2，直接导致污泥上浮。

浓缩池进泥量可根据固体表面负荷确定。固体表面负荷的大小与污泥种类及浓缩池构造和温度有关系，是综合反映浓缩池对某种污泥的浓缩能力的一个指标。当温度在 15～20℃ 时，浓缩效果最佳。初沉污泥的固体表面负荷一般可控制在 90～150kg/（$m^2 \cdot d$）的范围内。活性污泥的浓缩性能很差，一般不宜单独进行重力浓缩。如果进行重力浓缩，则固体表面负荷应控制在低负荷水平，一般在 10～30kg/（$m^2 \cdot d$）之间。初沉污泥与活性污泥混合后进行重力浓缩的固体表面负荷取决于两种污泥的比例。如果活性污泥量与初沉污泥量在(1:2) ～ (2:1)之间，固体表面负荷可控制在 25～80kg/（$m^2 \cdot d$），常在 60～70kg/（$m^2 \cdot d$）之间。即使同一种类型的污泥，固体表面负荷值的选择也因厂而异，运行人员在运行实践中，应摸索出本厂的固体表面负荷最佳控制范围。

二、浓缩效果的评价

在浓缩池的运行管理中，应经常对浓缩效果进行评价，并随时予以调节。浓缩效果通常用浓缩比、分离率和固体回收率三个指标进行综合评价。浓缩比指浓缩池排泥浓度与入流污泥浓度比，用 f 表示，计算如下：

$$f = \frac{C_\mu}{C_i} \tag{13-1}$$

式中　C_i——入流污泥浓度，kg/m^3；

　　　C_μ——排泥浓度，kg/m^3。

固体回收率指被浓缩到排泥中的固体占入流总固体的百分比，用 η 表示，计算如下：

$$\eta = \frac{Q_\mu C_\mu}{Q_i C_i} \tag{13-2}$$

式中　Q_μ——浓缩池排泥量，m^3/d；

　　　Q_i——入流污泥量，m^3/d。

分离率指浓缩池上清液量占入流污泥量的百分比，用 F 表示，计算如下：

$$F = \frac{Q_e}{Q_i} = 1 - \frac{\eta}{f} \tag{13-3}$$

式中　Q_e——浓缩池上清液流量，m^3/d。

以上三个指标相辅相成，可衡量出实际浓缩效果。一般来说，浓缩初沉池污泥时，f 应大于 2.0，η 应大于 90%。如果某一指标低于以上数值，应分析原因，检查进泥量是否合适，控制的固体表面负荷是否合理，浓缩效果是否受到了温度等因素的影响。浓缩活性污泥与初沉污泥组成的混合污泥时，f 应大于 2.0，η 应大于 85%。

三、排泥控制

浓缩池有连续和间歇排泥两种运行方式。连续运行是指连续进泥连续排泥，这在规模较大的处理厂比较容易实现。小型处理厂一般只能间歇进泥并间歇排泥，因为初沉池只能是间歇排泥。连续运行可使污泥层保持稳定，对浓缩效果比较有利。无法连续运行的处理厂应勤进勤排，使运行尽量趋于连续，当然这在很大程度上取决于初沉池的排泥操作。不能做到勤进勤排时，至少应保证及时排泥。一般不要把浓缩池作为储泥池使用，虽然在特殊情况下的确能发挥这样的作用。每次排泥一定不能过量，否则排泥速度会超过浓缩速度，使排泥变稀，并破坏污泥层。

四、日常运行与维护管理

浓缩池的日常维护管理包括以下内容。

（1）经常观察污泥浓缩池的进泥量、进泥含固率、排泥量及排泥含固率，以保证浓缩池按合适的固体负荷和排泥浓度运行。否则应对进泥量、排泥量予以调整。

（2）经常观测活性污泥沉降状况，若活性污泥发生污泥膨胀现象，应及时采取措施解决。否则污泥进入浓缩池，继续处于膨胀状态，致使无法进行浓缩。采取措施包括向污泥中投加 Cl_2、$KMnO_4$、H_2O_2 等氧化剂，抑制微生物的活动，保证浓缩效果。同时，还应从污水处理系统中寻找膨胀原因并予以排除。

（3）由浮渣刮板刮至浮渣槽内的浮渣应及时清除。无浮渣刮板时，可用水冲方法，将浮渣冲至池边，然后清除。

（4）初沉污泥与活性污泥混合浓缩时，应保证两种污泥混合均匀，否则进入浓缩池会由于密度流扰动污泥层，降低浓缩效果。

（5）在浓缩池入流污泥中加入部分二沉池出水，可以防止污泥厌氧上浮，提高浓缩效果，同时还能适当降低恶臭程度。

（6）由于浓缩池容积小，热容量小，在寒冷地区的冬季浓缩池液面会出现结冰现象，此时应先破冰并使之溶化后，再开启污泥浓缩机。

（7）应定期检查上清液溢流堰的平整度，如不平整应予以调节，否则导致池内流态不均匀，产生短路现象，降低浓缩效果。

（8）浓缩池是恶臭很严重的一个处理单元，因而应对池壁、浮渣槽、出水堰等部位定期清刷，尽量使恶臭降低。

（9）应定期（每隔半年）排空，彻底检查是否积泥或积砂，并对水下部件予以防腐处理。

（10）浓缩池较长时间没排泥时，应先排空清池，严禁直接开启污泥浓缩机。

（11）浓缩池较长时间没有排泥时，应先排空清池，严禁直接开启污泥浓缩机。

（12）做好分析测量与记录。每班应分析测定的项目：浓缩池进泥和排泥的含水率（或含固率），浓缩池溢流上清液的 SS。每天应分析测定的项目：进泥量与排泥量，浓缩池溢流上清液的 COD 或 BOD_5、TP 等，进泥及池内污泥的温度。应定期计算的项目：污泥浓缩池表面固体负荷、水力停留时间等。

五、异常问题分析与排除

（1）污泥上浮，液面有小气泡逸出，且浮渣量增多　其原因及解决对策如下。

① 集泥不及时。可适当提高浓缩机的转速，从而加大污泥收集速度。

② 排泥不及时。排泥量太小，或排泥历时太短。应加强运行调度，做到及时排泥。

③ 进泥量太小，污泥在池内停留时间太长，导致污泥厌氧上浮。解决措施之一是加 Cl_2 等氧化剂，抑制微生物活动，措施之二是尽量减少投运池数，增加每池的进泥量，缩短停留时间。

④ 由于初沉池排泥不及时，污泥在初沉池内已经腐败。此时应加强初沉池的排泥。

(2) 排泥浓度太低，浓缩比太小　其原因及解决对策如下。

① 进泥量太大，使固体表面负荷增大，超过了浓缩池的浓缩能力。应降低入流污泥量。

② 排泥太快。当排泥量太大或一次性排泥太多时，排泥速率会超过浓缩速率，导致排泥中含有一些未完成浓缩的污泥。应降低排泥速率。

③ 浓缩池内发生短流。能造成短流的原因有很多，溢流堰板不平整使污泥从堰板较低处短路流失，未经过浓缩，此时应对堰板予以调节。进泥口深度不合适，入流挡板或导流筒脱落，也可导致短流。此时可予以改造或修复。另外，温度的突变、入流污泥含固量的突变或冲击式进泥，均可导致短流。应根据不同的原因，予以分析处理。

第二节　污泥厌氧消化的运行管理

一、pH 值和碱度的控制

在正常运行时，产甲烷菌和产酸菌会自动保持平衡，并将消化液的 pH 值自动维持在 $6.5 \sim 7.5$ 的近中性范围内。此时，碱度一般在 $1000 \sim 1500 mg/L$（以 $CaCO_3$ 计）之间，典型值在 $2500 \sim 3500 mg/L$ 之间。

二、毒物控制

污水处理厂进水中工业废水成分较高时，其污泥消化系统经常会出现中毒问题。中毒问题常常不易及时察觉，因为一般处理厂并不经常分析污泥中的毒物浓度。当出现重金属类的中毒问题时，根本的解决方法是控制上游有毒物质的排放，加强污染源管理。在处理厂内常可采用一些临时性的控制方法，常用的方法是向消化池内投加 Na_2S，绝大部分有毒重金属离子能与 Na_2S 反应形成不溶性的沉淀物，从而使之失去毒性，Na_2S 的投加量可根据重金属离子的种类及污泥中的浓度计算确定。

三、加热系统的控制

甲烷菌对温度的波动非常敏感，一般应将消化液的温度波动控制在 $\pm 0.5 \sim 1.0℃$ 范围之内。要使消化液温度严格保持稳定，就应严格控制加热量。

消化系统的加热量由两部分组成：一部分是将投入的生泥加热至要求的温度所需的热量；另一部分是补充热损失，维持温度恒定所需要的热量。

温度是否稳定与投泥次数和每次投泥量及其历时的关系很大。投泥次数较少，每次投泥量必然较大。一次投泥太多，往往能导致加热系统超负荷，由于供热不足，温度降低，从而影响甲烷菌的活性。因此，为便于加热系统的控制，投泥控制应尽量接近均匀连续。

蒸汽直接池内加热效率较高，但存在一些缺点：一是会消耗掉锅炉的部分软化水，使污泥的含水率略有升高；二是能导致消化池局部过热现象，影响甲烷菌的活性。一般来说搅拌应与蒸汽直接加热同时进行，以便将蒸汽带入的热量尽快均匀分散到消化池各处。

当采用泥水换热器进行加热时，污泥进入换热器内的流速应控制在 $1.2 m/s$ 以上。因为流速较低时，污泥进入热交换器会由于突然遇热，在热交换面上形成一个烘烤层，起隔热作用，从而使加热效率降低。

四、搅拌系统的控制

良好的搅拌可提供一个均匀的消化环境，是消化效果高效的保证。完全混合搅拌可使池容 100％得到有效利用，但实际上消化池有效容积一般仅为池容的 70％左右。对于搅拌系统设计不合理或控制不当的消化池，其有效池容会降至实际池容的 50％以下。

搅拌系统的运行方式有两种：一种方法采用连续搅拌；另一种采用间歇搅拌，每天搅拌数次，总搅拌时间保持 6h 之上。目前运行的消化系统绝大部分都采用间歇搅拌运行，但应注意：在投泥过程中，应同时进行搅拌，以便投入的生污泥尽快与池内原消化污泥均匀混合；在蒸汽直接加热过程中，应同时进行搅拌，以便将蒸汽热量尽快散至池内各处，防止局部过热，影响甲烷菌活性；在排泥过程中，如果底部排泥，则尽量不搅拌，如果上部排泥，则宜同时搅拌。

五、常见故障原因分析与对策

定期取样分析检测，并根据情况随时进行工艺控制。与活性污泥系统相比，消化系统对工艺条件及环境因素的变化反应更敏感。因此对消化系统的运行控制就需要更细心。

1. 积砂和浮渣太多

运行一段时间后，一般应将消化池停用并泄空，进行清砂和清渣。池底积砂太多，一方面会造成排泥困难；另一方面还会缩小有效池容，影响消化效果。池顶部液面如果积累浮渣太多，则会阻碍沼气自液相向气相的转移。一般来说，连续运行 5 年以后应进行清砂。如果运行时间不长，积砂积渣就很多，则应检查沉砂池格栅除污的效果，加强对预处理的工艺控制和维护管理。一些处理厂在消化池底部设有专门的排砂管，用泵定期强制排砂，一般每周排砂一次，从而避免了消化池积砂。实际上，用消化池的放空管定期排砂，也能有效防止砂在消化池的积累。

2. 搅拌系统常见故障

沼气搅拌立管常有被污泥及污物堵塞现象，可以将其他立管关闭，大气量冲洗被堵塞的立管。机械搅拌桨有污物缠绕时，一些处理厂的机械搅拌可以反转，定期反转可摔掉缠绕的污物。另外，应定期检查搅拌轴穿顶板处的气密性。

3. 加热系统常见故障

蒸汽加热立管常有被污泥和污物堵塞现象，可用大气量冲吹。当采用池外热水循环加热时，泥水换热器常发生堵塞的现象，可用大水量冲洗或拆开清洗。套管式和管壳式换热器易堵塞，螺旋板式一般不发生堵塞，可在换热器前后设置压力表，观测堵塞程度。如压差增大，则说明被堵塞，如果堵塞特别频繁，则应从污水的预处理寻找原因，加强预处理系统的运行控制与维护管理。

4. 消化系统结垢

管道内结垢后将增大管道阻力，如果换热器结垢，则降低热交换效率。应在管路上设置活动清洗口，经常用高压水清洗管道，可有效防止结垢的增厚。当结垢严重时，最基本的方法是用酸清洗。

5. 消化池的腐蚀

消化池使用一段时间后，应停止运行，进行全面的防腐防渗检查与处理。消化池内的腐蚀现象很严重，既有电化学腐蚀，也有生物腐蚀。电化学腐蚀主要是消化过程产生的 H_2S 在液相内形成氢硫酸导致的腐蚀。生物腐蚀不被引起重视，而实际腐蚀程度很严重，用于提高气密性和水密性的一些有机防渗防水涂料，经过一段时间常被生物分解掉，而失去防水防渗效果。消化池停运放空之后，应根据腐蚀程度，对所有金属部件重新进行防腐处理，对池壁应进行防渗处理。另外，放空消化池以后，应检查池体结构变化，是否有裂缝，是否为通缝，并进行专门处理。重新投运时宜进行满水试验和气密性试验。

6. 消化池的泡沫现象

一些消化池有时会产生大量泡沫，呈半液半固状，严重时可充满气相空间并带入系统，导致沼气利用系统的运行困难。当产生泡沫时，一般说明消化系统运行不稳定，因为泡沫主要是由于 CO_2 产量太大形成的，当温度波动太大，或进泥量发生突变等时，均可导致消化系统运行不稳定，CO_2 产量增加，导致泡沫的产生。如果将运行不稳定因素排除，则泡沫也一般会随之消失。在培养消化污泥过程中的某个阶段，由于 CO_2 产量大，甲烷产量少，因此也会存在大量泡沫。随着甲烷菌的培养成熟，CO_2 产量降低，泡沫也会逐渐消失。消化池的泡沫有时是由于污水处理系统产生的诺卡氏引起的，此时曝气池也必然存在大量生物泡沫，对于这种泡沫控制措施之一是暂不向消化池投放剩余活性污泥，但根本性的措施是控制污水处理系统内的生物泡沫。

7. 消化系统的保温

消化系统内的许多管路和阀门为间隙运行，因而冬季应注意防冻，应定期检查消化池及加热管路系统的保温效果，如果保温效果不佳，应更换保温材料。因为如果不能有效保温，冬季加热的耗热量会增至很大。很多处理厂由于保温效果不好，热损失很大，导致需热量超过了加热系统的负荷，不能保证要求的消化温度，最终造成消化效果的大大降低。

8. 消化系统的安全措施

安全运行尤为重要。沼气中的甲烷是易燃易爆气体，因而在消化系统运行中，应注意防爆问题。所有电器设备均应采用防爆型，严禁人为制造明火，例如吸烟、带钉鞋与混凝土地面的摩擦，铁器工具相互撞击，电焊、气焊均可产生明火，导致爆炸危险。经常对系统进行有效的维护，使沼气不泄漏是防止爆炸的根本措施。沼气中含有的 H_2S 能导致中毒。

第三节   污泥脱水运行管理

一、离心脱水机的运行管理

1. 开车前检查要点

一般情况下离心机可以遥控启动，但如果该设备是因为过载而停车的，在设备重新启动前必须进行如下检查：上、下罩壳中是否有固体沉积物；排料口是否打开；用手转动转鼓是否容易；所有保护是否正确就位。

如果离心机已经放置数月，轴承的油脂有可能变硬，使设备难以达到全速运转，可手动慢慢转动转鼓，同时注入新的油脂。

2. 离心机启动

松开"紧急停车"按钮；启动离心机的电机，在转换角形连接之前，等待 $2\sim4min$，使离心机星形连接下达到全速运行；启动污泥输送机或其他污泥输送设备；启动絮凝剂投加系统；开启进泥泵。

3. 离心脱水机的停车

关闭絮凝剂投加泵，关闭进泥泵，关闭进料阀（如果安装了）。

4. 设备清洗

（1）直接清洗   脱水机停机前以不同的速度将残存物甩出；关闭电机继续清洗，转速降到 300r/min 以下时停止冲洗直到清洗水变得清洁；检查冲洗是否达到了预期的效果，例如使中心齿轮轴保持不动，用手转动转鼓是否灵活，否则使转鼓转速高于 300r/min 旋转并彻底用水冲洗干净。每次停车应立即进行冲洗，因为清除潮湿和松软的沉淀物比清除长时间的硬化的沉淀物要容易。如果离心机在启动时的振动比正常的振动要高，则冲洗时间应延长，如果没有异常振动，可按正常清洗。如果按上述方法清洗不成功，则转鼓必须拆卸清洗。

（2）分步清洗　脱水机的分步清洗分 3 步进行。①高速清洗。首先以最高转鼓转速进行高速清洗，将管道系统、入口部分、转鼓的外侧和脱水机清洗干净；②低速清洗。高速清洗后转鼓中遗留的污泥在低速清洗过程中被清洗掉，相应的转速在 50～150r/min 的范围内；③辅助清洗。在特殊情况下，仅仅用水不能清除污垢和沉淀物，水的清除能力有限，为了达到清洗的目的，必须加入氢氧化钠溶液（5%）作为补充措施。碱洗后，还可进行酸洗，用 0.5% 硝酸溶液比较合适。当转鼓得到彻底清洗后停运离心脱水机的主电机。

5. 离心脱水机运行最佳化

调整下列参数来改变离心脱水机的性能以满足运行的需要。

（1）调整转鼓的转速改变转鼓的转速　可调节离心脱水机适合某种物料的要求，转鼓转速越高，分离效果越好。

（2）调整脱水机出水堰口的高度　调节液面高度可使液体澄清度与固体干度之间取得最佳平衡，方法可选择不同的堰板。一般说液面越高，液相越清，泥饼越湿，反之亦然。

（3）调整速差　转速差是指转鼓与螺旋的转速之差，即两者之间的相对转速。当速差小时，污泥在机内停留时间加长，泥饼的干度可能会增加，扭矩则要增加，使处理能力降低，速差太小，污泥在机内积累，使固环层厚度大于液环层的厚度，导致污泥随分离液大量流失，液相变得不清澈，反之亦然。最好的办法是通过扭矩的设定，实现速差的自动调整。

（4）进料速度　进料速度越低分离效果越好，但处理量低。最好的办法是在脱水机的额定工况条件下，通过进泥含固率的测定来确定进泥负荷。最大限度提高处理量，防止设备超负荷运行造成设备的损坏。

（5）扭矩的控制　实现扭矩的控制是离心式脱水机最佳运行的最好途径，当进泥含固率一定的情况下，确定进泥负荷，实现速差的自动调整，确保出泥含固率和固体回收率达到要求。

6. 离心脱水机日常维护管理

（1）离心机的腐蚀、锈蚀及点蚀　卧螺离心机在易产生腐蚀及锈蚀的环境中，运行一段时间后，可能会被损坏。由于离心机高速运行时会产生很大的应力，所以离心机的任何腐蚀、锈蚀、化学点蚀及小裂缝等都是可导致高应力削弱的因素，必须要有效地防止。

① 至少每两个月检查一次转鼓的外壁是否有腐蚀、锈蚀产生。

② 注意检查转鼓上的排渣孔的磨损程度，转鼓内的凹槽磨损程度，转鼓上是否有裂纹，以及转鼓上的化学点蚀程度。

③ 注意检查安装在转鼓上的螺栓，至少每三年更换一次。

（2）定期清洗　首先以最高转鼓转速进行高速清洗，在高速清洗过程中，对管路系统、脱水机机壳、转鼓的外侧和脱水机的进料口部分进行清洗，然后进入低速清洗过程，将转鼓中和输送螺杆上的剩余污泥冲洗掉。

（3）润滑　润滑剂必须保存在干燥、阴凉的地方，容器必须保持密闭，以防止润滑剂被灰尘和潮气污染。

① 主轴承的润滑。当脱水机正在运行时，应经常润滑主轴承，最好在脱水机正好要停

机前持续润滑一段时间，这样应能保证润滑脂均匀分布，使脱水机在转动中具有良好的润滑状态，并最大限度地防止弄脏轴承。

如果脱水机每周停用一定时间，在脱水机停机前应润滑主轴承。如果脱水机停用时间超过 2 周以上，在停用期间必须每 2 周对主轴承润滑一次。

② 输送螺杆轴承的润滑。当脱水机停机，并有效断开主电机的电源后方可润滑输送螺杆轴承。输送轴承在每次静态清洗之后或者如果当机组停车有大量的水引入或者旋转速度小于 300r/min 时也需要清洗。首次启动脱水机前要进行润滑，然后至少每月进行一次润滑。

③ 齿轮箱。首次启动脱水机前要检查齿轮箱中的油位，看在运输过程中有无泄漏，齿轮箱上的箭头和油位标记表示正确的油位，如果有必要加油，首次运行 150h 后进行润滑。

一季度更换一次齿轮箱油，并且至少每个月检查一下齿轮箱油位等情况。

④ 对主电机的润滑应一季度进行一次。

（4）其他各项检查

① 对皮带的检查应一季度进行一次。

② 每半年对地脚螺紧固程度进行检查，并检查减震垫，如果有必要更换新的。

③ 每个月检查一次转鼓的磨损及腐蚀情况，最大允许磨损小于 2mm。

④ 每个月检查一次排料口衬套的磨损情况。

⑤ 每个季度检查一次报警装置、自动切断装置及监测系统等安全设备，如振动开关、保护开关和紧急停机按钮是否起作用。

⑥ 至少每年检查一次离心机和电机的基座及所有支承机架、外壳盖及连接管件。

⑦ 每个季度检查一次铭牌和警示标记是否完好。

7. 异常问题的分析与排除

（1）分离液浑浊，固体回收率降低 其原因及解决对策：液环层厚度太薄应增大液环层厚度，必要时，提高出水堰口的高度；进泥量太大，应减少进泥量；速差太大，应降降低速差；进泥固体负荷超负荷，核算后调整额定负荷以下；螺旋输送器磨损严重，应更换；转鼓转速太低，应增大转速。

（2）泥饼含固率降低 其原因及解决对策：速差太大，应减少转速差；液环层厚度太大，应降低其厚度；转鼓转速太低，应增大转速；进泥量过大，应减少进泥量；调质过程中加药量过大，应降低干污泥的投药量。

（3）转轴扭矩过大 其原因及解决对策：进泥量太大，应降低进泥量；进泥含固率太高，应核对进泥负荷；转速差太小，应增大转速差；浮渣或砂进入离心机，造成缠绕或堵塞，应停车检修并清除；齿轮箱出现故障，应加油保养。

（4）离心机震动过大 其原因及解决对策：润滑系统出现故障，应检修并排除；有浮渣进入机内缠绕在螺旋上，造成转动失衡，应停车清理；机座松动，应及时检修。

（5）能耗增大电流增大 如果能耗突然增加，则离心机出泥口被堵，由于转速差太小，导致固体在机内大量积累，可增大转速差，如仍增加，则停车清理并清除；如果电耗逐渐增加，则螺旋输送器已严重磨损，应更换。

二、带式压滤脱水机运行与管理

1. 工艺控制

（1）带速的控制 滤带的行走速度控制着污泥在每一工作区的脱水时间，对出泥泥饼的含固量、泥饼厚度及泥饼剥离的难易程度都有影响。带速越低，泥饼含固量越高，泥饼越厚，越易从滤带上剥离；反之，带速越高，泥饼含固量越低，泥饼越薄，越不易剥离。因此，从泥饼质量看，带速越低越好，但带速的高低直接影响到脱水机的处理能力，带速越低，其处理能力越小。对于某一种特定的污泥来说，存在最佳带速控制范围。在该范围内，脱水机既能保证一定的处理能力，又能得到高质量的泥饼，固体回收率也较高。对于初沉污泥和活性污泥组成的混合污泥来说，带速一般应控制在 $2\sim5m/min$。进泥量较高时，取高带速，反之取低带速。活性污泥一般不宜单独进行带式压滤脱水，否则带速须控制在 $1.0m/min$ 以下，处理能力很低，极不经济。

不管进泥量多少，带速一般不要超过 $5m/min$。因为带速太高时，会大大缩短重力脱水时间，使在楔形区的污泥不能满足挤压要求，进入低压区或高压区后，污泥将被挤压溢出滤带，造成跑料。

(2) 滤带张力的控制　很明显，滤带张力会影响泥饼的含固量，因为施加到污泥层上的压力和剪切力直接决定于滤带的张力。滤带张力越大，泥饼含固量越高。对于城市污水混合污泥来说，一般将张力控制在 $0.3\sim0.7MPa$，常在 $0.5MPa$。当张力太大时，会将污泥在低压区或高压区挤压出滤带，导致跑料，或压进滤带造成堵塞。大部分情况下，上下滤带的张力相等。但适当调整上下滤带的张力，使下滤带的张力略低于上滤带，有时会明显提高污泥的成饼率。

(3) 调质的控制　污泥调质效果，直接影响脱水效果。带式压滤脱水机对调质的依赖性更强。如果加药量不足，调质效果不佳时，污泥中的毛细水不能转化成游离水在重力区被脱去，因而由楔形区进入低压区的污泥仍呈流动性，无法挤压。反之，如果加药量太大，一是增大处理成本，更重要的是由于污泥黏性增大，极易造成滤带被堵塞。对于城市污水混合污泥，采用阳离子 PAM 时，干污泥投药量一般为 $1\sim10kg/t$，具体可由试验确定或在运行中反复调整。

由于带式压滤脱水机无法进行完全封闭，常产生恶臭。在污泥调质加药时，加入适量的高锰酸钾或三氯化铁，可大大降低恶臭程度。另外，适当加入一些阴离子或非离子 PAM，可明显使泥饼从滤带上易于剥离。

(4) 处理能力的确定　带式压滤脱水机的处理能力有两个指标：一个是进泥量，另一个是进泥固体负荷。进泥量指每米带宽在单位时间内所能处理的湿污泥量，常用 q 表示。进泥固体负荷指每米带宽在单位时间内所能处理的总干污泥量，常用 q_s 表示。很明显，q 和 q_s 取决于脱水机的带速和滤带张力以及污泥的调质效果，而带速、张力和调质又取决于所要求的脱水效果，即泥饼含固量和固体回收率。因此，在污泥性质和脱水效果一定时，q 和 q_s 也是一定的，如果进泥量太大或固体负荷太高，将降低脱水效果。一般来说，q 可达到 $4\sim7m^3/(m\cdot h)$，q_s 可达到 $150\sim250kg/(m\cdot h)$。不同规格的脱水机，带宽也不同，但一般不超过 $3m$，否则污泥不容易摊布均匀。q 和 q_s 乘以脱水机的带宽，即为该脱水机的实际允许进泥量和进泥固体负荷；运行中，运行人员应根据本厂泥质和脱水效果的要求，通过反复调整带速、张力和加药量等参数，得到本厂的 q 和 q_s，以方便运行管理。

2. 日常运行维护与管理

(1) 注意时常观测滤带的损坏情况，并及时更换新滤带。滤带的使用寿命一般在 $3000\sim10000h$ 之间，如果滤带过早被损坏，应分析原因。滤带的损坏常表现为撕裂、腐蚀或老化。以下情况会导致滤带被损坏，应予以排除：滤带的材质或尺寸不合理；滤带的接缝不合理；辊压筒不整齐，张力不均匀，纠偏系统不灵敏。由于冲洗水不均匀，污泥分布不均匀，使滤带受力不均匀。

(2) 每天应保证足够的滤布冲洗时间。脱水机停止工作后，必须立即冲洗滤带，不能过后冲洗。一般来说，处理 $1000kg$ 的干污泥约需冲洗水 $15\sim20m^3$，在冲洗期间，每米滤带的

冲洗水量需 $10m^3/h$ 左右，每天应保证 6h 以上的冲洗时间，冲洗水压力一般应不低于 586kPa。另外，还应定期对脱水机周身及内部进行彻底清洗，以保证清洁，降低恶臭。

（3）按照脱水机的要求，定期进行机械检修维护，例如按时加润滑油、及时更换易损件等。

（4）脱水机房内的恶臭气体，除影响身体健康外，还腐蚀设备，因此脱水机易腐蚀部分应定期进行防腐处理。加强室内通风，增大换气次数，也能有效地降低腐蚀程度，如有条件应对恶臭气体封闭收集，并进行处理。

（5）应定期分析滤液的水质。有时通过滤液水质的变化，能判断出脱水效果是否降低。正常情况下，滤液水质应在以下范围：SS＝200～1000mg/L，BOD_5＝200～800mg/L。如果水质恶化，则说明脱水效果降低，应分析原因。当脱水效果不佳时，滤液 SS 会达到数千毫克每升。冲洗水的水质一般在以下范围：SS＝1000～2000mg/L，BOD_5＝100～500mg/L。如果水质太脏，说明冲洗次数和冲洗历时不够；如果水质高于上述范围，则说明冲洗长量过大，冲洗过频。

（6）及时发现脱水机进泥中砂粒对滤带、转鼓或螺旋输送器的影响或破坏情况，损坏严重时应及时更换。

（7）由于污泥脱水机的泥水分离效果受污泥温度的影响，尤其是离心机冬季泥饼含固量一般可比夏季低 2%～3%，因此在冬季应加强保温或增加污泥投药量。

（8）做好分析测量与记录。污泥脱水岗位每班应检测的项目：进泥的流量及含固量，泥饼的产量及含固量、滤液的 SS、絮凝剂的投加量、冲洗介质或水的使用量、冲洗次数和冲洗历时。污泥脱水机房每天应测试的项目：滤液的产量、滤液的水质（BOD_5 或 COD_{Cr}、TN、TP）、电能消耗。

污泥脱水机房应定期测试或计算的项目：转速或转速差、滤带张力、固体回收率、干污泥投药量、进泥固体负荷或最大入流固体流量。

3. 异常问题的分析与解决

（1）泥饼含固量下降。其原因及解决对策如下。

① 调质效果不好。一般是由于加药量不足。当进泥泥质发生变化，脱水性能下降时，应重新试验，确定出合适的干污泥投药量。有时是由于配药浓度不合适，配药浓度过高，絮凝剂不易充分溶解，虽然药量足够，但调质效果不好。也有时是由于加药点位置不合理，导致絮凝时间太长或太短。以上情况均应进行试验并予以调整。

② 带速太大。带速太大，泥饼变薄，导致含固量下降，应及时地降低带速。一般应保证泥饼厚度为 5～10mm。

③ 滤带张力太小。此时不能保证足够的压榨力和剪切力，使含固量降低，应适当增大张力。

④ 滤带堵塞。滤带堵塞后，不能将水分滤出，使含固量降低，应停止运行，冲洗滤带。

（2）固体回收率降低。其原因及控制对策如下。

① 带速太大，导致挤压区跑料，应适当降低带速。

② 张力太大，导致挤压区跑料，并使部分污泥随滤液流失，应减小张力。

（3）滤带打滑。其原因及控制对策如下。

① 进泥超负荷，应降低进泥量。

③ 滤带张力太小，应增加张力。

③ 辊压筒损坏，应及时修复或更换。

（4）滤带时常跑偏。其原因及控制对策如下。

① 进泥不均匀，在滤带上摊布不均匀，应调整进泥口或更换平泥装置。

② 辊压筒局部损坏或过度磨损，应予以检查更换。

③ 辊压筒之间相对位置不平衡，应检查调整。

④ 纠偏装置不灵敏，应检查修复。

（5）滤带堵塞严重。其原因及控制对策如下。

① 每次冲洗不彻底，应增加冲洗时间或冲洗水压力。

② 滤带张力太大，应适当减小张力。

③ 加药过量。PAM 加药过量，黏度增加，常堵塞滤布，另外，未充分溶解的 PAM，也易堵塞滤带。

④ 进泥中含砂量太大，也易堵塞滤布，应加强污水预处理系统的运行控制。

三、真空过滤脱水运行控制与管理

真空过滤脱水目前应用较少，使用的机械为真空过滤机，可用于经预处理后的初次沉淀污泥、化学沉淀污泥及消化污泥的脱水。真空过滤机基本上都是由一部分浸在污泥中，同时不断旋转的圆筒转鼓构成，过滤面在转鼓周围。转鼓由隔板分成多个小室，转鼓和滤布内抽真空后，在过滤区段和干燥区段水分被过滤成滤液，污泥在滤布上析出成滤饼。滤饼的剥离方式因过滤机不同而各异。真空过滤机有转鼓式、履带式和列管式三种，目前污泥脱水常用的主要是转鼓式和履带式两种。影响真空过滤脱水的因素主要如下。

（1）固体颗粒的大小和形状　固体颗粒的大小和形状不同，其压缩性和絮凝性也不同，从而影响过滤脱水性能。大小、形状不均的固体颗粒或粒径小的固体颗粒，通过液体的孔隙率一般比较小，在真空过滤状态下容易形成压密的板块；而大小形状均匀，粒径大的固体形成的空隙率比较大，又不易板结，过滤性能好。因此，为了改善过滤性能，大小、形状不均匀，细颗粒较多的污泥往往调质药剂加量多，这也影响其过滤性能。

（2）化学组成　一般生污泥比消化污泥过滤性能好，初沉污泥又比活性污泥易过滤。生污泥与消化污泥过滤性能产生差异的原因是污泥消化过程中发生了变化造成的。混合污泥，特别是其中的初沉污泥中的纤维组织和颗粒物质经过消化后，逐渐破坏变成类胶体、胶体和溶解性物质。结果堵塞了许多细小颗粒之间的空隙，影响过滤性能。污泥的腐败变质也是影响过滤性能的重要因素。污泥 24h 不曝气，就会发生腐败，为了改善其脱水性能，获得未腐败污泥相同含水率的滤饼和固体回收率，调质用药剂投加量约增加 1 倍。

（3）固体浓度　随着污泥浓度的升高，泥饼的生成量增加，单位质量泥饼产生的滤液量减少，真空过滤机的运行参数需要调整。通常处理量在 $0.12 \sim 0.24 m^3 / (m^2 \cdot h)$，平均 $0.2 m^3 / (m^2 \cdot h)$。污泥浓度升高处理量要适当减小，但供给脱水机的污泥浓度高，得到的泥饼含水率低，这一点对真空过滤脱水是有利的。对低浓度污泥可以通过调节转鼓在液体中的浸入深度获得含水率低的泥饼。转鼓浸入深度大，抽吸污泥的时间长，得到的泥饼厚，但泥饼含水率高。转鼓浸入深度小，抽吸污泥的时间短，而抽吸水分干燥时间长，泥饼含水率低。降低转鼓的转速，延长过滤周期同样可以得到含水率低的泥饼，但真空过滤机工作效率降低。通常浸入率是转鼓总面积的 $15\% \sim 25\%$。

（4）固体颗粒的压缩性　非压缩性固体随着真空度的增大，过滤效率有所提高。活性污泥压缩性能好，泥饼阻力随真空度的增大而增加。因此必须在一定的真空度下操作，通常为 $40kPa$，小于此值容易产生各种问题。经验表明，污泥脱水时，达到相同的过滤效率，提高真空度和增加过滤面积成本相同。为了增加泥饼的孔隙，提高过滤速度，有时可在污泥中投加微粉炭、硅藻土、木屑等，克服因污泥絮体的可压缩性造成的不利因素。

（5）滤液和悬浮液的黏性 滤液和悬浮液的黏度大，对过滤是不利的。同时固体颗粒在液体中分散的均匀度也影响到过滤效率。因此过滤槽中搅拌装置要能够调速，尽量防止出现浓度不均匀或发生沉淀。

四、高分絮凝剂配置与投加过程

目前新建的城市污水处理厂采用自动配置和投加系统，自动化程度高，管理方便，精度高，可操作性强，尤其适合高分子絮凝剂的配置与投加。

1. 自动配药过程

加药前检查系统、调配罐的液位是否处于最低保护液位；如果系统第一次启动或更新絮凝剂的品种，根据工艺需要，制定药液浓度，依据配药罐的有效体积及落粉量确定落药时间，然后将落药时间输入系统，作为运行参数；检查系统水压是否达到要求，把配药系统的模式转换为自动状态。满足上述要求后，配药系统供水点磁阀自动开启，配药罐内的搅拌器开始工作。待配药罐达到最低保护液位后，系统自动落药，干粉的落药时间达到设定后，落药停止，搅拌器继续工作，进水至配药罐最高保护液位，进水电磁阀自动关闭，贮药罐达到最低保护液位，配药罐落药电磁阀自动开启，待配药罐达到最低液位，电磁阀关闭，系统进入下一周期的配药过程。

2. 手动配药过程

系统因某种原因不能实现自动加药，需手动加药，首先将配药系统的控制模式转换手动状态；同时检查供水系统的水压是否达到要求；开启进水电磁阀，确保配药罐达到一定水位后，启动搅拌器，待配药罐达到最低保护液位，启动罗粉系统，用秒表准确记录落粉时间，达到规定的落药时间，关闭落药系统，并观察配药罐液位，当达到配药罐最高保护液位，关闭进水电磁阀；应定时巡查系统，当贮药罐达到最低保护液位后，开启配药罐的药液电磁阀，配药系统进入下一周期的配药。

3. 加药

根据脱水系统开启的脱水机的台数，启动相应的加药泵和稀释水电磁阀，并调节稀释水的进水比例；根据污泥的性质和絮凝剂的药效选择合理的加药点，尤其更换新药时，更要反复实验；脱水机正常工作后，定期测定进泥、出泥和出水的含固率，根据情况调整进药量和稀释水。

五、污泥切割机运行操作

（1）初次运行前应检查系统、减速机内的润滑油及刀片的旋转方向，从进料口观测，刀片向中心旋转。

（2）启动时运行机体的震动不大于 1mm 峰值，减速箱及轴承温升不超过 35℃。

（3）初次运行后，200h 换减速机润滑油，以后每 100h 检查油质、油量，每 1500h 取样测定一次，每 3000h 更换一次润滑油。

（4）每次换油应检查密封是否漏水，检查时打开油堵，放出减速机内油液，并观察是否有水。如果发现漏水应及时更换密封。

第十四章　污水提升泵房与鼓风机房的运行管理

第一节　污水提升泵房的运行管理

污水厂的污水提升泵站的作用是将污水提升至后续处理单元所需要的高度使其实现重力流。泵站一般由水泵、集水池和泵房组成。

泵房一般按不同条件和采用水泵种类分干式泵房、湿式泵房，根据进水条件分自灌式泵房、非自灌式泵房等。目前新建和在建的污水处理厂绝大部分采用潜污离心水泵，泵房结构简单，管理方便。

一、集水池的维护

污水进入集水池后速度放慢，一些泥砂可能沉积下来，使有效容积减少，影响水泵工作，因此集水池要根据具体情况定期清理，清理工作最重要的是人身安全问题。清理集水池时，先停止进水，用泵排空池内存水，然后强制通风。应特别注意，操作人员下池后，通风强度可适当减小，但绝不能停止通风，因为池内积泥的厌氧分解并没有停止，有毒气体不断产生并释放出，每名检修人员在池下工作车间不可超过30min。

二、泵组的运行调度

泵组的运行操作应考虑以下原则。

（1）保证来水量与抽升量一致，即来多少抽走多少，如来水量大于抽升量，上游没有采取溢流措施，应增加水泵运行台数实现厂内超越；上游有溢流措施，应调节溢流设施。反之，如来水量小于抽升量，则有可能使水泵处于干转状态损坏设备，此时减少水泵运行台数，确保水位淹没潜污泵的电机。

（2）保持集水池高水位运行，这样可降低水泵扬程，在保证抽升的前提下降低能耗。

（3）水泵的开停次数不可过于频繁，应按水泵使用说明书的要求操作，否则易损坏电机，降低电机使用寿命。

（4）机组均衡运行，泵组内每台水泵的投运次数及时间应基本均匀，本着先开先关的原则。

三、水泵的运行管理

（1）根据生产的需要确定要启动的机组及数量。

（2）检查相应机组电源是否送到现场，控制柜显示是否正常。

（3）查看现场集水井水位、或液位仪显示的水位是否达到启动水位。

（4）根据实际运行的需要，开启管路系统应开的阀门。

（5）上述准备工作结束后，按启动按钮，观察启动电流的变化是否正常，否则停机检查，启动其他水泵。

（6）水泵行后，定期检查水泵的运行情况，电流是否在额定范围内，注意检查有无各种故障的显示，并根据情况做出运行调整。

（7）定期对进厂的水位进行观察和记录，并根据水位变化，合理对水泵的运行数量的调整。

（8）水泵的调整的原则，在进厂水量额定范围内，最大限度地利用进厂高水位，水泵台数尽量少，充分利用高水位，降低能耗。

（9）对于离心泵，为保证其效率，开、停泵时应按先开的先停，后开的后停原则，且及时更换水泵，确保泵效的发挥。

四、电动机运行管理

主电动机启动前应按照制造厂家的规定，测定定子和转子回路的绝缘电阻值。电动机的运行电压允许在额定电压的 95％～110％ 范围内连续工作，但其功率不得超过额定值。电动机的电流一般不应超过铭牌规定的额定电流。超负荷运行时，其过电流允许运行时间不得大于有关规定。电动机定子线圈的温升不得超过制造厂规定的允许值。如制造厂未作规定，则可按有关规定执行。

电动机运行时，其三项电流不平衡之差与额定电流之比不得超过 10％。同步电动机运行时，其励磁电流一般不超过额定值。电动机运行时的振幅值不得超过有关规定。

电动机运行时，轴承的最高允许温度不应超过制造厂的规定值。若制造厂未作规定，滑动轴承为 80℃，滚动轴承为 95℃。

同步电动机运行时滑环与电刷应接触良好，无积垢，无电火花现象。

五、变压器运行管理

变压器投运之前，应该检查分接开关位置、绝缘电阻和接地线。变压器投运之后，应该进行定期巡视检查。其检查项目如下。

（1）储油柜和充油套管的油位、油色应正常，且无渗漏油现象。储油柜和继电器间连接阀应打开，套管外部应保持清洁、无破损裂纹、无放电痕迹及其他异常现象；

（2）变压器本体无渗漏油，吸湿器完好，硅胶应干燥，各冷却器温度应相近，油温正常，管道阀门开闭正确；

（3）引线接头、电缆、母线应无发热现象，安全气管及保护膜应完好，瓦斯继电器内应无气体；

（4）变压器运行声响正常，风扇旋转正常；

（5）变压器室环境应符合设备保养和运行要求；

（6）无人值守的变压器应定期检查，并记录电压、电流和上层油温。

对于站用变压器应在最大负荷测量其三相负荷。当发现不平衡值超过规定值时，应重新分配。油浸式变压器上层油温一般不超过 85℃。干式变压器各部位的温升也不得超过规定值。

六、电气设备运行管理

对电缆应定期进行巡视，检查测量电缆的温度，并做好巡视测量记录。通过电缆的实际电流，不应超过设计允许的最大负荷电流。

高压配电装置的运行应符合制造厂规定的技术条件，投运后，应检查母线接头有无发热现象，运行是否正常。运行人员必须准确记录继电保护掉牌信号、灯光信号。

七、辅助设备运行管理

泵站的辅助设备和金属结构根据机组容量的大小和装置型式等有所不同。大型水泵机组比较复杂，主要有油、气、水系统。金属结构包括拍门、快速闸门、真空破坏阀等断流设备，液控碟阀等水锤防护设备；拦污栅、清污机、起重机等清污和起重设备等。油、气、水系统中的管道和阀件应按规定涂刷明显的颜色标志。

（1）油系统　用于水泵叶片调节、液压减载、油压启闭等装置的压力油系统和用于润滑轴承的润滑油系统，应满足以下技术要求。

① 压力油和润滑油的质量标准应符合有关规定，其油温、油压和油量等应满足使用要求，油质应定期检查，不符合使用要求的应及时更换。

② 油系统中的安全装置、压力继电器和各种仪表等应定期检验，确保可靠，运行中不得随意拨动。

③ 油压管路上的阀门关闭应严密，在所有阀门全部关闭的情况下，液压装置的储气罐在 8h 内，额定压力下降不超过 0.15MPa。

（2）气系统　压气系统及其安全装置、继电器和各种仪表应工作可靠，定期检验，其工作压力值应符合使用要求。

（3）水系统　泵站中的水系统为主机组的冷却、润滑和填料函的水封的技术供水和泵房内渗漏水、废水的排除，应符合以下要求：技术供水的水质、水温、水压等应满足运行要求；示流器安装良好，供水管路畅通；集水井和排水廊道无堵塞、无淤积；供排水泵工作可靠，对备用泵应定期切换运行。

第二节　鼓风机房的运行管理

鼓风机房是向生化池曝气系统鼓风通氧的设施，鼓风机是生化系统的关键设备，是将空气中氧通过曝气器传送到生化池中，为活性污泥进行代谢提供氧气，保持其良好生理代谢，从而使活性污泥起到处理污水的作用。

一、鼓风机供气系统及鼓风机种类

鼓风机供气系统是由鼓风机、输气管道和曝气器等部件组成。鼓风机有两类：一种是罗茨鼓风机；另一种是离心鼓风机。曝气器有多种类型：一种是穿孔管曝气；另一种是散流式曝气器，还有微孔曝气器等。鼓风机供气系统供气的作用如下。

（1）供氧　在生化池内产生并维持空气与水的接触，在生物氧化作用不断消耗氧气的情况下保持水有一定的溶解氧。

（2）混合作用　除供氧量满足生化池设计负荷时的生化需氧量外，促进水的循环流动，实现活性污泥与污水的充分混合。

（3）保持悬浮状态　维持混合液具有一定的运动速度，使混合液始终不产生沉淀，防止出现局部污泥沉积，堵塞曝气器现象的发生。曝气装置是活性污泥系统的主要设备，要求供氧能力强、搅拌均匀，结构简单，性能稳定，耐腐蚀，价格低廉。表示曝气装置技术性能的主要指标有：①动力效率（E_p）。每耗 1kW·h 电能转移到混合液中氧量 kgO_2／（kW·h）。② 氧利用率（E_A）。通过鼓风机系统转移到混合液中氧量占总供氧量的百分比（％）。

二、离心式鼓风机操作

1. 开车前的检查

离心风机首次开车前应全面检查机组的气路、油路、电路和控制系统是否达到了设计和使用要求。

（1）检查进气系统、消音器、伸缩节和空气过滤器的清洁度和安装是否正确。特别检查叶轮前面的部位、进气口和进气管。

（2）检查油路系统。检查油箱是否清洁，油路是否畅通；检查油号是否符合规定，加油是否至油位；启动油泵，检查旋转方向是否正确。油泵不得无油空转或反转。油温低于10℃不得启动油泵，否则造成油泵电机超负荷，应启动加热系统使之达到运行温度。

若油路系统已拆过或改动过，油路系统必须按下列步骤用油进行冲洗：拆下齿轮箱和鼓风机上的油路，使油通过干净的管路流回油箱。

（3）外部油系统用温度超过10℃的油冲洗1h。重新连接齿轮箱和鼓风机的管路，并确认管路畅通；小心用手盘动转子一周，然后再清洗0.5h。

（4）检查滤油芯，若有必要应予清洗或更换。

（5）检查放空阀、止回阀安装是否正确。

（6）检查放空阀的功能和控制是否正确。

（7）检查扩压器控制系统的功能和控制是否正确。

（8）检查进口导叶控制系统的功能和控制是否正确。

（9）检查冷却器的冷却效果。

（10）采用水冷时，检查管路和阀门安装是否正确，水压是否正常，有无泄漏。

（11）采用风冷时，检查风扇电机的旋转方向。

2. 试运转

试运转的目的是为了检查开/停顺序和电缆连接是否正确。试运时恒温器、恒压器和各种安全检测装置已经通过实验。启动风机前必须手动盘车检查，各部位不应有不正常的撞击声。

试运转期间应检查和调整下列项目：放空阀开、闭时间；止回阀的功能；压力管路中的升压功能；润滑油的压力和温度应稳定；调节冷却器情况；采用水冷时调节恒温阀，检查通水情况；采用风冷时，调节恒温阀，检查风扇电机的开停情况；检查油温；扩压器叶片受动调整实验情况；进口导叶手动调整实验情况；安全检测装置、恒温器、恒压器及紧急停车装置的实验情况；正常启动和停车顺序实验情况；电机过载保护（扩压器/进口导叶极限位置）实验情况；在工作温度时检查漏油情况；检查就地盘的接线。

3. 启动与停车

打开放空阀或旁通阀；使扩压器和进口导叶处于最小位置；给油冷却器供水（风冷时开启冷却扇）；启动辅助油泵；辅助油泵油压正常后，启动机组主电机；主油泵产生足够油压后，停辅助油泵；使导叶微开（15°）；机组达到额定转速后确认各轴承温升、各部分振动都符合规定；进口导叶全开时，慢慢关闭放空阀或旁通阀；放空阀关闭后，扩压器或进口导叶进入正常动作，启动程序完成，机组投入负荷运行。

4. 正常停车程序

停车程序不像开车那样严格，大致与启动程序相反：打开放空阀；进口导叶关至最小位置；开辅助油泵；机组主电机停车；机组停车后，油泵至少连续运行20min；油泵停止工作后，停冷却器冷却水。

5. 运行检查

鼓风机运行时应检查下列项目：油位不得低于最低油位线；油温；油压；油冷却器供水压力和进水温度；鼓风机排气压力鼓风机进气压力；鼓风机排气温度；鼓风机进气温度；进气过滤器压差；振动；功率消耗。

鼓风机运行时，应定期记录仪表读数，并进行分析对比。由于扩压器或进风导叶系统并不是全开到全关闭频繁地动作，因此就地盘至少每周一次设定在手动位置，扩压器或进口导叶从全开到关闭至少动作两次。这个方法也适应不同鼓风机。应每月检查一次油质，如果鼓风机停机一个月，应采取下列措施：就地盘设定手动位置，启动油泵当油泵运行 0.5h 后，鼓风机按正确方向至少盘车 5 周。油泵运行 1h，运行时间长更好。

机组运行中有下列情况之一应立即停车：机组发生强烈振动或机壳内有磨刮声；任意轴承处冒出烟雾；油压降低；轴承温度突然升高超过允许值，采取措施仍不能降低；油位降至最低油位线，加油后油位未上升；转子轴向窜动超过 0.5mm。

6. 机组运行中维护

首次开车后 200h 应换油，如果被更换的油未变质，经过滤后仍可重新使用；首次开车后 500h 应做油样分析，以后每月做一次油样分析，发现变质应立即换油，油号必须符合规定，严禁使用其他牌号的油；经常检查油箱的油位，不得低于最低油位线；经常检查油压是否保持正常值；经常检查轴承的油温，不应超过 60℃，并根据情况调节油冷却器冷却水量。使轴承温度保持在 30～40℃ 之间；定期检查油过滤器；经常检查空气过滤器的阻力变化，定期更换滤布；经常注意并定期测听机组运行和轴承的振动，如发现声音异常和振动加剧，应立即采取措施，必要时应紧急停车，找出原因，排除故障；严禁机组在喘振区运行；按电机说明要求，定期对电机进行检查和维护。

7. 机组的并联

必须注意单台鼓风机运行与几台鼓风机联运的工况是不同的，如果仅一台鼓风机运行，它将在单台鼓风机性能曲线与系统曲线交点处运行，输出的气量要比厂设计流量稍大；如果两台同规格的鼓风机以同样的速度运行，它们的压力-流量曲线是相同的，如果两台并联到系统中去，它们将叠加成一条新的曲线与系统曲线交点处运行。新曲线是任选的排气压力对应流量的两倍绘制而成。鼓风机并联运行时，总流量等于每台鼓风机的流量，而排气压力则由总流量时的管道系统的特性曲线所决定。如果两台鼓风机的实际特性曲线相同，则分配给每台鼓风机的流量是总流量的一半。由于实际特性曲线总是有区别，因此鼓风机之间的负荷的分配就不可能相等，因此其中一台鼓风机可能在另一台之前发生喘振。多台机组运行时也是如此，每台鼓风机的流量是可以单独控制的。在实际应用中，鼓风机的规格或型号不必完全一致，但通常按相同规格配置。鼓风机具有平缓上升的压力曲线，最适合并联运行，轻微的压力变化对流量的影响很小。排气量相同的鼓风机并联运行时，后启动的那台鼓风机可能发生问题。

一台鼓风机运行后，其流量是由排气总管的系统压力来决定的，如果启动一台没有运行的风机，它必须产生足够的压力才能顶开止回阀向总管供气，唯一的途径是提高鼓风机的排气量，产生比总管压力高的压力。提高排气量的方法是打开排气阀，使鼓风机向大气中排气，这样就能提高排气量，产生足够的压力顶开止回阀，在新启动鼓风机并网前，最好将正在运行的鼓风机的风量减小到最低后并网，然后关闭放气阀，两台鼓风机投入运行，调整鼓风机的流量，使其工况一致，防止喘振现象的发生。如果几台鼓风机运行，应按电流表的指示作为电机负荷平衡指示，也就是调节进气阀的方法使所有的电流表的读数几乎相等。如果负荷不平衡，低负荷的鼓风机就可能发生喘振。几台鼓风机并联运行，运行人员应经常调换鼓风机的启动次序，其目的是使所有的鼓风机保持相同运行时间。

8. 喘振及其防止的措施

离心风机存在喘振现象：当进风流量低于一定值时，由于鼓风机产生的压力突然低于出口背压致使后面管路中的空气倒流，弥补了流量的不足，恢复工作。把倒流的空气压出去，压力再度下降，后面管路中的空气又倒流回来，不断重复上述现象，机组及气体管路产生低频高振幅压力脉动，并发出很大声响，机组剧烈振动，这种现象就是喘振，严重时损坏机组部件。为使鼓风机不发生喘振，必须使进气流量大于安全的最低值，可调节进口导叶或进气节流装置，使鼓风机的工况不在喘振区。

引起喘振的原因有：总压力管压力过高、进气温度太高、鼓风机转速降低或机械故障。

手动操作的情况下发生喘振，应尽快打开排气阀，降低机组出口的背压，使鼓风机的工况点向大流量区移动消除喘振现象。

消除喘振方法：开启放气或旁通阀；限制进口导叶的调整。限制进气流量；调速；降低气流的系统阻力。

9. 离心式鼓风机节能措施

利用离心风机给曝气池供气时，其排气压力相对稳定，但需气量和环境温度是变化的，为适应不同运行工况，最大限度地节约电能，可以通过改变转速，进口导叶或蝶阀节流装置进行流量调节和控制。在改变工况运行时，利用变速及控制设备改变转速具有较高效率，并有较宽的性能范围，但变速及控制设备的价格昂贵。调节时应避开转子的临界速度，多数离心机经常利用可调进口导叶以满足工艺需要，部分负荷运行时，可求得高效率和较宽的性能范围，因此进口导叶已成为污水处理厂单级鼓风机普遍采用部件，进口导叶调节可手动或自动，使流量在 $50\%\sim100\%$ 额定流量的范围内变化。

三、罗茨鼓风机操作

新安装或经过检修的鼓风机，均应进行运转前的空载与负荷试车。一般空载运转 $2\sim4h$，然后按出厂技术要求，逐渐加压到满负荷试车 8h 以上。

1. 开机前的准备与检查

(1) 检查电源电压的波动值是否在 $380V\pm10\%$ 范围内。

(2) 检查仪表和电气设备是否处于良好状态，检查接线情况，需接地的电气设备应可靠接地。

(3) 鼓风机和管道各接合面连接螺栓、机座螺栓、联轴器柱销螺栓均应紧固。

(4) 齿轮油箱内润滑油应按规定牌号加到油标线的中位。轴封装置应用压注油杯加入适量的润滑油。

(5) 按鼓风机旋向，用手盘动联轴器 $2\sim3$ 圈，检查机内是否有摩擦碰撞现象。

(6) 鼓风机出风阀应关闭，旁通阀处于全开状态，对安全阀进行校验。

(7) 检查传动带松紧程度，必要时进行调整。

(8) 空气过滤器应清洁和畅通，必要时进行清堵或更换。

2. 空载运转

(1) 按操作顺序开起风机。

(2) 空载运转期间，应注意机组的振动状况和倾听转子有无碰撞声和摩擦声，有无转子与机壳局部摩擦发热现象。

(3) 滚动轴承支承处应无杂声和突然发热冒烟状况，轴承处温度不应超过规定值。

(4) 轴封装置应无噪声和漏气现象。

(5) 同步传动齿轮应无异常不均匀冲击噪声。

(6) 齿轮润滑方式一般为"飞溅式"，通过油箱上透明监视应看到雾状油珠聚集在孔盖下。

(7) 空载电流应呈稳定状态，记下仪表读数。

3. 负荷运转

(1) 开启出风阀，关闭旁通阀，掌握阀门的开关速度，升压不能超过额定范围，不能满载试车。

（2）风机起动后，严禁完全关闭出风道，以免造成爆裂事故。

（3）负荷运转中，应检查旁通阀有无发热、漏气现象。

（4）大小风机要同时开启，应按程序先开小风机，后开大风机。要开多台风机时应等一台开机正常后再开另一台。

（5）其他要求同空载运转。

4. 停机操作

（1）停机前先做好记录，记下电压、电流、风压、温度等数据。

（2）逐步打开旁通阀，关闭出气阀，注意掌握阀门的开关速度。

（3）按下停车按钮。

5. 巡视管理

（1）鼓风机在运转时至少每隔 1h 巡视一次，每隔 2h 抄录仪表读数一次（电流、电压、风压、油温等）。

（2）再次巡视，检查内容如下。

① 听鼓风机声音是否正常，运转声音不应有非正常的摩擦声和撞击声，如不正常时应停车检查，排除故障。

② 检查风机各部分的温度，两端轴承处温度不高于 80℃，齿轮润滑油温度不超过 60℃；风机周围表面用手摸时不烫手，电动机应无焦味或其他气味。

③ 检查油位。油面高度应在油标线范围内，从油窗盖上观察润滑油飞溅情况应符合技术要求，发现缺油应及时添加，油箱上透气孔不应堵塞。

④ 检查风压是否正常，各处是否有漏气现象。检查各运转部件，振动不能太大，电器设备应无发热松动现象。

6. 紧急停车

发现以下情况时应立即停车，以避免设备事故。

（1）风叶碰撞或转子径向、轴向窜动与机壳相摩擦，发热冒烟时。

（2）轴承、齿轮箱油温超过规定值时。

（3）机体强烈振动时。

（4）轴封装置涨圈断裂，大量漏气时。

（5）电流、风压突然升高时。

（6）电动机及电气设备发热冒烟时等。

参 考 文 献

[1] 张自杰等. 排水工程（下册）. 第四版. 北京：建筑工业出版社，2000.

[2] 李亚峰，晋文学等. 城市污水处理厂运行管理. 北京：化学工业出版社，2010.

[3] 李亚峰，佟玉衡，陈立杰等. 实用废水处理技术. 北京：化学工业出版社，2007.

[4] 卜秋平，陆少鸣，曾科等. 城市污水处理厂的建设与管理. 北京：化学工业出版社，2002.

[5] 王晖，周杨等. 污水处理工. 北京：建筑工业出版社，2004.

[6] 国家环境保护局科技标准司. 城市污水处理及污染防治技术指南. 北京：中国环境科学出版社，2001.

[7] 张自杰等. 废水处理理论与设计. 北京：建筑工业出版社，2003.

[8] 尹士君，李亚峰. 水处理构筑物设计与计算. 第二版. 北京：化学工业出版社，2008.

[9] 冯生化. 城市中小型污水处理厂的建设与管理. 北京：化学工业出版社，2001.

[10] 王宝贞，王琳等. 水污染治理新技术. 北京：科学出版社，2004.

[11] 崔玉川，杨崇豪，张东伟. 城市污水回用深度处理设施设计计算. 北京：化学工业出版社，2003.

[12] 中国环境保护产业协会水污染治理委员会. 小城镇污水处理技术装备实用指南. 北京：化学工业出版社，2007.

[13] 李亚峰，马学文，刘强等. 小城镇污水处理厂的运行管理. 北京：化学工业出版社，2011.

[14] 李亚峰，夏怡，曹文平等. 小城镇污水处理设计及工程实例. 北京：建筑工业出版社，2011.

[15] 张统等. 间歇活性污泥法污水处理技术及工程实例. 北京：化学工业出版社，2002.